上海出版资金项目
Shanghai Publishing Funds
国家"十二五"重点图书出版规划项目

中国园林美学思想史

——清代卷

丛书主编　夏咸淳　曹林娣

程维荣　著

同濟大学 出版社
TONGJI UNIVERSITY PRESS

U0336815

内 容 提 要

本卷论述了清代园林美学思想的背景、特征和发展,包括从清初战乱后的兴起、前期的创意与中期的纷繁绚丽,直到晚清的转折,介绍了有代表性的思想家及其著作。本书认为,清代园林美学以古典与自然为主要审美准则,承担起反省总结的责任,确立了皇家苑囿审美与苏州派园林思想双峰并峙的局面,在中国园林美学思想史上占有重要地位。

图书在版编目(CIP)数据

中国园林美学思想史.清代卷/夏咸淳,曹林娣主编;程维荣著. -- 上海:同济大学出版社,2015.12
ISBN 978-7-5608-6100-5

Ⅰ.①中… Ⅱ.①夏… ②曹… ③程… Ⅲ.①园林艺术-艺术美学-美学史-研究-中国-清代 Ⅳ.①TU986.1 ②B83-092

中国版本图书馆 CIP 数据核字(2015)第 294985 号

本丛书由上海市新闻出版专项扶持资金资助出版
本丛书由上海文化发展基金会图书出版专项基金资助出版

中国园林美学思想史——清代卷

丛书主编 夏咸淳 曹林娣
程维荣 **著**
策划编辑 曹 建 季 慧
责任编辑 季 慧 陆克丽霞 **责任校对** 徐春莲 **封面设计** 陈益平

出版发行 同济大学出版社 www.tongjipress.com.cn
(地址:上海市四平路1239号 邮编:200092 电话:021-65985622)
经 销 全国各地新华书店
印 刷 上海中华商务联合印刷有限公司
开 本 787 mm×960 mm 1/16
印 张 12.5
字 数 250 000
版 次 2015 年 12 月第 1 版 2015 年 12 月第 1 次印刷
书 号 ISBN 978-7-5608-6100-5

定 价 54.00 元

本书若有印装质量问题,请向本社发行部调换 版权所有 侵权必究

总序

中国古典园林是中华灿烂文化标志之一,与西亚园林、西方园林并为世界三大园林体系,而以历史悠久绵延不绝、构景以诗文立意、画境布局、精美独特、妙合自然山水画意著称于世。中国古典园林萌发于商周,成长于秦汉魏晋,成熟繁荣于唐宋,至明代后期、清代中期而臻全盛,以后渐趋衰微而显现嬗变迹象。

中国园林美学思想是园林艺术伟大实践的产物,也反过来指导、引领造园实践。

中国古典园林美学,荟萃了文学、哲学、绘画、戏剧、书法、雕刻、建筑以及园艺工事等艺术门类,组成浓郁而又精致的园林美学殿堂,成为中华美学领域的奇葩。

中国园林美学思想之精要、特征可以简括为三点:

一、中国园林美学思想特别注重园林建筑与自然环境的共生同构。以万物同一、天人和合的哲学思维观照天地山川,山为天地之骨,水为天地之血,山水是天地的支撑和营卫,是承载、含育万物和人类的府库和家园。人必有居,居而有园,园居必择生态良好的山水之乡。古昔帝王构筑苑囿皆准"一池三岛"模式已发其端,后世论园林构成要素也以山水居首,论造园家素养以"胸有丘壑"作为不可或缺的条件。山水精神是中国园林美学之魂,园林美学与山水美学、环境美学密不可分。

二、中国园林美学思想深具空间意识、着意空间审美关系。中国园林属于特殊的建筑艺术、空间艺术,特别注重美的创造,将空间艺术之美发挥到极致。以江南园林为代表的私家园林十分讲究山水、花木、屋宇诸要素之间,各种要素纷繁的支系之间,园内之景与园外之景之间,通过巧妙的构思和方法组合成一个和谐精丽的艺术整体。局部看,"片山多致,寸石生情";全局看,"境仿瀛壶,天然图画";大观小致,众妙并包。论者认为,"位置之间别有神奇纵横之法"。"经营位置"是中国画论"六法"之一,也是园林家们经常谈论的命题,还提出与此相关的一系列美学范畴,如疏密、乱整、虚实、聚散、藏露、蔽亏、避让、断续、错综、掩映等,议论精妙辩证。

三、中国园林美学思想尊尚心灵净化、自我超越为最高审美境界。古代帝王苑囿原有狩猎等功能,后蜕变为追求犬马声色之乐的场所,后世权贵富豪也每以巨墅华园夸富斗奢、满足官能物欲享受,因此被贤士指斥为荒淫逸乐。中国园林美学思想以传统士人审美理想为主流,不摒弃园林耳目声色愉悦,但要求由此更上一层,与心相会,体验到心灵的净化和提升,摆脱尘垢物累,达到自由和超越的审美境界。栖居徜徉佳园,如临瑶池瀛台,凡尘顿远,既有"养移体"的养生功能,更具"居移气"

的养心功能,故园林审美最高目标在于超尘拔俗,涤襟澄怀。由此看来,对山水环境、空间关系、生命超越的崇尚,盖此三者构成中国园林美学思想的精核。且作如是观。

中国园林美学史料丰富纷繁。零篇散帙,园记园咏,数量最大,分藏于别集、总集、游记、日记、笔记、杂著、地方志、名胜志诸类文献,诚为"富矿",但搜寻不易。除单篇散记外,营造类、艺术类、工艺类、园艺类、器物类、养生类等著作也与造园有关,或辟专章说园。如《营造法式》、《云林石谱》、《遵生八笺》、《长物志》、《花镜》、《闲情偶寄》等名著。由单篇园记发展为组记、专志、专书,内容翔实集中,或详记一座私家园林,或分载一城、一区数园乃至百园,前者如《弇山园记》、《愚公谷乘》、《寓山注》、《江村草堂记》,后者如《洛阳名园记》、《吴兴园圃》、《越中园亭记》。这些园林志著述颇具史学意识和美学意识。至于造园论专著在古代文献中则罕见,如明末吴江计成《园冶》屈指可数。这与中国文论、诗论、画论、书论专著之发达不可同日而语。究其原因,一则园林艺术综合性特强,园论与画论同理,还常混杂于营造、艺术、园艺、花木之类著作之中。再则,园林创构主体"能主之人"和匠师术业专攻不同,各有偏重,既身怀高超技艺,又通晓造园理论,而且有志于结撰园论专著以期成名不朽者,举世难得,而计成适当其任,故其人其书备受推崇。园论专著之不经见,不等于中国园林美学不发达,不成系统。被誉为世界三大园林体系之一的中国古典园林,当然也包含博大精深、自成系统的美学理论。

目前园林美学思想史研究成果颇丰,但比较零散,迄今尚未见到一部完整系统的专著,较之已经出版的《中国建筑美学史》、《中国音乐美学史》、《中国设计美学史》和多部《中国美学史》著作逊色不少。这部四卷本《中国园林美学思想史》仅是一种学术研究尝试。全书以历史时代为线索,自先秦以迄晚清,着重论析每个历史阶段有关重要著作和代表园林家的美学思想内涵、特点和建树,比较相互异同,阐述沿革关系,进而寻索梳理历史演变逻辑和发展脉络。而这一切都离不开对纷庞繁杂的园林美学史料的发掘、整理和研读,本书在这方面也下了一番工夫。限于学力和时间,疏漏舛误在所难免,尚祈专家、读者不吝指正。

本书在撰写过程中,得到诸多专家学者的关心和帮助。同济大学古建筑古园林专家路秉杰教授、程国政教授、李渔教授,上海社会科学院美学家邱明正研究员、园林家刘天华研究员,都曾提出宝贵意见和建议,使作者深受启发和得益。本书还得到同济大学出版社领导和有关编务人员的鼎力支持。2009年末,该社副总编曹建先生即与上海社会科学院文学所研究员夏咸淳酝酿此课题,得到原社长郭超先生和常务副总编张平官先生的赞同。2010年初,曹建复与编辑季慧博士商议项目落实事宜,并由季慧申报"十二五"国家重点出版规划课题,后又申请上海文化出版基金项目,均获批准。及支文军先生出任社长,继续力挺此出版项目,并亲自主持本书专家咨询会。责任编辑季慧博士及继任陆克丽霞博士多次组织书稿讨论会,经常与作者互通信息,对工作非常认真,抓得很紧。由于他们的努力和专家们的关切,在作者三易其人,出版社领导和责编有所变更的情况下,本项目依然坚持下来,越五年而成正果,实属不易。

值此付梓出版之际,作者谨向所有为本书付出劳动的人,表示深深的敬意和铭谢。

夏咸淳 曹林娣
2015 年冬

卷前语

"左则修竹万竿,俨然屏障;前则海棠一本,映若疏帘";"芙蓉散开,折芳掌秀,宛然图画"——这是一幅多么绚丽的清代园林图画。我们不难想象那些头戴瓜皮帽、拖着辫子、身穿长袍马褂的清代士人在叠石假山、亭台楼阁间踽踽穿行,或者在花前月下饮酒赋诗的情景。

清代与当今相隔不远,是一个学术与实践、守旧与创新、繁荣与危机同在的王朝,是一个今人熟悉而为之颇多困惑的时代。

清初,铁马金戈闯入关内的统治者崇尚武力,康熙时又企图通过尊崇理学,回复传统,压抑人们的生活欲望,束缚人们的举止行为,巩固王朝的思想垄断与专制统治。而在现实生活中,虽然饱受明末清初战乱的劫难,曾经荒芜一时,各地园林却并没有消亡,反而由于园主"稍拓花畦隙地,锄棘诛茅",重新兴盛起来。犹如一丛枯萎凋残的花卉,熬过寒冬之后,在适宜的气候环境下,经过主人的修剪施肥,重新获得生机,枝叶苍翠欲滴,花朵绚烂夺目。随着清朝统治的巩固和经济的繁荣,特别是在以苏州为中心的江南一带,越来越多的致仕官员、富贾豪绅,乃至积攒了财产的文人雅士,在晚明以来心学的影响下,不顾理学束缚,有的积铢累寸,有的一掷千金,热衷于投资建造或者修茸园林。他们在崇尚传统的同时挥洒人性、渴望标新立异。甚至皇帝本人,也在北京西北郊等地建设一批皇家苑囿。与此同时,在杭州、扬州、岭南等地,都出现了一座座风格各异的园林,给后人留下了珍贵的园林遗产。

清代皇家园林面积辽阔,气派豪奢,表现出皇权的威严。而私家园林大多"不逾数亩",只有二三亭阁,一泓池水,几丛花木,园主向往的是"天籁人籁,合同而化"的天人合一的境界。从归庄、陈维崧、汪琬、李渔、叶燮到朱彝尊、李果、沈德潜、袁枚,以及名著《闲情偶寄》《红楼梦》《随园记》《扬州画舫录》等,就是园林美学的代表人物或思想结晶。如今我们研读清代园林思想家的作品,往往能感受到其对故国的眷恋、对山水的痴迷、对先人的追思、对生活的热爱,以及不畏困难险阻,辛勤开辟耕耘,培植浇灌,为姹紫嫣红、争奇斗艳的园林美景而执着奋斗的精神。

不仅如此,清代私家园林思想还往往强调"园以人重",突出人的主体地位,追求人性的独立、洒脱与情趣,意味着汉族士人对统治者高压政策的抗衡。在这种抗衡面前,理学无能为力,统治者自己反而也日益沉溺于对园林的享受而不能自拔;换言之,清朝统治者已经被汉族园林文化所同化,皇家苑囿也自觉或者不自觉地接

1

受了私家园林的影响。

清代园林美学思想的发展，大体上有两条线索。第一条线索，除了包含传统意义上的儒、释、道等学说因素外，更多地体现出理学与心学在园林领域的竞争，就是统治者与士人园林观念之间的碰撞与融合，或者说，是皇家园林美学思想与以苏州派为代表的江南私家园林美学思想哪一方占据主流地位的问题。其抗争的结果，私家园林美学思想生生不息，体现出深厚的人文精神与顽强的生命力。清代园林美学思想的发展还有另一条线索，就是对中西园林关系的认识。乾隆年间北京皇家苑囿已经出现了一些西洋楼。第二次鸦片战争期间，英法联军在圆明园制造了毁灭性的焚劫。随后，上海等地又出现了中西合璧的园林与西式公园。中西园林关系是中国人接触与了解西洋文化的一条重要途径，在近代则伴随着西方渗入与侵略中国的过程。这是清代以前没有过的现象。

理解了这两条发展线索，我们就可以对清代园林美学思想的发展脉络有一个大体上的把握，并且对整个中国园林美学思想史的走向有更深刻的认识。

目　录

总序
卷前语

第一章　清代园林美学思想概述 ……………………………… 1
　第一节　清代园林美学思想的背景 ………………… 2
　第二节　清代园林美学思想的范畴 ………………… 5
　第三节　清代园林美学思想的地位 ………………… 7

第二章　清初论园林艺术的沧桑美 ……………………… 11
　第一节　归庄与战乱后的园林 …………………… 12
　第二节　陈维嵩等的造园思想 …………………… 15
　第三节　《将就园记》等的园林理想 ……………… 18

第三章　《闲情偶寄》论园林艺术的生活美 ………… 23
　第一节　"窗临水曲琴书润" …………………… 24
　第二节　"夫借景，林园之最要者也" …………… 29
　第三节　"在珍宝之列，而无炫耀之形" ………… 32
　第四节　《花镜》等园圃美学印象 ……………… 35

第四章　苏州派园林思想蕴含的精致美 …………… 39
　第一节　苏州派园林美学的形成 ……………… 40
　第二节　汪琬等"骚人墨士"的美学态度 ……… 46
　第三节　宋荦、何焯与顾汧的园林美学 ……… 48
　第四节　朱彝尊与李果的园林美学 …………… 52
　第五节　沈德潜等的园林美学 ………………… 56

第五章　《红楼梦》园林的诗韵美 ………………… 63
　第一节　《红楼梦》的建筑诗韵 ……………… 64

第二节 《红楼梦》的景观诗韵 ···················· 71

第三节 《红楼梦》的花草诗韵 ···················· 76

第四节 其他小说戏曲中的园林 ···················· 82

第六章 清中期园林观念的厚重美 ···················· 87

第一节 清中期园林及其美学思想的特征 ············ 88

第二节 叶燮等的园林美学态度 ···················· 92

第三节 杭州湖光山色的诗画意境 ·················· 98

第四节 刘大櫆对"腝民膏以为苑囿"的批判 ·········· 103

第五节 赵昱、王源与管同的审美理念 ·············· 106

第六节 李调元、麟庆与戈裕良的造园说 ············ 109

第七章 清君臣鉴赏的宫殿苑囿的端庄美 ············ 115

第一节 皇宫西苑的华美雍容 ···················· 116

第二节 圆明园的中西合璧 ······················ 121

第三节 西北诸园的奇秀瑰丽 ···················· 126

第四节 避暑山庄的塞外风光 ···················· 129

第八章 《随园记》等阐释传统园林的自然美 ········ 135

第一节 《随园记》的"以人功而仿天造" ············ 136

第二节 马曰璐与《扬州画舫录》记园林 ············ 140

第三节 《履园丛话》的造园原则 ·················· 148

第四节 《浮生六记》的赏园情趣 ·················· 153

第九章 晚清园林美学思想的缤纷美 ················ 159

第一节 龚自珍、魏源园林美学思想 ················ 160

第二节 汪承镛、郭嵩焘论园林 ···················· 163

第三节 岭南园林美学情感 ······················ 168

第四节 海派园林新思潮 ························· 174

第五节 俞樾与苏州园林美学的绝响 ················ 179

第六节 林纾、邓嘉缉与清末园林 ·················· 184

参考文献 ······································ 188

后记 ··· 189

第一章　清代园林美学思想概述

清朝(1644—1911年),是继明朝而起的中国历史上的最后一个封建王朝。清军入关后,清王朝统治中国达268年。清王朝疆土辽阔、君主专制高度发达。清代文化昌盛,园林众多,其园林美学思想是对中国传统文化的一个侧面的总结,也是向新型园林美学思想的转折。

第一节　清代园林美学思想的背景

女真族兴起于我国东北的白山黑水间。其首领努尔哈赤在赫拉阿图(今辽宁新宾)称汗,建立大金(史称后金)政权,与明朝对峙,并且完成了各部统一。皇太极在位期间,迁都至盛京(今沈阳),建国号大清,改族名为满洲。明崇祯十七年(1644年),李自成率领的农民起义军攻进北京,推翻腐朽的明朝。清军趁李自成政权立足未稳,在明朝降将的引导下入关,占领并定都北京。清军随即分路南下,镇压各地反清武装,圈占土地,强令汉人薙发以示顺从,并且建立起以满族贵族为核心的国家政权。清圣祖康熙在位期间(1662—1722年),清朝平定三藩之乱,收复台湾,击败噶尔丹叛乱势力,加强对西藏等少数民族地区的管理;与沙俄签订《尼布楚条约》,巩固了东北边疆。当时还改革赋役,兴修水利,恢复农业经济;开办博学鸿词科收揽汉族士人,尊崇理学,巩固中央集权。从这时延续到雍正(1723—1735年)时期及乾隆(1736—1796年)的大部分时期,清王朝疆域广袤、包括众多民族的户口蕃息,农业与城市工商业得到发展,文化繁盛,政权稳定,史称“康乾盛世”。与此同时,清朝政权大兴文字狱,加强思想控制。乾隆后期、嘉庆(1796—1820年)直至进入道光(1821—1851年)年间,在欧美资产阶级革命与工业革命兴起的同一时期,清朝封建政权内部守旧势力强大,政治腐败,土地兼并、赋役繁苛带来的社会矛盾日益突出,各地民众起义连绵不断,整个王朝走上萎靡衰朽之路。

中国传统思想渊源于商周、大体成型于春秋战国至秦汉时代。儒、道、释三家,源远流长,是中国古代主要的思想学派和传统文化的核心构成。

春秋末期孔子创立的儒家将园林美学的功能与君臣父子等级名分和修齐治平的政治理念结合起来。两宋程朱理学(下称“理学”)鼓吹“存天理,灭人欲”的蒙昧主义,用“理”抑制人们的情感与欲望。明代中期,王阳明横空出世,继承光大陆九渊学说,倡导心学,认为人的一切活动都由心发出,从而肯定了身的活动,为主体追求个性与园林审美扫清了理论障碍。其继承者如泰州学派、李贽、“公安三袁”等,批判禁欲主义,蔑视礼教,宣称“私欲”是真实的人欲表现,“百姓日用即道”,“穿衣吃饭即人伦物理”;[①]“情”“趣”非但不应该被压制,而且应该大胆表现,以恢复人性,提高人的主体地位。晚明以后私家园林的普遍发展,与心学的发展有密切关系。

---

① 李贽:《焚书》卷一《答邓石阳书》。

春秋战国老子、庄子所创立与发展的道家,从天人关系诠释美学,将"道"定位为天地万物的本原,强调"道法",主要根据其"道"与"天人合一"的理念,提出"天地有大美";"既雕既琢,复归于朴",①影响深远。后世据以强调园林应该借鉴与融入山水,体现返璞归真。明代何景明提出"临景构造,不仿行迹";②袁宏道认为物"贵其真"。③ 苏州园林中的许多建筑乃至相关的诗文书画等,追求韵味,典型地体现了人与自然的关系,以及士大夫阶层与一般读书人普遍的审美情趣。

佛教是两汉之际传入中国的宗教。唐代,佛教禅宗兴起。禅宗主要以"悟"的禅意影响园林的审美体验,强调依靠直觉,追求创作构思的主观性和自由无羁,使作品达到情、景与哲理交融化合的境界。唐宋时期,参禅养性与园林欣赏、游乐活动往往融合在一起。白居易诗道:"落景墙西尘土红,伴僧闲坐竹泉东。"④王维、柳宗元、苏轼、黄庭坚等人的园林诗文,渗透着明显的禅意。明代,李东阳诗:"空雾湿衣春冉冉,野禽啼树月苍苍";⑤谢榛诗:"飞鸟鸣古涧,落月在寒松",⑥表明除了寺庙园林,私家园林的建筑也呈现禅式写意化,禅与园境之间灵犀相通,园主人多抱有禅趣或者说禅的态度。

以上三家之间互相错杂与影响,其思想在园林美学方面主要表现为以下各方面。

(一) 中和典雅。儒家要求"允执其中",认为"中也者,天下之大本也;和者也,天下之达道也。致中和,天下位焉,万物育焉"。⑦汉代以后,平稳、执中、典雅,成为历朝统治者与正统思想家的政治观点与美学理念。唐代司空图谓"典雅"为:"坐中佳士,左右修竹。白云初晴,幽鸟相逐,眠琴绿阴,上有飞瀑。落花无言,人淡如菊。"⑧中国传统园林强调中和,不偏不倚。历代宫殿特别是明清北京皇城突出了中轴线所体现的皇家权威。所谓典雅,其实就是形式美,"古雅者,可谓之形式之美之形式也"。⑨

(二) 返璞归真。就是要坐看花开花落,云卷云舒,心师造化,追求天真,达到"天人合一"的境界。庄子说:"真者,所以受于天也,不可易也。"⑩汉人认为:"金玉不琢,美珠不画。"⑪宋代三苏等都把"平淡自摄"、"雍容和缓"、"浑成而有蕴藉"看成

———————————

① 《庄子》之《知北游》、《山木》。
② 何景明:《与李空同论诗书》。
③ 袁宏道:《袁中郎全集》卷一《与友人论时文》。
④ 白居易:《白居易集》卷三六《夏日与闲禅师林下避暑》。
⑤ 李东阳:《环翠轩》。
⑥ 谢榛:《初冬夜同李伯承过碧云寺》。
⑦ 《论语·尧曰》;《中庸》。
⑧ 司空图:《诗品二十四则》。
⑨ 王国维:《古雅之在美学上之位置》。
⑩ 《庄子·渔父》。
⑪ 桓宽:《盐铁论》卷五《殊路》。

美的极致。① 晚明袁中道："大都胜者,穷于点缀;人工极者,损其天趣。"②明清间文人谓,"插花不可太繁,亦不可太瘦";"花之所为整齐者,正以参差不伦,意态天然",反对过分雕琢,人工痕迹过重,乃至主张用平冈小陂、陵阜陂阪,也就是要使园林与自然山水接近。③

（三）诗画意境。通过各种技法,使作品体现虚实结合,刚柔相济,如诗画般韵味悠远。古人对诗画多有论述。南朝谢赫提出绘画六法,包括"气韵生动"、"经营位置"。④ 晚明董其昌论诗："诗以山川为境,山川亦以诗为境。"⑤张岱引用了唐代王维诗句"泉声咽危石,日色冷青松"后认为："诗以空灵才为妙诗";他比较后评论说,如唐代"小李将军"李昭道的界画,"楼台殿阁,界画写摹,细入毫发",自不及"点染依稀,烟云灭没",追求意境的元代黄公望、王蒙、倪瓒等人的作品。⑥ 清代石涛的山水、郑燮的兰竹等,都显示出继承前代文人画的意境。

（四）含蓄曲折。作为文学或艺术作品,应该委婉深沉,体现层次,令人回味,发人深省,从而得到美的启迪,避免一览无遗,纤毫毕露。同样,园林建筑、道路、景色要有适当遮挡或曲折,层层推进,峰回路转。唐人要求"不着一字,尽得风流";"登彼太行,翠绕羊肠"。⑦唐诗"曲径通幽处,禅房花木深",⑧宋诗"十扣柴扉九不开","一枝红杏出墙来",堪称园林含蓄曲折的典范。袁宏道说："世人所难得者唯趣",如"山上之色,水中之味,花中之光","虽善说者不能下一语,唯会心者知之"。⑨ 张岱推崇"藏以曲径";"以回廊妙","以层楼曲房妙"。⑩

（五）物性比德。儒家重视人的品格修养,通过园林或者花卉、树木等象征人的品格,寄托人的志向,进而提高人的修养,培养人的品德。《老子》说"上善若水";《离骚》则以香草美人比喻明君贤臣;古人还常以"无人赏高节,徒自抱贞心"的竹、"若教解语应倾国,任是无情也动人"的牡丹、出淤泥而不染的荷花、孤傲迎霜的菊花、"零落成泥碾作尘,只有香如故"的梅花等比拟人的品格。明代王世贞说："山水以气韵为主";"若形似无生气,神采至脱格,皆病也"。⑪ 物性比德,常常体现在园林陈设与树木花卉栽培的品位,以及山水的气韵中,从而把园林美学与人格塑造相互连接为一体。

---

① 李翔德:《中国美学史话》,人民出版社,2011,第268页。
② 袁中道:《珂雪斋文集》卷七《游太和记》。
③ 袁宏道:《袁中郎全集》卷三《瓶史·宜称》。
④ 谢赫:《古画品录序》。
⑤ 董其昌:《评诗》。
⑥ 张岱:《嫏嬛文集·与包严介》。
⑦ 司空图:《诗品二十四则》;姜夔:《白石道人诗说》。
⑧ 常建:《题破山寺后禅院》。
⑨ 袁宏道:《袁中郎全集》卷三《叙陈正甫会心集》。
⑩ 张岱:《嫏嬛文集·吼山》。
⑪ 王世贞:《弇州山人四部稿》卷一五五《艺苑卮言》。

（六）以园寄情。通过园林寄托主人的理想、情趣、爱憎，表达审美观念，是中国传统园林美学思想的主要内容之一。从东晋陶渊明到唐代田园诗人以至宋元以后，历代都有一些厌倦尘嚣与政治斗争，寄情于园林、隐居不仕的士大夫，所谓"丘园养素，所常处也；泉石啸傲，所常乐也；渔樵隐逸，所常适也；猿鹤飞鸣，所常观也；尘嚣缰锁，此人情所常厌也"。① 明代祝允明说："身与事接而境生，境与身接而情生"②，强调景致与情感的联系。《牡丹亭》第十出《惊梦》中唱道："原来姹紫嫣红开遍，似这般都付与断井颓垣。"王夫之说："情、景，名为二，而实不可离"；因此要有"情中景，景中情"。③ 园林，就是他们的隐身寄情之处。

以上这些思想，都给清代园林美学思想打上了深刻的烙印。

第二节　清代园林美学思想的范畴

在明末清初天地翻覆的社会巨变中，涌现出一批思想家，他们大多具有强烈的民族意识，深刻总结了明亡教训，对被奉为官方哲学的程朱理学采取激烈批评的态度。他们反叛传统的禁欲、君权、以理节情等思想，推崇"别开生面"、"崇实黜虚"的理念。他们在批判理学的同时也反驳王学的空谈误国，倡导经世致用的实学。

作为具有民族气节的思想家，黄宗羲早年深受心学影响，称其"可谓震霆启寐，烈耀破迷，自孔孟以来未有若此之深切著明者也"。他强调审美中的一个"情"字及其随着时代的转变："情者，可以贯金石，动鬼神"；"情随事转，事因世变"；"人各得其私"，"各得其利"。④ 顾炎武等人借作品抒发亡国之痛，抨击清初统治的黑暗。顾炎武否定了"存天理，灭人欲"之说，指出："人之有私，固情所不能免"；"天下之人，各怀其家，各子其子，其常情也"，⑤同时抨击心学空谈，鼓吹实学，显示出治学中崇尚实际的独立风格和严谨态度。王夫之认为不能离开人欲谈"天理"。其美学思想，用"气"的一元论来解释"天"与"人"，认为"道者，天地人物之通理"；"人之道，天之道也"。⑥ 他还对意象、情景等概念作了系统论述，对"兴、观、群、怨"的审美心理活动进行发挥，并且提出"循情定性"说的美学理论。

清朝统治者建立起全国政权后，推崇孔孟与理学，开科取士，同时加强思想控制，屡屡兴起大狱，实行文字狱，镇压反清意识，并且通过编纂《古今图书集成》、《四库全书》等大型资料集控制文化。在这样的高压政策下，清朝学术不得不转向古

---

① 郭熙：《林泉高致》。
② 祝允明：《枝山文集》卷二《送蔡子华还关中序》。
③ 王夫之：《姜斋诗话》卷二《夕堂永日诸论内编》。
④ 黄宗羲：《南雷文集》卷一《黄孚先生诗序》；《明夷待访录·原君》。
⑤ 顾炎武：《日知录》卷三《言私其豵》、《郡县记》。
⑥ 王夫之：《张子正蒙注》卷一《太和篇》。

典,埋头于经学考据与训诂之学,一步步陷于万马齐暗、智慧与志气消沉的境地。梁启超评述前代前期学术变迁的大势说:从顺治元年(1644 年)到康熙二十年(1681年)约三四十年间,"主要是前明遗老支配学界。他们所努力者,对于王学实行革命(内中也有对王学加以修正者)。他们所要建设的新学派方面颇多,而目的总在'经世致用'。他们元气极旺盛,像用大刀阔斧打开局面,但条理不免疏阔。康熙二十年以后,形势渐渐变了,遗老大师,凋谢略尽,后起之秀,多在新朝生长";"况且谈到经世,不能不论到时政,开口便触忌讳,经过屡次文字狱之后,人人都有戒心。一面社会日趋安宁,人人都有安心求学的余裕,又有康熙帝这种'有文之主'极力提倡,于是专心考据,学术收获颇多"。①

即使在这样的环境下,清代前中期,继承晚明学术文化,仍然具备特定的文化氛围与心理,涌现出一批富于创造性的思想家、文学家、艺术家。清朝思想文化全面吸收和凝聚了传统成果,达到中国传统思想文化发展的最后一个高峰。清前期的戏曲作品《长生殿》与《桃花扇》,寄托亡国哀痛,在思想上与艺术上成就突出。小说《聊斋志异》以写妖狐鬼魅、人情世态闻名,《儒林外史》则直接批判传统科举取士制度。《红楼梦》中描写的大观园,是封建贵族少年男女生活的典型环境,具有很高的美学价值。清代的书画流派纷呈,名家辈出。如画坛的"四王"、"四僧"、"扬州八怪"等,各有其成就。乾嘉学派主要围绕经学、文字训诂音韵目录之学与史学,贡献卓越。清代受到西方传教士带来的近代科学技术的影响,传统的天文、历法、数学、地图测绘、器械、手工、建筑、农林、医药等均有一定的发展。

清代的园林艺术继承明代而来,在经过清初的恢复以后,又有长足发展。从园林发展的区域来说,主要集中在以下地方。北京作为全国政治中心,聚集了许多皇家园林苑囿。苏州与扬州,是江浙私家园林的代表性区域。在晚明的基础上,清代苏州新建园林约 140 处,此外还改造、扩建了许多园林,大都具有小巧玲珑、移步换景、典雅含蓄的美学风格。扬州是清代两淮盐业中心,盐商富贾云集,主要在清代中期园林兴盛,号称"扬州园林之胜,甲于天下"。在岭南,主要是晚清,也有一批独具特色的传统园林。北京、江浙与岭南代表了清代园林建设的主要成就。除此以外,还有其他一些地区如直隶、山西、陕西、安徽、四川、两湖等地的特色园林。与园林的分布相对应,清代园林美学思想的发展主要也是在上述地区。

范畴是反映事物本质属性和普遍联系的基本概念。传统园林美学对前代的集成及自身的演变发展,集中表现在清代园林美学的一系列范畴体系上。在这个体系中,"神"、"气"、"韵"、"味"以及"意象"、"意境"等范畴处于核心地位。其中所谓意象,是中国古典美学术语,指主观情意和外在物象的结合。艺术家在创作之前,必须以主观情意去感受物象,在头脑中形成"意象",然后借助艺术表现,外化为艺术作品中的形象,这个形象即作者审美意象的物化表现。中国古代所追求的美,就是

---

① 梁启超:《中国近三百年学术史》,中国社会科学出版社,2008,第 18 页。

神、气、韵、味、意、象之美。

在这个范畴体系之下,清代园林美学还有一些特有的或者与其他各代共有的基本范畴与概念。常见的有:

(一)景。指与情相对的作为美学范畴的艺术图象与形象。园林美学往往集中论述园林之"景"。

(二)境。指以象为基础,包括并超越象的一个虚空的领域,指美学意义上的造诣、意境、境界等。

(三)神。指文艺创作的灵感勃发,或者欣赏对象的内在精神本质,以及欣赏主体的精神、心灵等艺术思维活动。

(四)工。指园林建筑与器物形式、体制等的和谐、精巧与含蓄,体现了园林建造的水准。

(五)清。园林审美中的洁净高雅,是对园林艺术的个性、风格与意境的赞扬。

(六)丽。指园林建筑、景色等的符合审美标准的华美、多彩,有时接近绮靡。

(七)品。指主体对客体的鉴别、体察、评定,如"品鉴";或者审美对象的类、质、貌的等级特征,如"上品"。

(八)游。首先指游历(身游);其次如孔子说:"游于艺",指游心(主体精神与物的自由交往)。

(九)雅。指对于园林格调清新俊逸的审美趣味和不同凡俗的审美习尚,体现了审美主体的修养与气质。

(十)情。指园林艺术中体现的人的思想与感受,是审美主体与对象相连接的重要纽带。没有情的园林审美是低层次的。

(十一)朴。《老子》十九章:"见素抱朴。"朴与丽、雅等概念相对,指园林中体现的本色,有时被认为是园林艺术的最高境界。

(十二)自然。亦作天然,与"朴"接近,指园林艺术保留周围的本来环境,避免刻意雕琢矫饰。①

清代的上述文化环境、思想与范畴,决定了其园林及其美学思想的基本面貌。

第三节 清代园林美学思想的地位

清代园林数量众多,园林艺术发达,园林美学思想也臻于成熟。其主要载体为官方典籍、正史资料与地方志的记载;诗词散文、笔记稗史的描述;小说、戏曲、书画的创作;园艺、建筑类专著的论述等。与前代相比,在园林发展多样化的背景下,受市民意识和审美情趣的驱动,许多思想家、文学家的著作都涉及对园林的基本看

---

① 成复旺:《中国美学范畴辞典》,中国人民大学出版社,1995,引论。以下一段亦参考该辞典。

法。总体上,清代园林继续沿着晚明的方向发展,其园林数量则超越明代。依托特定的历史环境和传统,清代园林美学思想呈现出一些显著特征,在中国园林美学思想史上占有特殊的重要地位。

首先,体现在承担起反省总结的责任上。中国园林到清代,已经经过两三千年的发展,数量众多,风格各异,具备了充分的造园理念、技术、成果与实践经验。清代在康熙至乾隆年间对北京主要的皇家园林进行了重建、扩建或新建,江南许多园林也构造于此时。正由于此前充分的造园实践,清代具备了站在俯视千年的高度上对汉魏以来造园思想、造园原则和造园经验技术进行全面清理总结的主客观条件,需要也正可以提出比较全面系统的园林美学思想。而这种总结,特别是在清初,又与伴随着社会震荡与民族兴亡的"经世致用"的学说密切相关,具有特定的思想内容。正是在反省与总结的基础上,李渔《闲情偶寄》与清前期思想家们提出、拓展了园林美学的思想,奠定了清代园林美学的基础。以后,直到清代中期,一直在对传统园林美学思想进行反省与总结的工作。这种反省与总结,是清代园林美学思想的重要成分。

其次,清代园林美学在当时各种思想学说的交织影响下发展。理学形成后,明代王阳明提出心学,到晚明发展成追求享乐、张扬个性的思潮。经过明清之际的过渡,到康熙时期,统治者为加强思想控制,重新开始倡导理学,尊崇朱熹,颁行《朱子全书》,定朱熹《四书章句集注》为科举考试必考内容,以表示满族统治者继承中原王朝的道统。与此同时,心学余脉不绝,孙奇逢、李颙、汤斌、邵廷采等出入于程朱与陆王之间,试图调和二者。而由顾炎武等提倡的"经世致用"的实学发展到清代中期,表现为考据学的盛行,向理学的独尊地位提出挑战。考据学家戴震曾认为"理"与"情"不可分离,抨击理学家的"以理杀人"。可以说,心学从观念上扫荡了晚明以来园林发展的思想魔障,实学则从强调实用与倡导严谨务实的方法这两方面客观推动了清代园林艺术的发展,建造园林的"人欲"已经无法抑制。到晚清,王学卷土重来,受到维新人士和革命党人的推崇。王韬推崇王阳明为"有明三百年中第一伟人";康有为"独好陆王"。① 清代园林美学思想正是在上述各种思想学说的互斥与互补关系中不断演变。

再次,与园林的发达相对应,清代园林确立了以北京皇家苑囿为一方,以苏州为代表的江南和其他各地私家园林为另一方的双峰对峙的局面。就皇家园林来说,是统治者治国理政与享乐的中心,具有政治功能,大多金碧辉煌,体现严格的中和思想,以及由理学所规范的等级礼制包括君臣伦常的作用。清代统治者推崇复古(指汉魏以前雄浑古朴的风范),一切"仿古制行之",俨然继承正统,首先反映在倡导古文经学和金石考证之学。同样,清代皇家苑囿体现中和雍容,紫禁城中轴线

① 王韬:《弢园文录外编》,中华书局,1959,第 261 页;梁启超:《南海康先生传》,《饮冰室合集》,中华书局,1989,《文集之八》。

上的三大殿,分别名"太和"、"中和"、"保和";一般园林同样追求古朴典雅。就私家园林来说,一般是士大夫和富商巨贾生活居住、怡情养性、吟风弄月的地方,具有追求自我、恬淡雅致的写意风格,更多体现的是心学、实学对社会与市民阶层的影响。

当然,两种形态互相之间也不是截然区分的,如北京的清漪园等就引进了江南园林风格。就美学思想来说,同样大体包括北京皇家苑囿美学思想和私家园林美学思想两大组成部分。应该指出,江南私家园林美学著作数量繁多,内容多样,思想深刻,整体上比统治集团以欣赏和称颂皇家苑囿为中心的美学思想更有价值,更能代表清代园林美学思想的发展水平。这种态势,决定了清代园林美学思想发展的主要地域格局。而园林与园林思想的这种地域格局,与清代文化风气有密切关系。清代文化之盛,一在北京,另一就在江浙。尤其是江浙一带,以黄宗羲、顾炎武等开其风气,苏州、常州、浙东、浙西等地,经学、史学、金石学、音韵学、校勘学、目录学、版本学、地理学、佛学乃至数学等领域人才荟萃,大家辈出,学术赡博。就园林美学思想的发展来说,特别应该指出的是,在清代前中期,以苏州地区为中心,主要依托园林的发达,形成了苏州派园林美学思想,是清代具有鲜明地域色彩和突出文化地位的园林思想的派别,对清代江南园林的发展具有重要作用。

最后,清代园林在不同程度上接受了西式园林影响。清代前期的园林继承前朝,主要是传统风格的。随着传教士带来的西方文化传入,在康熙年间,统治者就已经注意引进西方科学。在圆明园的建筑中,更集中展现了欧式园林风格。第一次鸦片战争以后,实行五口通商,西方人蜂拥而来,西风东渐,欧美哲学与美学思想观念传入,清代园林美学发生了前所未有的变化。在上海等地的租界中,一方面在传统园林中出现了西洋建筑等西式文化,另一方面则出现了西式公园。加上中国外交官与留学生回国后对海外公园的介绍,中国人的园林美学形态与审美观念开始出现显著变化,给传统园林美学以巨大冲击。晚清园林美学思想的上述变化,是适应社会转折的结果,也是空前的转折,在一定程度上甚至反映或者推动了清末的维新与革命运动。

概言之,清代园林继承前代园林艺术,其美学思想适应于园林艺术的高度发展,以古典与自然为主要审美准则,集前代园林建造技术之精华;其园林美学集中反映了当时审美观念与水平,同时担负起反省、总结中国传统园林美学思想的重任。到近代,随着社会转型与西式园林的传入,在沿海沿江与通商口岸,园林类型及其美学思想也发生了相应转折,标志着园林及其美学思想的一个新的天地的出现。

第二章　清初论园林艺术的沧桑美

　　与商品经济的发达相适应,明代中期以后社会风尚和审美情趣发生很大变化,实现了以理节情到从情到欲、以欲激情的转变。统治阶级乃至市民阶层奢侈纵欲,追求享乐,张扬个性,奢靡之风盛行。"臣僚士庶之家,靡丽侈华,彼此相尚";"居室则一概雕画,首饰则滥用金宝";"工匠技艺之人,任意制造,殊不畏惮"。① 私家园林作为官僚士大夫阶层与巨商富贾乃至部分普通士人安身享乐与寄托感情的场所,大量出现。王世贞说:"第居足以适吾体,而不能适吾耳目,计必先园。"②

　　明末清初的战乱,不啻一场惊天之变。在刀与剑的碰撞、火与水的交融中,各地园林普遍遭受浩劫,陷于荒芜。当时的思想家继续批判专制与理学的禁欲观,强调实学与情感的抒发,其思想闪耀着启蒙的光芒,代表了从晚明园林审美思想向清代审美思想的转折与过渡。战乱平息后,有一些园林开始重建,士大夫阶层的园林美学思想重新开始萌发。清初私家园林的主人,大多是明末遗民,其中有的曾经参加各种形式的抗清斗争。在世事变迁、革故鼎新之际,他们继承晚明以来的造园传统,修葺荒芜的园林,或者筚路蓝缕,开辟新的园林,并且怀着对故国的追忆,寄情于往昔繁华,徜徉于山水泉石,隐居于楼阁亭榭,不愿与清朝统治者合作。当时的园林美学思想,充满着世事沧桑感,透露了思想家情愫的消息。

第一节　归庄与战乱后的园林

　　清代园林美学思想,发端于清初对战乱后园林的认识。

　　明末至清初的战乱,给当时的社会进展带来巨大冲击,也给园林的发展带来很大破坏,有的地方昔日繁花似锦的园林,在兵燹中变成一片野草瓦砾。"园林易主,台榭荒芜",从一些当时的文字作品中,我们可以看到战祸连年、社稷倾覆、神器易主的情况,以及作者对故国江山所抱的痛惜与怀念的心情,由此而带来的看破红尘、隐居山林的心境。我们不妨认为这是一个明清之际抗争与隐居的群体。其中最重要的代表人物,就是归庄。

　　归庄(1613—1673 年),字玄恭,号恒轩,或称归藏,入清后更名祚明。江南昆山(今属江苏)人,明文学家归有光曾孙,诸生,曾入复社,其文章气节,砥砺当世。清顺治二年(1645 年)率领士民闭城抗击清兵。事败一度改僧服亡命,又往淮阴授徒,或暗地联络志士反清,后隐居,以遗民终。与顾炎武齐名,人称"归奇顾怪"。精书画诗文,有《悬弓集》、《归玄恭文续钞》等。

　　谢鸥草堂,在苏州平门外四十里吴县永昌村,为王勤中的园居。归庄《谢鸥草堂记》载:吴之王勤中"颜其别业之堂曰'谢鸥草堂',属余记之"。其言曰:当地"东西

---

① 周玺:《垂光集》卷一《论治化疏》。

② 王世贞:《弇山园记》。

聚落,烟火相接。先是,先君以世将乱,买田筑室于此,为避地之计。乱后民多窜徙,林庐芜废。余为治荒秽,得复旧观";草堂"前临洪流,俗名漕河,以漕船所经也。河之中,波涛烟霭,帆樯罴罶,历历在目,皆足供我丹青图写;而数点闲鸥,日夕相对,尤似与主人有情,兴至吟咏,欣然自得,此谢鸥之所由名也"。

接着,归庄以谢鸥拟人,感叹人生遭遇,抒发心中翱翔不羁之气:"草堂之景,与夫营筑之因,勤中既自言之矣,余于谢鸥之名,独有感焉!物之忘机者,莫鸥若也,然人欲取而玩之,则远而不复至,翛然去来,浮没于江湖之中,亦可以无患矣。"归庄曾在浙东一武弁舟上,见群鸥聚于葭苇之间,武弁连忙用铳击之,"获二双以佐晚食"。归庄因叹:"圣王之世,鸟兽鱼鳖咸若,若在乱世,则江湖之鸥鸟,亦有不能安其生者。今草堂所见之鸥,乃得游行自如,为骚人墨客之玩,而无矰缴网罟之虞,抑何幸欤?"

《谢鸥草堂记》反映了归庄的两个突出思想:第一,战乱导致"民多窜徙,林庐芜废",经主人修葺治理后才恢复旧观。这里充满着怀念故国江山、抨击战乱的情愫。第二,谢鸥"翛然去来,浮没于江湖之中","无矰缴网罟之虞",正是作者以明末士大夫而隐居山林、拒绝侍奉新的统治者的志向的写照,"波涛烟霭,帆樯罴罶"式美学意境的依托。

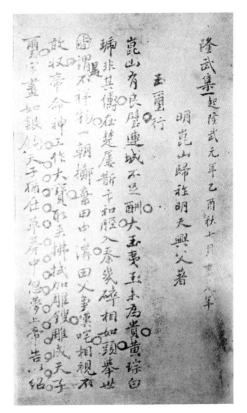

图 2-1　归庄手稿

王时敏(1592—1680年)的观点与归庄有相似处。王时敏字逊之,号烟客、西庐老人,江苏太仓人,以荫官至太常寺少卿,入清不仕,其山水画法黄公望,为清初画坛"四王"之一,著有《王烟客先生集》等。

乐郊园,位于太仓东门外,又称东园,明万历年间为内阁首辅王锡爵之芍药圃。万历四十七年(1619年),其孙王时敏延请张连构画经营,屡加修整,遂成此园。王时敏《乐郊园分业记》:乐郊园"地远嚣尘,境处清旷,为吾性之所适。旧有老屋数间,敝陋不堪容膝。己未(1619年)之夏,稍拓花畦隙地,锄棘诛茅,于以暂息尘鞅"。中间改作者再四,凡数年而后成,"颇极林壑台榭之美,不惟大减资产,心力亦为殚瘁"。在其后的二三十年中,王时敏并未在园中居住多少时日,而岁月如流,沧桑遂阅。清军进入以后,"郊坰兵燹,斯园幸留"。作者"抚今追往,惨目伤心。是以径月判年,未尝一涉"。而稽考前代诸园,其后世"能克守旧业者盖鲜,俯仰回环,可胜太息"! 王时敏深感创建园林的不易,因而告诫后辈:"尔曹当家门衰落之余,世运屯蹇之会,忧患猝至,保护弥难。但念先文肃(指王锡爵)手泽所存,阿翁精思所寄,其亦随缘牵率,勉强支持乎!"

又如申涵光(1620—1677年),为北方抗清义士。他字和孟,又作孚孟、符孟,号凫盟,直隶永年(今属河北)人,明末诸生,曾与同志者论文立社。明崇祯十七年(1644年)痛父殉难,渡江面谒陈子龙、夏允彝请抗清。归里后足不入城,顺治时辞举孝廉,隐逸。晚究理学,工书法,其诗见赏于王士禛、汪琬,或称其"河朔诗派"。有《聪山集》等。他的《岵园记》说:"韩家屯世有我申氏别业。屯去城三里许,在滏河之阴。每春桃李夹岸,烂然如云锦;夏秋辘轳声彻夜,盖郡之蔬茹取给焉",一片歌舞升平景象。顺治二年(1645年),清兵驻扎两月余,"马矢所到,地无青草,墙垣颓毁。朱栏折而为薪。时丧乱之后,万年灰烬,听其荒废而已。行人折花,往往斧其大枝去。庭前有海棠两株,高两丈余,俱折坏"。这是揭露了清军践踏园林的劣迹。然"若此园虽微,我先公平生游览之地,一草一木,手泽存焉,其敢忽诸?"经过修葺,岵园才得以恢复旧观,"花木庭树,有增勿减"。

显然,上述园主历经战乱后修葺园林、传承与发扬先人遗泽的志向,蕴含着不同于一般修园的故国情怀。

查继佐(1601—1676年),初名继佑,字支三,号伊璜、敬修。学者称东山先生。浙江海宁人,明崇祯六年(1633年)举人。曾参加南明鲁王政权抗清,兵败后归里讲学,以庄廷鑨《明史》案受牵系狱,旋释归。论学以存诚为主,经济为用,工书画,诗文词曲皆有造诣,或谓其"诗文不肯蹈袭前人一字","行文尤近钟、谭,纤隽一派"。有《敬修堂诗集》《罪惟录》等。其《古朴园记》说:查东山先生治朴园,入门后"得细径,复叶树丫,跨而入,小水隔之。水上架梁如舟,篷缆尽备。有石方圆七八尺,浮水,信风为东西。上植修竹三两竿,青翠欲滴,一香一茗,几可坐棋";"复引水作沟,沟自炊下曲缘墙壁,经枕下,作汩汩声。亦及书窗,复向炊下乃已。露天处置荇藻,蓄小金鱼其中,时静对之。暑月,便汲灌花木。客至,临窗小坐,炊下茗熟,圆匜浮水上流,益水一匙,匜走至窗,有竹堤之,主客随手挹茗,茗竟,启堤,空瓯复返炊下",完全是一种悠闲的心态。"会申、酉之际(指清初战事),先生坐其中,手录《钓业》,可五六十日,便释去,避难会稽,归而园芜不可理,尚存数楹辟立耳"。对于园林遭到破坏,他除了愤慨以外,似乎已经无力修葺与复原旧园。

顾苓的《塔影园记》则是另一种类型。顾苓(约1609—1682年),字云美、员美,号浊斋居士、塔影园客等,苏州府人。塔影园在苏州虎丘便山桥南,原为文征明孙、上林苑录事文肇祉所建。初名海涌山庄,后凿池及泉,池成,虎丘塔倒映其间,故改名塔影园。明末顾苓退官归里,在塔影园原址构筑云阳山堂。园中修廊曲池,木石森布。顾苓隐居不仕,工诗文、书善篆隶、行楷,精篆刻,名列周亮工《印人传》,其篆刻在清初首屈一指,风格秀劲古拙,蕴含天趣。《塔影园记》记录了明末清初园林几度兴衰、历尽沧桑的过程，其谓塔影园为文肇祉别墅，"萧条疏豁"；后又名居节者傲居之。以后逐渐倾圮，又屡屡易主，方为顾苓所得。"败瓦颓垣中，风径霜林，依然如昔"，揭示出塔影园隐隐神韵及作者胸中的块垒不平之气。[①]

第二节　陈维嵩等的造园思想

晚明计成在《园冶》中说园林要"精在体宜"，强调园林要有画境，将园林称为"天然图画"，认为园林的旨趣在于创造一片心灵的境界。这种思想在明末清初的园林家那里得到了深化。在清初，与前一个群体同时代，还存在着一个以陈维嵩等为代表，与前述抗争并隐居的群体不同、融合于当时社会、或者多少与朝廷有所合作的园林美学思想家群体。

张涟(1587—1671年)，字南垣，松江华亭人，后迁嘉兴，有筑园叠山技艺思想，是明末清初造园名家，许多名流学者如董其昌、陈继儒、黄宗羲、吴伟业、钱谦益等也和他作布衣之交，盛赞他的叠石绝技。重金聘请他去造园的地方很多，江南许多名园出自其手，如松江城西的罗氏怡园、李逢申的横云山庄，嘉兴吴昌时的竹亭湖墅、朱茂时的鹤洲草堂，太仓王时敏的乐郊园、南园和西园，吴伟业的梅村，常熟钱谦益的拂水山庄，吴县席本桢的东园，嘉定赵洪范的南园，无锡现存的惠山东麓寄畅园等。张涟的盆景作品与叠石被时人推崇为"二绝"，其技艺享誉江南。《清史稿》卷五一〇《艺术列传四》有传，《华亭县志》《娄县志》《松江府志》《嘉兴县志》、《嘉兴府志》和《浙江通志》也都为他列有专传。吴伟业在《张南垣传》中描绘张涟造园情景："常高坐一室，与客谈笑，呼役夫曰：'某树下某石刻置某处。'目不转视，手不再指，若金在冶，不假斧凿。"张涟以自己对文人园林创造独特体会而形成的造园思想，承接晚明，开辟清初，对当时的园林美学影响深远。

张缙彦(1599—1672年)，字濂源，号坦公，河南新乡人。明崇祯四年(1631年)进士，历任知县、户部主事、兵科都给事中。后投降大顺政权，转投南京福王，又投清朝，因党争和文字狱的缘故，流徙宁古塔。性喜山水，遍访当地风景，写成黑龙江第一部山水记与地名学专著《宁古塔山水记》，并著有《依水园文集》等。

依水园在河南辉县，是张缙彦构建的私家园林。张缙彦名作《依水园记》是一篇有特色的园林散文。第一，其反映了张缙彦倾心于自然的观念："百泉胜绝群水，自孙台邵窝，游展纷沓，而万古深缘，遂为杖展破削矣。"张缙彦久耽澄碧，厌尘嚣。"乃循源泉之尾，得之吾邑卫水之隩，其流环郭而北数十里，可溉，可泛，可渔，而又无昔人之结构以薄云气，乃扫秽锄芜，为依水园。园抵水，小具一亭，柳棚我以青

---

① 清乾隆年间，蒋重光于虎丘东南隅建园，亦名塔影园。这是因为虎丘为苏州名胜，人们乐于在此造园，又可借塔影而成主景，于是有异代而同名之园。

阴,草茵我以软烟"。园中"集漪山居""去水稍远,亦曰'集漪'者,风与水相际而成漪,每当风声吹叶,绿浪飘渺,余魄梦依依,不自知其在河渚之外也。室旁有小屋二,南牖宜冬,北牖宜夏"。第二,论述园林与仕途的关系:"园去城数舍,民可至,乃不为游人所赏。千年来处喧而能宜其德,有足尚者。士君子裹烟霞为骨,裹风月为致,岂必绝尘脱迹哉";因此,"终南之径以塞,北山之檄尚在,首阳非清,柳下非浊,若利害梦其情,得失移其虑,即寝处苏门、百泉之间,公和尧夫其笑我矣"。作者在这里引用唐代卢藏用于南朝孔稚珪《北山移文》的典故,虽然说得遮遮掩掩,意思却很清楚:"士君子"只要不萦怀于"利害"、"得失",不一定非要隐居,出仕(在当时即效力于清廷)亦无不可。在当时社会动荡、神器易主,许多汉族士大夫崇尚气节的时代,张缙彦屡次反侧转投,政治人格欠缺一层,其园林美学思想的分量也就难免打些折扣了。

施闰章(1618—1683年),字尚白,号愚山。江南宣城(今安徽宣州)人,顺治六年(1649年)进士,康熙十八年(1679年)召试博学鸿词,授侍讲,典试河南,转侍读,与宋琬齐名,号"南施北宋",列入"清初六家"。其诗远承乡人宋代梅尧臣而有变化,风格高雅淡素,不少作品反映社会现实,著有《施愚山先生全集》。

昆山春及轩,由叶子九构建,跨溪而入,石磴泠然。登阁而望,山翠蓊然。施闰章《春及轩记》描绘了春及轩:"昆之人,环玉峰而家者,园林亭榭皆胜。而叶子九来,作轩于玉峰之南,名之曰春及。来告我曰:'轩上为槛阁,下临官河,其东则良畴数亩,岁种秫酿以待客,客至往往醉。'周回小溪,溪东为古寺,松桧攫拏,皆数百年物";"轩正面田畴,菜甲稻花,远风披拂,其乐不可胜穷也"。接着,施闰章描述叶氏汲汲于功名,未受朝廷重视而有意隐居、却又于心不甘的心境:"去年夏、秋间,以博学鸿词征,有司敦迫切峻,单车诣阙,逾冬涉春,逡巡待明诏,乃南望叹曰:春已过半,逐逐无所底,安能含吾轩,芜吾田,而尘埃处乎?""嗟夫! 士大夫栖岩息硐,田畯为伍,有耕斯获,有获斯饱,我无干人,人无我妒,无文字征逐之扰,横琴在膝,用述作为鼓吹,岂不畅然至足也哉?"虽然,叶氏"擅文辞,多游好,又有伯氏学士,为显官于朝,吾虞叶子之归不果也"。叶氏的境遇,实际上是清代前期许多汉族知识分子开始迎合满族统治者的一种类型的代表。

陈维崧(1625—1682年),字其年,号迦陵,江南宜兴(今属江苏)人,以诗文见称,为晚明四公子之一宜兴陈贞慧之子。诸生,少负才名,一直是达官贵人座上客。康熙十八年(1679年)举博学鸿词科,授检讨,与修《明史》,工骈文,诗雄丽沉郁,词为阳羡派开山,与浙派朱彝尊并称,多反映民间疾苦,称巨擘,有《湖海楼全集》。

半茧园,在昆山县城,明嘉靖间叶文庄园宅。其玄孙叶焕恭加以拓展。清康熙间,恭焕孙、工部主事叶国华又增拓之,修广六十亩,改名茧园,有大云堂、据梧轩、槛阁、霞笠、小有堂诸胜。日丽烟和,风光淡沲。以后,叶国华分园为三,分予三子。其仲子奕苞(即叶子九)得其东偏之半茧而新之,称为半茧园。新增春及轩、梅花馆等。后卖给平湖陆氏,乾隆以后又加修葺,不久园废。陈维崧《半茧园赋》记述了该园的由来,进而说园主"将欲包沁水以为园,控终南而建第,规天上之灶梁,效人间之鹤市"。陈维嵩追求的审美标准是"境以窄而弥幽,地当偏而益妙";"缭曲径以西,遵微周栏而右转,浮黛榭于渌波,嵌青墙于铁薜"。他对于"一椽一石,皆身自经理,位置莫不有意,嘉卉林立,清泉绕除"。这是小巧玲珑的典型江南园林风格。

水绘园(图2-2),明清文人园林的代表,在今江苏省如皋市如城镇东北如皋公园内,始建于明万历间,为当地望族冒一贯别业,明亡后一贯玄孙、名士冒辟疆隐居于此。"绘"即"会"之意,形容各方水流皆会于园中。园中原有地数十亩,冒辟疆又增筑洗钵池、雨香庵等,园内河道纵横,汇于洗钵池中;又积土为山,傍水建榭,嘉木成荫,林峦葩卉,全盛时占地六万余平方米,为当时苏北名园。冒辟疆曾与董小宛隐于园中读书宴客,为一时佳话。顺治十五年(1658年),冒辟疆邀陈维嵩到水绘园居住,

图2-2 水绘园

住了近十年。冒比陈长十四岁,多有教诲。陈维嵩因此作《水绘园记》。现存建筑大多筑于清末。《水绘园记》具体记述如下。

(一)园的四周有水有桥又有堤,山水相映,环境秀丽:"为其亘涂水派,惟余一面,竹杠可通往来。南北东西,皆水绘";"画堤,堤广五尺,长三十余丈";"其东向临流而阁者,曰'畬氏壶岭园'。由壶岭水行左转更折而北,曰'小浯溪'。浯溪出入崔苇,若楚浯溪然。由浯溪再折而西";"西望峥嵘而屼立者,曰:'碧霞山'";"峰之由南麓而来者,自妙隐香林以至涩浪坡"。

(二)园中多洞穴泉石。"西入石洞甚廓,常有小穴,俯瞰涩浪坡,苔藓石纹如织。前临因树楼,则蟠伏宛在地中。由石洞右折而上为悬溜峰。峰顶平若几案,可置酒,可弹棋。四顾烟云翕习,若碧霞,若中禅,若逸园、壶岭,璇题缤纷,朱甍煊赫,盘亘浯溪如线,惟洗钵池则白浪架空,有长天一色之观"。涩浪坡广十丈,皆小石离列可坐。当雨晴日出时则飞泉喷沫如珠,下有石渠可作流觞之戏,有声淙淙然。"屿前数武,孤石亭立水中,状若滟滪,时跃白鱼,渌然闻水声"。泉水叮咚,潺潺流动,分明是一首动人的丝竹乐曲从指尖汩汩流出。

(三)桃柳夹杂。逾亭而往,芙蕖夹岸,桃柳交荫而蜿蜒,门夹黄石山,如荆浩、关仝画)。"绿树如环","其树多松,多桧、桂,多玉兰、山茶。鸟则白鹤、黄雀、翡翠、鹭鸶、鸂鶒时或至焉";"其中林峦葩卉,块圠掩映",俨然是山水画与花鸟画的组合。

(四)亭台楼阁。由碧霞山东行七十步,得小桥,桥址有亭,以茅为之。"上安小

楼阁。墙如埤堄,列雉六七。门额'水绘庵'三字,主人自书也。门以内,石衢修然。沿流背阁,迩折百余步,曰:'妙隐香林'。由是以往有二道:其一左转,由壹默斋以至枕烟亭。其一径达寒碧堂"。又有"小三吾"、"月鱼基"、"波烟玉"等亭台楼阁,"由亭而上曰:'湘中阁',曰:'悬溜山房',参差上下,若凹若凸,凌虚历空,沈潊莫测"。

方象瑛(1632—不详),字渭仁,浙江遂安人,九岁能诗,十岁作《远山净赋》,见者惊异。康熙六年(1667年)进士,授内阁中书,充顺天乡试同考官。康熙十八年(1679年)举博学鸿词科,授编修,官侍讲学士,与修《明史》。有《健松斋集》、《重葺休园记》。

休园,位于扬州城内流水桥东,本朱氏园、汪氏园旧址,郑元勋弟郑侠如(字士介,明末工部即水部司务)于清顺治十年(1653年)合并后新修。园在宅西,间一过街阁道入园。园广五十亩,至乾隆中叶,此园已四次修葺。嘉庆间归苏州陈氏,易名征园,时人仍以休园呼之。此园后又归程氏。咸丰初,为包氏所有,重葺未久,付之兵燹。

康熙中,方象瑛为作《重葺休园记》。文中首先渲染扬州昔时园林之盛:"夫江都繁丽之区,故多园亭,然自隋炀以来,所谓'萤苑'、'迷楼'、'竹西歌吹'(均为隋代建筑),固已不可踪迹矣。即如超宗(侠如兄)先生'影园'称极盛,当时黄牡丹盛开,集四方知名士,宴饮赋诗,汇成盈寸,缄封寄虞山钱宗伯(谦益)论次,以南海黎美周为第一,至酬以金卮,抑何盛也!"方象瑛进而将园林兴衰与园主联系起来:"转眄五十年间,园林易主,台榭荒芜,近且不知其处,而水部休园,独岿然于兵戈患难之余,岂非园之盛衰,固赖乎其人欤? 懋嘉(园主)既登贤书,文名卓绝江左,槐厅、柏府,直君家物耳,何足为懋嘉重!"文中希望园主子孙世守其业:"继自今益务栽培,使堂构之贻子孙,世世守之,永于勿替,是则懋嘉缵承之大,而亦两公所阴持而默相之者也。如以耳目之玩,丹腹增饰为不坠光泽,犹其小焉者已。余之语懋嘉者如此。"方象瑛没有点出明末清初战乱,也并非自谓,但其继承前人遗泽、整饰与光大前代园林的美学期盼,则是与归庄、王时敏等人一脉相承的。

第三节 《将就园记》等的园林理想

经过长期的战乱,在清初,有那么一些文人于干戈骚屑之际,负薪拾橡,餔糒不给,困顿已极,因而远避世嚣,寄情于理想中的乌托邦园林。他们并未亲身参加抗清斗争,却同样隐含着隐居的情怀,不愿与清朝廷合作。黄周星就是其中的典型。

黄周星(1611—1680年),字景虞,号九烟,上元(南京)人,崇祯十三年(1640年)进士,官户部主事。入清隐居于浙江长兴,多与遗民文人往来。康熙时曾效屈原在湖州南浔投水自尽,被救起,自绝饮食而卒。擅诗文书画,有《九烟先生遗集》。叶梦珠撰《阅世编》记其生平甚详。

黄周星《将就园记》强调"自古园以人传,人亦以园传";"吾园无定所,惟择四天下山水最佳胜之处为之;所谓最佳胜之处者,亦在世间,亦在世外,亦非世间,亦非世外,盖吾自有生以来,求之数十年而后得之,未易为世人道也"。《将就园记》描述了黄周星理想中的园林,显然受到东晋陶渊明《桃花源记》的影响。黄周星心目中的园林:"其地周遭,皆崇山峻岭";"隔绝尘寰,无径可通";"西南隅有一穴,仅可容身,穴自上而下,蜿蜒登降,瞑行数百步,乃达洞口,口外有涧,亦可通人间溪谷,然洞口才大如井,而山巅有泉,飞流直下,摇曳为瀑布,正当洞口,四时不竭,状若悬帘,自非冲瀑出入,绝不知其为洞,故中古无问津者,此则兹山之界限也"。

黄周星描述的将就园的特点是:第一,景色旖旎。山椒各有飞泉下注,悬为瀑,汇为涧,流为溪沼。"两山之下,溪流环绕十余里,中为平野,亦复有冈岭湖陂,林薮原隰,参差起伏,此吾园之所在"。第二,自给自足的经济。山中宽平衍沃,广袤可百里,"田畴村落,坛刹浮屠,历历如画屏,凡宇宙间百物之产,百工之业,无不备其中者"。第三,村民淳朴和善。"略无嚣诈,髫者男女,欢然如一,盖累世不知有斗辩争夺之事焉。又地气和淑,不生荆棘,亦无虎狼、蛇鼠、蚊蚋、螫若之属,此则兹山之风土也"。

《将就园记》描述的子虚乌有的园林,是《桃花源记》在清初的翻版,反映了黄周星面对清军扫荡大江南北,血腥镇压各地反抗斗争的不满,以及无力抗争、唯有不与新的统治者合作,进而倾心于隐居、回避现实的生活态度,是当时许多士大夫的心绪的集中体现。

当然,清初的园林美学理想,并不只有黄周星的乌托邦园林,还存在其他一些类型。

申涵盼(1638—1682年),字随叔,号定舫,直隶永年(今属河北)人,涵光弟。顺治十八年(1661年)进士,授检校,与修《实录》,后引疾归。工诗,或称其"言远而旨该,论严而语隽,不独音节之妙",著有《定舫诗草》等。其《岵园记》所述,是一种郊外园林的乡野之美。"园去郡三里许,出郭门逶迤而南,又少西行数十武,逾护城堤,堤高与城齐,绵亘若山,上多桃柳。过小桥即水南村,村口一庵,粉壁朱扉,垂杨掩映中,有老衲出游,时尝邀啜茗,倦即下榻焉。转而东,一带皆蔬畦,晚菘早韭,是供盘飧。翻车声时不歇。穿畦过径,出丛绿中,纡行至园"。

申涵盼《岵园记》描述了各种花草树木,其美学意境首先在于老树苍翠。园前老桧成林,虬枝蟠结,乃因树为墙,芟其疏处为户。由户入,左偏柏八九株,拏龙濯雾,枝环拱若盖。其次在花木垂丝。砌小台置石几一,台周种薜萝,萝丝上蟠,柔条下荫,盛暑坐其中,不见日色。又前为泊亭,亭四周皆窗,窗前遍树紫荆,灿若锦城。后临鱼池,左右间杂花木,由中望之,绿蔼红阴,依稀若镜。再次是花色艳丽,香气馥郁:"少宽转为曲径,径两旁牡丹百本,每盛开时,香风夹路,云蒸霞蔚。径中断,凿为小渠,渠通水,水出园外灌畦井,穿垣乃得入,引溉园花,汇而归池。"亭前二梅树,二海棠,大合抱,夏冬花放,来游者趾相接。接着又有竹林森然。亭后种竹千余竿,风来动响,自成宫商。竹中一方台,高四五尺,基甚阔,苔藓结为绿茵,下视不见砌痕,可席地坐。此外还有芦荻胜概。"台后临溁河,缺其后壁为栏,可以下瞰,河通津门,时有商舟往来";河两滨皆丛芦,中流如练。而园后门适开其上,以是名荻花洲。"游者谓园之胜概,亦借此相映,若天然云"。

杨兆鲁(1662年前后),字青岩,江苏武进人,顺治九年(1652年)进士,尝知建宁,招抚巨寇有功,终福建延平道按察司副使,有《遂初堂文集》。近园,在今江苏常州市长生巷。康熙四年(1664年)杨兆鲁回到常州,在住宅注经堂后,购地六七亩兴建园林,历五年而竣工。或谓此园不过"近似乎园",故称近园,有西野草堂,堂前凿池叠山,亭榭、书斋、轩馆回廊依水而筑。另有见一亭、天香阁、虚舟、得月轩等,并有假山以树木点缀,多保留晚明风格。建成后,园主曾请当时名士笪重光、恽南田等做客。同治初此园被卖,先后称静园、恽家花园,但长期无人注意,直到二十世纪七十年代末才被陈从周先生无意中发现。

《近园记》体现了亲近、热爱自然的思想。其谓:"有客过近园,谓予曰:'人生天地间,一身之外,非吾有也,皆可以远名之。何况游目托迹之所,草木禽鱼,至辽阔不亲切之物,与吾何与。而子谓之近,岂不谬哉!'予曰:'不然。夫远近亦何尝之有?性情骛乎远,则浮江河、涉五岳,且欲翱翔于凌虚之台,驰骤于阆风之圃者有之。予也,蒲柳也,鹪鹩也,一亩之宫,可以栖迟偃息;禽鱼草木,皆吾陶情适性之具,又何远之足云?'"

朱光潜曾说:"十九世纪以来,西方美学界最大的流派是以费肖尔父子为首的新黑格尔派。他们最大的成就在对于移情作用的研究和讨论。所谓'移情作用'(einfuhlung)指人在聚精会神中观照一个对象(或艺术作品)时,由物我两忘达到物我同一,把人的生命和情趣外射或移注到对象里去,使本无生命和情趣的外物仿佛具有人的生命活动,使本来只有物理的东西也显得有人性。最明显的事例是观照景物以及由此产生的文艺作品。"[1]《近园记》中反映的"禽鱼草木,皆吾陶情适性之具"式的与人之间的和谐,似乎与这种"物我两忘达到物我同一","使本来只有物理的东西也显得有人性"的说法有相通之处。

正是在这种思想的引导下,杨兆鲁抱疴辞官返乡后,于注经堂后,买废地六七亩,经营相度,经历五年而成近园。"其花,则蛱蝶、杜鹃、长春、芍药,四时开落,约数十种。虽不及东皋之别墅、鸣珂之盘涧,亦庶几吾身于一壑之内,而吾意悠然美。"作者不仅倾心花卉之美,而且赏鉴鱼鸟之乐:"林栖之鸟,水宿之禽,朝吟夕弄,相与错杂乎室庐之旁。或登于高,而览云物之美,或俯于深,而窥浮泳之乐。"作者在这里表达了两个美学观念:第一,只要是美的东西,远近并无区别,"又何远之足云",这是在某种程度上把庄子的相对论搬到了园林美学领域;第二,纵然园林范围有限,属于"一壑之内"、"室庐之旁",却并不妨碍审美主体寄托其"栖迟偃息"、"陶情

---

① 朱光潜:《谈美书简》,天津教育出版社,2011,第60~61页。

适性"的心境。

汤斌(1627—1687年),字孔伯,号荆岘、潜庵,河南睢州(今睢县)人。顺治九年(1652年)进士,授检讨。康熙十八年(1679年)举博学鸿词,授侍讲,后任江宁巡抚、礼部尚书、工部尚书等。为理学名家,所诣深粹,身体力行,著有《汤子遗书》《洛学编》等。

石坞山房,在苏州西南尧峰山西麓,王咸中筑,擅泉石之胜,有真山堂、木瓜房、鱼乐轩、自远阁、梅花深处等。汤斌《石坞山房图记》:"吴郡山水之佳,为东南最,而尧峰名特著者,则以汪钝翁(汪琬)先生结庐故也。"文中指出,"钝翁文章行谊高天下,尝辞官读书其中,四方贤士大夫过吴者,莫不愿得一言以自壮。而钝翁尝杜门谢客,有不得识其面者,则徘徊涧石松桂之间,望烟云杳霭,怅然不能去也。以此钝翁名益重,然亦有病其过峻者(指有人追慕而走极端)矣"。

文章进而称颂汪琬品行志向及王咸中的山房:王咸中"间出其《山房图》请记。余既心仪其为人,而又自悔不获身至尧峰,以观其所谓文石乳泉者,犹喜得于图中,想见其藤门萝径,芒鞋竹杖,相过从吟咏时也。乃抚卷叹息者久之"。在汤斌看来,诗画是构成园林美学的一个重要因素。他将石坞山房及图与唐代王维、裴迪的佳话相提并论,甚至认为有所轩轾:"昔王摩诘辋川别业,山水踞终南之胜,时有裴迪以诗文相属和,至今览其图画,所谓斤竹岭、华子冈,仿佛犹想见其处。摩诘在开元、天宝间,立身不无可议,徒以文词之工,犹为后人所艳慕如此。钝翁品行之高洁,学术之正大,有非摩诘所敢望者。咸中志趣卓然,其所进未可量,或亦非仅仅裴迪比",对石坞山房及图给予了充分的肯定。追其本原,仍然是倾慕于汪琬隐居山林,不与当途合作的高士品格,从而揭示了石坞山房的美学价值与园主的思想倾向。

总之,清初园林美学特别是归庄、申涵光、黄周星等人的思想,从不同角度反映了社会巨变中园林所遭受的摧残,以及社稷倾覆、山河破碎的现实。面对清朝统治者的高压政策,秉持独立人格、追求高尚气节的理念,激励着士人重构园林,并且思考园林对个人与社会的价值及其发展趋势,发扬光大传统园林文化。当然,当时也出现了一些趋炎附势、汲汲于功名的文人。清初是园林承前启后、重新展现生机的时期,园林美学思想展示了历史的沧桑美。

第三章 《闲情偶寄》论园林艺术的生活美

经过明末清初兵燹,北方及江南一带战火渐熄,旧时荒芜的园林也逐步得到修整恢复。这样就面临着一个在新的历史时期应该怎样继承晚明、构建与恢复园林的问题,并且需要从理论上加以比较系统地阐述。正是在此背景下,出现了李渔与他的《闲情偶记》。李渔(1610—1680年),字谪凡,号笠翁,祖籍浙江兰溪,出生于江苏如皋,曾中秀才,两次赴乡试不果。入清居南京,绝意仕途,设计营建或者修葺有北京半亩园、兰溪伊园(即伊山别业)、金陵芥子园和杭州层园;并开设书铺,编刻图书,从事传奇小说戏曲的创作和导演,被称为"明末清初一怪杰"。李渔住于杭州与南京期间与吴梅村、钱谦益等往来,他善于观察生活,懂得艺术,六十岁前后,开始系统总结创作和生活经验。康熙十年(1671年),《笠翁秘书第一种》即《闲情偶寄》问世,这是他一生生活经验和艺术理论的结晶。

李渔自称:"生平有两绝技,自不能用,而人亦不能用之,殊可惜也。人问:绝技维何? 予曰:一则辨审音乐,一则置造园亭。"《闲情偶寄》涉及多方面的审美现象,其园林审美部分颇多承袭明末《园冶》,包括《居室部》、《器玩部》和《种植部》,系统论述了筑园理论与室内摆设及花卉品鉴等。李渔在建筑、窗栏、花卉等方面提出了其"取景在借",以及"自出乎眼"、"雅俗具利";因地制宜,不拘成见;"贵精不贵利"、宜简不宜繁、宜自然不宜雕琢等的美学观点。我们可以认为他实际上是清代园林美学思想的开拓者。特别值得指出的是,李渔的园林美学包括房屋设计与建筑材料、家居陈设、洒扫种植、生活用具等,无不具有生活体验基础,与日常生活密切相关,处处显示出其思想的生活美。而大致同时的《花镜》则是体现清代园艺水准的另一部力作。

第一节 "窗临水曲琴书润"

关于园林建筑,李渔的美学标准包括相宜、新奇、简朴、实用与坚固等。

一、李渔的美学标准之一:相宜

李渔关于园林建筑美学的第一个观点是相宜,即"夫房舍与人,欲其相称"。

(一) 首先与作画要关照画中房屋、人物之间的比例一样,现实中的房屋与人之间,也必须有相应的尺寸对应关系。"画山水者有诀云:'丈山尺树,寸马豆人。'使一丈之山,缀以二尺三尺之树;一寸之马,跨以似米似粟之人,称乎? 不称乎? 使显者之躯,能如汤文之九尺十尺,则高数仞为宜,不则堂愈高而人愈觉其矮,地愈宽而体愈形其瘠,何如略小其堂,而宽大其身之为得乎?"

(二) 其次,房屋要与主人的身份相称:"人之不能无屋,犹体之不能无衣。衣贵夏凉冬燠,房舍亦然。堂高数仞,榱题数尺,壮则壮矣,然宜于夏而不宜于冬。登贵人之堂,令人不寒而栗,虽势使之然,亦廖廓有以致之;我有重裘,而彼难挟纩故也。"李渔因而说，"吾愿显者之居，勿太高广。夫房舍与人，欲其相称"。李渔在兰溪购买营建的伊山别业，是他亲自设计的第一个宅居园林，面积不足百亩。其《伊山别业成寄同社五首》其三有云："栽遍竹梅风冷淡，浇肥蔬蕨饭家常。窗临水曲琴书润，人读花间字句香。"正是反映了别业与主人身份的相宜相称。

（三）再次，相宜还指"因地制宜之法"，即其构造园林建筑必须考虑具体条件，灵活设计，具体包括以下内容。

考虑地势"高下"的因地制宜。"房舍忌似平原，须有高下之势，不独园圃为然，居宅亦应如是。前卑后高，理之常也。然地不如是，而强欲如是，亦病其拘。总有因地制宜之法：高者造屋，卑者建楼，一法也；卑处叠石为山，高处浚水为池，二法也。又有因其高而愈高之，竖阁磊峰于峻坡之上；因其卑而愈卑之，穿塘凿井于下湿之区。总无一定之法，神而明之，存乎其人，此非可以遥授方略者矣"。他强调无论建造住宅与园林，其空间处理原则都必须因地制宜，根据地势来设计，从而使其错落有致。① 他特别强调建造园林应该打破陈规，不为固有模式与观点所束缚。只有这样才有活力，才能体现园林的真正价值。

考虑"向背"与"路径"的因地制宜。"屋以面南为正向。然不可必得，则面北者宜虚其后，以受南熏；面东者虚右，面西者虚左，亦犹是也。如东、西、北皆无余地，则开窗借天以补之。牖之大者，可抵小门二扇；穴之高者，可敌低窗二扇，不可不知也。"至于路径，"莫便于捷，而又莫妙于迂。凡有故作迂途，以取别致者，必另开耳门一扇，以便家人之奔走，急则开之，缓则闭之，斯雅俗俱利，而理致兼收矣"。

考虑庭院地面处理的因地制宜。李渔认为房舍的地面也有讲究，不能太随意。"古人茅茨土阶，虽崇俭朴，亦以法制未尽备也。惟幕天者可以席地，梁栋既设，即有阶除，不戴冠者不可跣足，同一理也"。说明他重视"法制"亦即房屋建筑的基本规律与要求，强调"法制未尽备"。他认为地面必须用砖，既坚固防潮，又俭朴，且能拆移："土不覆砖，尝苦其湿，又易生尘。有用板作地者，又病其步履有声，喧而不寂。以三和土墼地，筑之极坚，使完好如石，最为丰俭得宜。而又有不便于人者：若和灰和土不用盐卤，则燥而易裂；用之发潮，又不利于天阴。且砖可挪移，而墼成之土不可挪移，日后改迁，遂成弃物，是又不宜用也。不若仍用砖铺。"当然，砖有"磨与不磨"的种类，"别其丰俭，有力者磨之使光，无力者听其自糙"。要之，无论是砖的质地、大小、形状或者是纹路，都各有所宜，关键还是要适应居住环境，否则就是弄巧成拙："极糙之砖，犹愈于极光之土。但能自运机杼，使小者间大，方者合圆，别成文理，或作冰裂，或肖龟纹，收牛溲马渤入药笼，用之得宜，其价值反在参苓之上。"当然，要做到这一点并非易事："言之易而行之甚难，仅存其说而已。"

---

① 姜光斗：《明末清初一怪杰：李渔》，苏州大学出版社，2012，第165页。

二、李渔的美学标准之二:新奇

李渔关于园林建筑美学的第二个观点,是要发挥创造性,出新出奇。

创新,是一切文化形式的生命源泉。英国近代学者艾迪生在谈到美学时,强调创新的意义说:"一切崭新的或非凡的事物都能唤起想象中的快感,因为它以一种愉快的惊奇感充斥灵魂,满足它的好奇心,授予它以前所未有的意象。真的,我们往往对陈套的事物习以为常,或者对同一事物的多次反复感到厌倦,所以凡是崭新或非凡的东西都稍有助于使人生丰富多彩。"[①]近代德国美学家谢林认为:"造型艺术显然是处于心灵与自然之间,作为一个联结的环节,而且只有在这二者的生气蓬勃的中心才能够被人了解。不错,既然造型艺术与其他各种艺术,尤其是与诗相同,它与心灵的关系也正是它与自然的关系,而且,像自然一样,一种创造的力量始终是它的唯一特性。"[②]

李渔认为建筑与写文章的道理相通,不能简单模仿,而应该出奇创新。他自谓:"性又不喜雷同,好为矫异,常谓人之葺居治宅,与读书作文同一致也。譬如治举业者,高则自出手眼,创为新异之篇;其极卑者,亦将读熟之文移头换尾,损益字句而后出之,从未有抄写全篇,而自名善用者也。"因此,他强调房舍建造要注意出奇,"贵新奇大雅",不宜墨守成规,这样才可能取得特殊的审美效果,显示出其美学思想的创造性因素:"土木之事,最忌奢靡。匪特庶民之家当崇俭朴,即王公大人亦当以此为尚。盖居室之制,贵精不贵丽,贵新奇大雅,不贵纤巧烂漫。"因为"凡人止好富丽者,非好富丽,因其不能创异标新,舍富丽无所见长,只得以此塞责。譬如人有新衣二件,试令两人服之,一则雅素而新奇,一则辉煌而平易,观者之目,注在平易乎?在新奇乎?锦绣绮罗,谁不知贵,亦谁不见之?缟衣素裳,其制略新,则为众目所射,以其未尝睹也"。这是说出了创新在审美中的突出意义。

那么,如何才能出新出奇,免蹈前人窠臼?李渔提出"自出手眼,出自己裁",亲自筹划设计。他说:"治举业者,高则自出手眼,创维新异之篇";"兴造一事,则必肖人之堂以为堂,窥人之户以立户,稍有不合,不以为得,而反以为耻"则属胶柱鼓瑟。他说,经常见那些"通侯贵戚",掷盈千累万之资以治园圃,必先谕大匠曰:亭则法某人之制,榭则遵谁氏之规,勿使稍异。而操运斤之权者,至大厦告成,必骄语居功,谓其立户开窗,安廊置阁,事事皆仿名园,纤毫不谬。"噫,陋矣!以构造园亭之胜事,上之不能自出手眼,如标新创异之文人;下之至不能换尾移头,学套腐为新之庸笔,尚嚣嚣以鸣得意,何其自处之卑哉!"

① 艾迪生:《想象的快感》,载《缪朗山文集》(2)《西方美学经典选译》(近代卷上),中国人民大学出版社版,2011,第35页。艾迪生(1672—1719),英国散文家和文学批评家,英国期刊文学的创始人之一。

② 谢林:《论造型艺术与自然的关系》,载《缪朗山文集》(2)《西方美学经典选译》(近代卷上),中国人民大学出版社版,2011,第243页。谢林(1775—1854),德国哲学家和美学家。

李渔举房屋"顶格"之例说:精室不见椽瓦,或以板覆,或用纸糊,以掩屋上之丑态,名为"顶格",天下皆然。"予独怪其法制未善。何也?常因屋高檐矮,意欲取平,遂抑高者就下,顶格一概齐檐,使高敞有用之区,委之不见不闻,以为鼠窟,良可慨也。亦有不忍弃此,竟以顶板贴椽,仍作屋形,高其中而卑其前后者,又不美观,而病其呆笨。予为新制,以顶格为斗笠之形,可方可圆,四面皆下,而独高其中。且无多费,仍是平格之板料,但令工匠画定尺寸,旋而去之。如作圆形,则中间旋下一段是弃物矣,即用弃物作顶,升之于上,止增周围一段竖板,长仅尺许,少者一屋,多则二屋,随人所好,方者亦然"。

三、李渔的美学标准之三:简朴

李渔关于园林建筑美学的第三个观点,是"宜简不宜繁,宜自然不宜雕斫",主张简朴自然,反对雕琢繁饰。

首先,李渔以窗棂、栏杆为例说:"窗棂以明透为先,栏杆以玲珑为主,然此皆属第二义;具首重者,止在一字之坚,坚而后论工拙。尝有穷工极巧以求尽善,乃不逾时而失头堕趾,反类画虎未成者,计其新而不计其旧也。总其大纲,则有二语:宜简不宜繁,宜自然不宜雕斫。"那么,如何做到简而自然呢?他认为是必须顺应事物的自然属性,符合事物的本来特征:"凡事物之理,简斯可继,繁则难久,顺其性者必坚,戕其体者易坏。木之为器,凡合笋使就者,皆顺其性以为之者也;雕刻使成者,皆戕其体而为之者也;一涉雕镂,则腐朽可立待矣。故窗棂栏杆之制,务使头头有笋,眼眼着撒。然头眼过密,笋撒太多,又与雕镂无异,仍是戕其体也,故又宜简不宜繁";"但取其简者、坚者、自然者变之,事事以雕镂为戒,则人工渐去,而天巧自呈矣"。

李渔论厅壁,同样贯穿着主张简朴的意识:"厅壁不宜太素,亦忌太华。名人尺幅自不可少,但须浓淡得宜,错综有致。予谓裱轴不如实贴。轴虑风起动摇,损伤名迹,实贴则无是患,且觉大小咸宜也。实贴又不如实画,'何年顾虎头,满壁画沧州'。"在李渔看来,简朴装饰应该是体现创造力、有文化内涵的文人韵事:"予斋头偶仿此制,而又变幻其形,良朋至止,无不耳目一新,低回留之不能去者。"

四、李渔的美学标准之四:实用、坚固

李渔关于园林建筑美学的第四个观点,是强调房屋墙壁设计的实用与坚固。

明末祁彪佳《寓山注》谓:"室与山房类,而高下分标其胜。与夫为桥、为榭、为径、为峰,参差点缀,委折波澜。大抵虚者实之,实者应之,聚者散之,散者聚之,险者夷之,夷者险之;如名手作画,不使一笔不灵;如名流作文,不使一语不韵。此开园之营构也。"这是认为营造园林要考虑"高下"之间、"虚实"之间、"险夷"之间的映衬与互变。李渔直接承袭了这种观点,同时强调审美要服务于实用,建筑的"精粗"等各种比例关系首先要考虑实用功能:"居宅无论精粗,总以能避风雨为贵。常有

画栋雕梁,琼楼玉栏,而止可娱晴,不堪坐雨者,非失之太敞,则病于过峻。故柱不宜长,长为招雨之媒;窗不宜多,多为匿风之薮;务使虚实相半,长短得宜。"

关于墙壁,富人"峻宇雕墙",穷人"家徒壁立","皆于墙壁间辨之"。李渔认为墙壁十分重要,涉及相邻两家,是建造房屋之根本,正如城墙是防卫城市与国家的根本一样:"富人润屋,贫士结庐,皆自墙壁始。墙壁者,内外攸分而人我相半者也。"俗云:"一家筑墙,两家好看";"居室器物之有公道者,惟墙壁一种,其余一切皆为我之学也。然国之宜固者城池,城池固而国始固;家之宜坚者墙壁,墙壁坚而家始坚。其实为人即是为己,人能以治墙壁之一念治其身心,则无往而不利矣。"

如"界墙","界墙者,人我公私之畛域,家之外廓是也"。李渔认为最上为乱石所砌,"莫妙于乱石垒成,不限大小方圆之定格,垒之者人工,而石则造物生成之本质也";其次为石子,"石子亦系生成,而次于乱石者,以其有圆无方,似执一见,虽属天工,而近于人力故耳。然论二物之坚固,亦复有差;若云美观入画,则彼此兼擅其长矣。此惟傍山邻水之处得以有之,陆地平原,知其美而不能致也"。

又如女墙。李渔指出,《古今注》云:"女墙者,城上小墙。一名睥睨,言于城上窥人也";"盖女者,妇人未嫁之称,不过言其纤小,若定指城上小墙,则登城御敌,岂妇人女子之事哉?至于墙上嵌花或露孔,使内外得以相视,如近时园圃所筑者,益可名为女墙,盖仿睥睨之制而成者也。其法穷奇极巧,如《园冶》所载诸式,殆无遗义矣。但须择其至稳极固者为之,不则一砖偶动,则全壁皆倾,往来负荷者,保无一时误触之患乎?"他说:"止于人眼所瞩之处,空二三尺,使作奇巧花纹,其高乎此及卑乎此者,仍照常实砌,则为费不多,而又永无误触致崩之患。此丰俭得宜,有利无害之法也。"

再如书房壁。李渔认为书房为雅致之处,其装饰切忌"粘贴太繁,不留余地";"书房之壁,最宜潇洒。欲其潇洒,切忌油漆"。这是因为:"油漆二物,俗物也,前人不得已而用之,非好为是沾沾者。门户窗棂之必须油漆,蔽风雨也;厅柱榱楹之必须油漆,防点污也。若夫书房之内,人迹罕至,阴雨弗浸,无此二患而亦蹈此辙,是无刻不在桐膏漆气之中,何不并漆其身而为厉乎?""壁间书画自不可少,然粘贴太繁,不留余地亦是文人俗态。天下万物,以少为贵。步幛非不佳,所贵在偶尔一见,若王恺之四十里,石崇之五十里,则是一日中哄市,锦绣罗列之肆廛而已矣。看到繁缛处,有不生厌倦者哉?"

五、李渔论房舍洒扫与园林联匾

除此以外,李渔的园林建筑美学还有其他一些内容。

有论者说:"李渔的生活美学是以日常的衣食住行为核心进行审美设计",其中就包括"住(居室、器玩、种植)";"他提出了审美设计的方法、要求,并在其中贯穿了'行乐'的理念。"①其实,不仅对园林建筑,李渔对房舍的日常洒扫也有研究。其云:

---

① 贺志朴:《李渔的生活美学思想》,《河北大学学报(社会科学版)》2013年第5期。

"精美之房,宜勤洒扫。然洒扫中亦具大段学问,非僮仆所能知也。欲去浮尘,先用水洒,此古人传示之法,今世行之者,十中不得一二。盖因童子性懒,虑有汲水之烦,止扫不洒,是以两事并为一事,惜其力也。久之习为固然,非特童子忘之,并主人亦不知扫地之先,更有一事矣";"然勤扫不如勤洒,人则知之;多洒不如轻扫,人则未知之也"。

园林建筑的联匾,是中国传统园林中的画龙点睛之笔,对揭示园林建筑的含义、升华园林艺术的美学意境有重要作用。李渔强调联匾应该不拘一格:"非有成规。不过前人赠人以言,多则书于卷轴,少则挥诸扇头;若止一二字、三四字,以及偶语一联,因其太少也,便面难书,方策不满,不得已而大书于木。彼受之者,因其坚巨难藏,不便纳之笥中,欲举以示人,又不便出诸怀袖,亦不得已而悬之中堂,使人共见。此当日作始者偶然为之,非有成格定制,画一而不可移也。"即便如此,李渔也赋予建筑联匾一定的内涵:"凡予所为者,不徒取异标新,要皆有所取义。"他列举的联匾种类有蕉叶联、此君联、碑文额、手卷额、册页匾、虚白匾、石光匾、秋叶匾等各种类,且各有其特色:"御沟题红,千古佳事;取以制匾,亦觉有情。但制红叶与制绿蕉有异:蕉叶可大,红叶宜小;匾取其横,联妙在是。是亦不可不知也。"

第二节 "夫借景,林园之最要者也"

李渔论造园,不但注意到了园林艺术的创作客体,而且特别重视园林艺术的创作主体。李渔自谓:"创造园亭,因地制宜,不拘成见,一榱一桷,必令出自己裁,使经其地、入其室者,如读湖上笠翁之书,虽乏高才,颇饶别致。"这里,李渔强调的实际上是张扬造园家的艺术个性。一座园林,就是造园者活生生的个性表现,有怎样的园艺家就有怎样的花园。历史上,白居易庐山草堂的自然朴实,与秦始皇阿旁宫的侈丽雕饰,石崇金谷涧别庐的富丽铺排风格迥然不同。[①]

晚明《园冶》卷三《借景》论述园林借景:"夫借景,林园之最要者也。如远借、邻借、仰借、俯借,应时而借,然物情所逗,目寄心期,似意在笔先。庶几描写之尽哉!"借景,是拓展园林空间、丰富园林内涵的传统手段。值得注意的是,李渔在《闲情偶寄》中,从多个侧面比较系统地论述了自己关于"取景在借"的思想。

李渔论述了取景之道。他除了详细介绍窗栏设计原则与各种窗栏图样以外,着重论述了窗栏在园林艺术中的美学意义。

首先是便于主人看到周边景色。"开窗莫妙于借景,而借景之法,予能得其三昧";"向居西子湖滨,欲购湖舫一只,事事犹人,不求稍异,止以窗格异之。人询其法,予曰:四面皆实,独虚其中,而为'便面'(指遮面用的团扇、折扇之类)之形";"是

---

① 杜书瀛:《李渔美学思想研究》,中国社会科学出版社,1998,第193~194页。

船之左右，止有二便面，便面之外，无他物矣。坐于其中，则两岸之湖光山色、寺观浮屠、云烟竹树，以及往来之樵人牧竖、醉翁游女，连人带马尽入便面之中，作我天然图画"。

其次是要求通过窗栏显示景色的空灵变幻。"且又时时变幻，不为一定之形。非特舟行之际，摇一橹，变一像，撑一篙，换一景，即系缆时，风摇水动，亦刻刻异形。是一日之内，现出百千万幅佳山佳水，总以便面收之。而便面之制，又绝无多费，不过曲木两条、直木两条而已。世有掷尽金钱，求为新异者，其能新异若此乎？此窗不但娱己，兼可娱人"。

李渔揭橥了园林借景的形式与意义，强调借景对于审美的重要意义。

宗白华说："无论是借景、对景，还是隔景、分景，都是通过布置空间、组织空间、创造空间、扩大空间的种种手法，丰富美的感受，创造了艺术意境。中国园林艺术在这方面有特殊的表现，它是理解中国民族的美感特点的一个重要的领域。"他在论述园林建筑的窗子作用时尤其强调其在借景中的地位："窗子在园林建筑艺术中起着很重要的作用。有了窗子，内外就发生交流。窗外的竹子或青山，经过窗子的框框望去，就是一幅画。颐和园乐寿堂差不多四边都是窗子，周围粉墙列着许多小窗，面向湖景，每个窗子都等于一幅小画（李渔所谓尺幅窗，无心画）。而且同一个窗子，从不同的角度看出去，景色都不相同。这样，画的境界都无限地增多了。"[1]

有学者论："王维诗句'隔窗云雾生衣上，卷幔山泉入镜中'；叶令仪诗句'帆影都从窗隙过，溪光合向镜中看'；等等，都是说的借景。由园林中的'借景'，我们可以联想到武术中的'借力'——所谓'四两拨千斤'是也，即通过'借'，把对方的力转换成自己的力，以造成意想不到的特殊效果。这是中国文化、中国艺术的奇妙之处，也是中国人的绝顶聪明之处。究其根源，是与中国独特的哲学观念联系在一起的。中国人看世界事物，一般都是综合的、联系的、融通的，而非分析的、隔离的、阻塞的。"[2]

康熙八年（1669年），李渔在南京建造的芥子园落成。《闲情偶寄》卷四《居室部》说，芥子园面积不到三亩，有半泓秋水和四五棵大石榴树，空隙处种植花卉。其中栖云谷、来山阁、浮白轩的景观都是李渔运用他所独创的开窗借景之法构置出来的，融天工与人工之景于一体。比如单拿窗户来说，式样就很多，有湖舫式、花卉式、虫鸟式、山水图式、尺幅式、无心画式、外推板装花式等，更有他最得意的梅窗。[3]

李渔将借景与书画美学联系起来，探讨了造园与书画创作的审美共性。

"山之小者易工，大者难好。"李渔不赞成造园一味求大，他把造园与"书画之理"相类比，认为一般人做不到，只有卓然大家才有此气魄："予遨游一生，遍览名

① 宗白华：《美学散步》，上海人民出版社，2005，第111、116页。

② 杜书瀛：《论李渔的园林美学思想》，《陕西师范大学学报（哲学社会科学版）》2010年第2期。

③ 姜光斗：《明末清初一怪杰：李渔》，苏州大学出版社，2012，第44～45页。

园,从未见有盈亩累丈之山,能无补缀穿凿之痕,遥望与真山无异者。犹之文章一道,结构全体难,敷陈零段易。唐宋八大家之文,全以气魄胜人,不必句栉字篦,一望而知为名作。以其先有成局,而后修饰词华,故粗览细观,同一致也";"书画之理亦然。名流墨迹,悬在中堂,隔寻丈而观之,不知何者为山,何者为水,何处是亭台树木,即字之笔画杳不能辨,而只览全幅规模,便足令人称许。何也? 气魄胜人,而全体章法之不谬也"。

李渔为什么会形成上述精辟的论述? 一个重要原因,在他出于对大自然的热爱,论述园林审美时,往往倾注了自己的情感,将使客体成为主体情感表现形式。

叠山磊石,丘壑填胸。李渔从来不离开主体而孤立地谈客体,从来不认为园林艺术中的客体具有独立自在的价值,而是以主体为造园的出发点和归宿点,将客体主体化、人格化、情感化,使客体成为主体人格的审美形态。《居室部》山石中说:"一花一石,位置得宜,主人神情,已见于此。"这就是说,园林艺术中的花木已不是植物学意义上的花木,园林艺术中的山石已不是矿物学意义上的山石,它们已由纯自然的客观存在物转化为艺术的主观存在物,或者更加直截了当地说,在园林中,花木山石非花木山石也,乃人也,乃充满灵性、富有生命的主体也;"乃是以审美的方式抒发自然之逸气,表现主体之性灵";"因此,园林中的山石便成为主体人格的象征和情感的化身,成为一种审美形式"。①

李渔关于园林景致的一个重要思想,是"变城市为山林,招飞来峰使居平地",将自然环境搬移至园林,把园林作为自然的折射。"幽斋磊石,原非得已。不能致身岩下,与木石居,故以一卷代山,一勺代水,所谓无聊之极思也。然能变城市为山林,招飞来峰使居平地,自是神仙妙术,假手于人以示奇者也,不得以小技目之。且磊石成山,另是一种学问,别是一番智巧";"从来叠山名手,俱非能诗善绘之人。见其随举一石,颠倒置之,无不苍古成文,纡回入画,此正造物之巧于示奇也"。

李渔具体论述了他对山石美学标准的认识:"言山石之美者,俱在透、漏、瘦三字。此通于彼,彼通于此,若有道路可行,所谓透也;石上有眼,四面玲珑,所谓漏也;壁立当空,孤峙无倚,所谓瘦也。然透、瘦二字在在宜然,漏则不应太甚。若处处有眼,则似窑内烧成之瓦器,有尺寸限在其中,一隙不容偶闭者矣。塞极而通,偶然一见,始与石性相符。"

李渔生平嗜好花木。他说:"吾贫贱一生,播迁流离,不一其处,虽债而食,赁而居,总未尝稍污其座。性嗜花竹,而购之无资,则必令妻孥忍饥数日,或耐寒一冬,省口体之奉,以娱耳目。人则笑之,而我怡然自得也。"《闲情偶寄》的《种植部》分别论述了各种花卉的栽培,特别是它们的审美品格和观赏价值。晚明《园冶》对园林重要组成部分的花卉绝少涉及;其后,除了《长物志》比较系统地谈及花木外,其他谈论花木的著作,多从如何种植的角度着眼。像李渔这样从美学、从观赏角度谈论

---

① 杜书瀛:《李渔美学思想研究》,中国社会科学出版社,1998,第201页。

园林花木的理论文字,弥足珍贵。①

"草木之种类极杂,而别其大较有三,木本、藤本、草本是也。"李渔的评论是:"木本坚而难痿,其岁较长者,根深故也。藤本之为根略浅,故弱而待扶,其岁犹以年纪。草本之根愈浅,故经霜辄坏,为寿止能及岁。"因此,根是植物之本,"万物短长之数也"。李渔进而论及"养生处世之方":"欲丰其得,先固其根,吾于老农老圃之事,而得养生处世之方焉。人能虑后计长,事事求为木本,则见雨露不喜,而睹霜雪不惊;其为身也,挺然独立,至于斧斤之来,则天数也,岂灵椿古柏之所能避哉?如其植德不力,而务为苟且,则是藤本其身,止可因人成事,人立而我立,人仆而我亦仆矣。"

第三节 "在珍宝之列,而无炫耀之形"

园林建筑的室内装饰和家具陈设,是园林艺术的重要组成因素,有所谓"家具乃房屋肚肠"之说。园林的房舍之美,是同它的室内装饰和家居布置分不开的。李渔认为,家具器皿的制作陈设也是一种美的创造,例如珍物宝玩,如陈设不当,同样会破坏审美效果。他提出,"楼开四面,置官桌四张,圈椅十余,以供四时宴会。远浦平山,领略眺玩。设棋枰一,壶矢骰盆之类,以供人戏。具笔、墨、砚、笺,以备人题咏";"悬设字画。古画之悬,宜高斋中,仅可置一轴于上;若悬两壁,及左右对列最俗。须不时更换,长画可挂高壁,不可用挨画竹曲挂画。桌上可置奇石,或时花盆景之属,忌设朱红漆等架。堂中宜挂大幅横披,斋中密室,宜小景花鸟。若单条、扇面、斗方、挂屏之类,俱不雅观";"香炉花瓶。每日坐几上,置矮香几方大者一,上设罐一,香盒大者一,置生熟香;小者二,置沉香、龙涎饼之类"。

(一) 李渔批评"效颦于富贵"、"崇旧而黜新"的一味媚古现象。

李渔指出:"崇高古器之风,自汉魏晋唐以来,至今日而极矣。百金贸一卮,数百金购一鼎,犹有病其价廉工俭而不足者。常有为一渺小之物,而费盈千累万之金钱,或弃整陌连阡之美产,皆不惜也。夫今人之重古物,非重其物,重其年久不坏;见古人所制与古人所用者,如对古人之足乐也。"

"金银太多,则慢藏诲盗",这不过是一些暴发户而已。李渔说:"古物原有可嗜,但宜崇尚于富贵之家,以其金银太多,藏之无具,不得不为长房缩地之法,敛丈为尺,敛尺为寸,如'藏银不如藏金,藏金不如藏珠'之说,愈轻愈小,而愈便收藏故也";"近世贫贱之家,往往效颦于富贵,见富贵者偶尚绮罗,则耻布帛为贱,必觅绮罗以肖之;见富贵者单崇珠翠,则鄙金玉为常,而假珠翠以代之。事事皆然,习以成性,故因其崇旧而黜新,亦不觉今而反古。"

---

① 杜书瀛:《李渔美学思想研究》,中国社会科学出版社,1998,第172~173页。

（二）关于炉瓶的装饰与使用，李渔认为可以对"古人之法"做些变更。

李渔说，炉瓶之制，其法备于古人，后世无容蛇足。但"护持衬贴之具，不妨意为增减"。如"香炉既设，则锹箸随之，锹以拨灰，箸以举火"；"入炭之后，炉灰高下不齐，故用锹作准以平之，锹方则灰方，锹圆则灰圆"；"若使近边之地炉直而锹曲，或炉曲而锹直，则两不相能，止平其中而不能平其外矣，须用相体裁衣之法，配而用之。然以铜锹压灰，究难齐截，且非一锹二锹可了。此非僮仆之事，皆必主人自为之者"。然而，"予顾而思之，犹曰尽美矣，未尽善也，乃命梓人镂之。凡于着灰一面，或作老梅数茎，或为菊花一朵，或刻五言一绝，或雕八卦全形，只须举手一按，现出无数离奇，使人巧天工，两擅其绝，是自有香炉以来，未尝开此生面者也"。

又如瓶胆，"瓶以磁者为佳，养花之水清而难浊，且无铜腥气也。然铜者有时而贵，以冬月生冰，磁者易裂，偶尔失防，遂成弃物，故当以铜者代之。然磁瓶置胆，即可保无是患。胆用锡，切忌用铜，铜一沾水即发铜青，有铜青而再贮以水，较之未有铜青时，其腥十倍，故宜用锡。且锡柔易制，铜劲难为，价亦稍有低昂，其便不一而足也。磁瓶用胆，人皆知之，胆中着撒，人则未之行也。插花于瓶，必令中窾，其枝梗之有画意者随手插入，自然合宜，不则挪移布置之力不可少矣"。

（三）关于茶具，以"但取其适用"为原则。

李渔说，"茗注莫妙于砂壶，砂壶之精者，又莫过于阳羡，是人而知之矣"，但是为之过甚，使其与金银价值相埒，亦无必要，因为"置物但取其适用，何必幽渺其说，必至理穷义尽而后止哉！"他提出："凡制茗壶，其嘴务直，购者亦然，一曲便可忧，再曲则称弃物矣。盖贮茶之物与贮酒不同，酒无渣滓，一斟即出，其嘴之曲直可以不论；茶则有体之物也，星星之叶，入水即成大片，斟泻之时，纤毫入嘴，则塞而不流。啜茗快事，斟之不出，大觉闷人。直则保无是患矣，即有时闭塞，亦可疏通。"

（四）关于酒具，要求"在珍宝之列，而无炫耀之形"。

李渔崇尚素雅，反对炫富。他说，酒具用金银，犹妆奁之用珠翠，皆不得已而为之，非宴集时所应有也。"富贵之家，犀则不妨常设，以其在珍宝之列，而无炫耀之形，犹仕宦之不饰观瞻者。象与犀同类，则有光芒太露之嫌矣。且美酒入犀杯，另是一种香气"；"玉能显色，犀能助香，二物之于酒，皆功臣也。至尚雅素之风，则磁杯当首重已。旧磁可爱，人尽知之，无如价值之昂，日甚一日，尽为大力者所有，吾侪贫士，欲见为难。然即有此物，但可作古董收藏，难充饮器。何也？酒后擎杯，不能保无坠落，十损其一，则如雁行中断，不复成群。备而不用，与不备同。"

（五）关于碗碟，"最忌用者是有字，而苦于太厚"。

李渔认为，碗碟中最忌用的，是那种有字的，如写《前赤壁赋》、《后赤壁赋》之类。"吾愿天下之人，尽以惜福为念，凡见有字之碗，即生造孽之虑。买者相戒不取，则卖者计穷；卖者计穷，则陶人视为畏途而弗造矣。文字之祸，其日消乎？此犹救弊之末着。倘有惜福缙绅，当路于江右者，出严檄一纸，遍谕陶人，使不得于碗上作字"，无论《赤壁》等赋不许书磁，即"成化"、"宣德"年造及某斋某居等字，尽皆削去。"试问有此数字,果得与成窑、宣窑比值乎?无此数字,较之常值增减半文乎?有此无此,其利相同,多此数笔,徒造千百年无穷之孽耳"。

(六)李渔认为,"位置器玩与位置人才同一理"。

李渔从人才选拔与使用的道理得到启发,认为"器玩未得,则讲购求;及其既得,则讲位置","位置器玩与位置人才同一道理"。设官授职,期于人地相宜;安器置物,务在纵横得当。设以刻刻需用者,而置之高阁,时时防坏者,而列于案头,"是犹理繁治剧之材,处清静无为之地,黼黻皇猷之品,作驱驰孔道之官。有才不善用,与空国无人等也"。其他的如方圆曲直、齐整参差,均有"就地立局之方"、"因时制宜之法",如果"能于此等处展其才略,使人人其户、登其堂,见物物皆非苟设,事事具有深情,即论庙堂经济,亦可微见一斑。未闻有颠倒其家,而能整齐其国者也"。

例如古玩中香炉,"其体极静,其用又妙在极动,是当一日数迁其位,片刻不容胶柱者也"。李渔以风帆作比喻:"舟行所挂之帆,视风之斜正为斜正,风从左而帆向右,则舟不进而且退矣。位置香炉之法亦然";要考虑到风向而移动其位置,"当由风力起见,如一室之中有南北二牖,风从南来,则宜位置于正南,风从北入,则宜位置于正北;若风从东南或从西北,则又当位置稍偏,总以不离乎风者近是。若反风所向,则风去香随,而我不沾其味矣。又须启风来路,塞风去路,如风从南来而洞开北牖,风从北至而大辟南轩,皆以风为过客,而香亦传舍视我矣。须知器玩之中,物物皆可使静,独香炉一物,势有不能"。

(七)此外,李渔认为书画也对房屋布置具有重要作用。

李渔举了一个以画蓄鸟的例子:"因予性嗜禽鸟,而又最恶樊笼,二事难全,终年搜索枯肠,一悟遂成良法。乃于厅旁四壁,倩四名手,尽写着色花树,而绕以云烟,即以所爱禽鸟,蓄于虬枝老干之上。画止空迹,鸟有实形,如何可蓄?曰:不难,蓄之须自鹦鹉始。从来蓄鹦鹉者必用铜架,即以铜架去其三面,止存立脚之一条,并饮水啄粟之二管。先于所画松枝之上,穴一小小壁孔,后以架鹦鹉者插入其中,务使极固,庶往来跳跃,不致动摇。松为着色之松,鸟亦有色之鸟,互相映发,有如一笔写成。良朋至止,仰观壁画,忽见枝头鸟动,叶底翎张,无不色变神飞,诧为仙笔;乃惊疑未定,又复载飞载鸣,似欲翱翔而下矣。谛观熟视,方知个里情形,有不抵掌叫绝,而称巧夺天工者乎?若四壁尽蓄鹦鹉,又忌雷同,势必间以他鸟。"这虽然不过是小技,却也反映了李渔美学思想中巧思善构、虚实相应的侧面。

美是什么?"美是生活";"任何事物,凡是我们在那里面看得见依照我们的理解应当如此的生活,那就是美的;任何东西凡是显示出生活或使我们想起生活的,那就是美的"。[①] 生活处处有美,生活离不开美,美需要生活的内涵。《闲情偶寄》中的园林建筑内陈设,既具有装饰作用,同时具备生活实用功能,显示了作者对生活情趣的重视。从根本上说,仍然是他的"相宜"、"新奇"、"简朴"、"实用"等美学观点

---

① 车尔尼雪夫斯基:《艺术与现实的审美关系》,人民文学出版社,1979,第5页。

的体现。

第四节　《花镜》等园圃美学印象

园艺,是构建园林的不可缺少的组成部分。

陈淏子,一名扶摇,别署西湖花隐翁,明末隐士,为不做清朝官吏,退归田园从事花草果木栽培,兼以授徒为业的老书生。据今人推断,其所作《花镜》一书,可能出版于康熙二十七年(1688 年)。[①] 该书专论观赏植物兼涉果树栽培,其中总结前代经验,罗列的花木果树种类繁多,并详细介绍了栽培方法。前有康熙间丁澎序和张国泰序,正文分花历新栽、课花十八法、花木类考、花果类考、藤蔓类考、花草类考等六卷,并有附录。

关于盆景,陈淏子说:"城市狭隘之所,安能比户皆园。高人韵士,唯多种盆花小景,庶几免俗。然而盆中之保护灌溉,更难于园圃,花木之燥、湿、冷、暖,更烦于乔林。"如果"择取十余株,细视其体态,参差高下,倚山靠石而栽之。或用昆山白石,或用广东英石,随意叠成山林佳景。置数盆于高轩书室之前,诚雅人清供也"。以"枝节柔软可结","自饶古致","俨然古木华林"。

关于园林布设,陈淏子的主要观点是朴素淡雅,避免俗气,并且提出了一些具体要求:"园中切不可用金银器具,愚下艳称富尚,高士目为俗陈。"陈淏子提出,"敞室宜近水,长夏所居,尽去窗槛,前梧后竹,荷池绕于外,水阁启其旁、不漏日影,惟透香风";"置建兰、珍珠兰、茉莉数盆浴几案上风之所,兼之奇峰古树,水阁莲亭;不妨多列湘帘,四垂窗幡,人望之如入清凉福地";"大凡亭榭不避风雨,故不可用佳器,俗者又不可耐,须得旧漆方面粗足古朴自然者,置之露坐;宜湖石平矮者,散置四傍。其石墩、瓦墩之属,俱置不用,尤不可用朱架架官砖于上。榜联须板刻,庶不致风雨摧残";"廊有二种,绕屋环转,粉壁朱栏者多阶砌,宜植吉祥绣墩草,中悬纱墩,十余步一盏,以佐黑夜吟花香兴到用,别构一种竹椽无瓦者,名曰花廊";"密室飞阁。几榻俱不宜多置,但取古制狭边书几一,置于其中。上设笔、砚、香盒、熏炉之属,俱宜小而雅。别设石小几一,以置茗瓯茶具"。

《花镜》的主要部分,是论述花卉形态与种植,表达作者对花卉的审美观点,总体上即"妍雅华净,姿态丛秀";"非取香浓,即取色丽,各有所长"。

(一)从形的方面欣赏,总体要求婀娜多姿,争奇斗艳。

陈淏子在书中列举了各种花卉。其中,认为"牡丹为花中之王",北地最多,花有五色、千叶、重楼之异,"以黄紫者为最"。腊梅,唯圆瓣深黄,形似白梅,"虽盛开如半含者名磬口,最为世珍"。垂丝海棠:"其瓣丛密而色娇媚,重英向下,有若小莲。"

---

① 陈淏子辑,伊钦恒校注:《花镜》,农业出版社,1979,第 2 页。

柳,若丛柳成阴,长条数尺或至丈余,袅袅下垂者,此为垂柳,"虽无香艳,而微风摇荡,每为黄莺交语之乡,吟蝉托息之所,人皆取以悦耳娱目,乃园林必需之木也"。梧桐:皮青如翠,叶缺如花,"妍雅华净,新发时赏心悦目"。槐:枝从顶生,皆下垂,"盘结蒙密如凉伞";性亦难长,历百年者,高不盈丈。或植厅署前,或种高阜处,"甚有古致"。梅:其枝"樛曲万状,苍藓鳞皴",封满花身,且有苔须垂于枝间,长寸许,风至,绿丝飘动。其树枝四荫,周遭可罗坐数十人,好事者多载酒赏之。盖梅为天下尤物,"无论智、愚、贤、不肖,莫不慕其香韵而称其清高,故名园、古刹,取横斜疏瘦与老干枯株,以为点缀"。郁李:单叶者子多,千叶者花如纸剪簇成,色最娇艳,"而上承下覆,繁缛可观,似有亲爱之义,故以喻兄弟"。雪下红:"秋青冬熟,若珊瑚珠,累累下垂"。西国草:四、五月实熟,状如荔枝,大如樱桃,软红可爱,味颇甘美。虞美人:花开始直,"单瓣丛心五色俱备,姿态丛秀。尝因风飞舞,俨如蝶翅扇动,亦花中之妙品"。秋海棠:一名八月春,为秋色中第一,"花之娇冶柔媚,真同美人倦妆。俗传昔有女子,怀人不至,涕泪洒地,遂生此花,故色娇如女面,名为断肠花"。菊花:"菊有五美:圆花高悬,准天极也;纯黄不杂,后土色也;早植晚发,君子德也;冒霜吐颖,象贞质也;杯中体轻,神仙食也。"

(二)从色的方面欣赏,总体要求五彩缤纷,绚烂夺目。

陈淏子认为牡丹"栽高敞向阳之所,则花大而色妍"。山茶:面深绿光滑,背浅绿,经冬不凋。杜鹃:树不高大,"重瓣红花,极其烂漫";"出自蜀中者佳,花有数十层,红艳比他处者更佳"。紫荆花:花丛生,深紫色,一簇数朵。佛桑花:花色殷红,似芍药差小,而轻柔过之。开当春末秋初,五色婀娜可爱,有深红、粉红、黄、白、青色数种。茱萸:皮青绿色,叶似椿而阔厚,色青紫;"其实结于枝梢,累累成簇而无核,嫩时微黄,至熟则深紫"。芙蓉:惟大叶者花大,而四面有心。一种早开纯白,向午桃红,晚变深红者,名醉芙蓉,"清姿雅质,独殿群芳,乃秋色之最佳者"。攀枝花:花似山茶,开时殷红如锦,结实大如酒杯。桃:二月开花,有红、白、粉红、深红之殊。他如单瓣大红、千瓣粉红、千瓣白之变,"烂缦芳菲,其色甚媚"。石榴:南中一种四季花者,春开夏实之后,深秋忽又大放。花与子并生枝头,"硕果皲裂,而其傍红英灿烂,并花折插瓶中,岂非清供乎?又一种中心花瓣,如起楼台,谓之重台榴,花头最大,而花更红艳"。蔷薇:花有五色,达春接夏而开;有深红蔷薇、荷花蔷薇、千叶大红,又有淡黄、鹅黄、金黄之异。木香花:极其香甜可爱者,是紫心小白花;"至若高架万余,望如香雪,亦不下于蔷薇"。书带草:性柔韧,"色翠绿鲜润。植之庭砌,蓬蓬四垂,颇堪清玩"。洛阳花:本柔而繁,五色俱备,又有红紫斑斓者。植令苗头无长短,诸色间之,开成片锦,饶有雅趣。剪秋纱,有大红、浅红、白三色,花似春罗而瓣分数歧,"尖峭可爱,其色更艳,秋尽尤开"。老少年:一名雁来红。至深秋本高六七尺,则脚叶深紫色。"而顶叶大红,鲜艳可爱。愈久愈妍如花,秋色之最佳者"。雁来黄,"顶上叶纯黄,其荒更光彩可爱"。美人蕉:花若兰状,"而色正红如榴。日拆一两叶,其端有一点鲜绿可爱"。

（三）从香的方面欣赏，可以是清幽雅淡型，也可以是馥郁浓烈型。

香的类型分为几种。①芳香。如玉兰："心紫绿而香"。楝：夏开红花紫色，一蓓数朵，"芳香满庭"。月季：有深、浅、白之异，与蔷薇相类，"而香尤过之"。万年青：阔叶丛生，深绿色，冬夏不萎。一蓓数朵，"芳香满庭"。蕙兰：一岁芳香，半膄清供，可以绵绵不绝矣。建兰：其花五、六月放，一干九花，香馥幽异。橙：皮皱厚而甜，香气馥郁。②清香。如丁香："清香袭人"。茶："清香隐然，瓶之高斋，诚为雅供"；"藏茶须用锡瓶，则茶之色香，虽经年如故"。香橼："清芬袭人"，"能为案头数月清供"。鸳鸯藤：黄白相映，"气甚清芬"。水仙："其清香经月不散"。茉莉："每至暮始放，则香满一室，清丽可人。"③浓香。栀子花："色白而香烈。"桂："花繁而香浓者，俗呼毬子木樨。"西府海棠："其香甚清烈。"玫瑰：花类蔷薇而色紫，"香腻馥郁，愈干愈烈"；"因其香美，或作扇坠香囊"。樱桃："其香如蜜。"

（四）从用的方面评论，花卉植物的作用丰富多彩。

① 药用。松：如上有兔丝，则根下有茯苓，"为仙家服食之药，其花亦可作粉食"。金丝桃：八九月实熟，青绀若牛乳状，"其味甘，可入药用"。通草花：其花上有粉，"能治诸虫露恶毒"。鸳鸯藤：茎、叶、花"皆可入药用"。锦荔枝："可入药用。"射干："根可入药。"五味花：出江北者，"入药最良"。娑罗花："可治心痛病"。棠梨：土人呼为山查果，味酸而涩，"采之入药"，兼可制为糖食。

② 食用。木兰：有四季开者，实如小柿，"甘美可食"。

③ 饮用。木槿："其嫩叶可代茶饮。"

④ 调料。胡椒：食品中用之，"最能杀腥"。

⑤ 酿酒制茶。木瓜："其直枝可作杖"，谓老人策之利筋脉；"实可浸酒，或蜜渍为果亦佳"。橄榄：圆而大者，俗名柴橄榄，煮食可解酒毒，"置汤中可以代茶"。虎杖：可以代茗，"极能解暑"，其汁染米粉作糕。

⑥ 制糖制蜜饯。香橼："瓢可作汤，皮可作糖片糖丁，叶可治病。"佛手柑：南人以此镂花鸟，"作蜜煎果食甚佳"。

⑦ 盆景。柏：竹柏，小者止一二尺，"可做盆玩"。贴梗海棠：其树最难大，"故人多植作盆玩"。虎刺："吴中每栽盆内"，红子累累，以补冬景之不足。枫：小枫树高止尺许，"老干可作盆玩"。梧桐：又一种最小者，因取其婆娑畅茂，"堪充盆玩"。黄杨木：因其难大，"人多以之作盆玩"。松：千岁松高不满二三尺，"可做天然盆玩"。

⑧ 避火驱邪。南天竹：不特供玩好，"尤能辟火灾"。茱萸：九月九日，折茱萸戴首，"可辟恶气，除鬼魅"。菩提子：俗名鬼见愁，"以其能辟邪恶也"。

⑨ 装饰。红豆树：又有一种，半截红半截黑者，名相思子，"土人多采以为妇人首饰"。萱花："妇人怀妊，若佩此花，多生男儿。"

⑩ 生活用具。棕榈：其棕之为用，"织衣帽缠椅之类甚广"；再制为绳索，缚花枝，扎屏架。虽经雨雪，耐久不烂"。芙蓉："其皮可沤麻作线，织为网衣，暑月衣之最凉，且无汗气。"槿："堪为器用。"枸杞："其子少而肉厚，"其茎大而坚直者，可作杖，故俗呼

仙人杖"。醒头香:"夏月汗气,妇女取置发中,则次日香燥可梳,且能助井上幽香。"
壶芦:"可以浮水,如泡如漂也;亦可作藏酒之器。"零陵香:"土人以编席荐。"

⑪ 染洗。山踯躅:亦有红、紫二色,"红者取汁可染物"。合欢花:"分枝捣烂绞汁,浣衣最能去垢。"

⑫ 制漆。柿子:别有一种椑柿,最不堪食,"止可收作柿漆,伞扇全赖此漆糊成也"。

⑬ 粘剂。榆:荒岁其皮磨为粉可食,"亦可和香末作糊。榆面如胶,用粘瓦石,极有力"。

⑭ 化妆品。落葵:土人取揉其汁,红如胭脂,"妇女以之渍粉傅面最佳,或用点唇亦可"。

⑮ 煎汤沐浴。白芷:叶可合香,"煎汤沐浴,谓之兰汤"。

清代还有一些其他的花艺著作。如康熙间《广群芳谱》一百卷,由汪灏等编著,包括天时谱、谷谱、桑麻谱、蔬谱、茶谱、花谱、果谱、木谱、竹谱、卉谱、药谱等部分。《北墅抱瓮录》二卷,高士奇撰,有康熙刻本,书中介绍梅、桃、李等花卉果木。《竹谱》一卷,陈鼎撰,有道光十三年(1833年)沈氏世楷堂刻昭代丛书本,书中记载竹类60余种。《植物名实图考》三十八卷,汪其浚撰,有道光二十八年(1848年)刻本,其中介绍蔬果草木花卉甚详。《花佣月令》,徐石麒撰,有光绪十一年(1885年)刻本,书中按月份论述各种花卉的移植、分栽、下种、过接、扦压、滋培、修整等。这些著作分别从不同侧面反映了时人在园艺方面的美学思想。《花木小志》一卷,谢堃撰,有清道光二十年(1840年)春草堂集本。该作属于《春草堂集》卷二十五,陈淏子著,其中介绍各种花卉草木瓜果130余种。陈淏子在自序中称:"余性嗜花木,虽居陋巷,读书外必偕花木以自娱。祁寒酷暑亦未尝以浇灌假它人之手。壮而出四方,凡遇花木稍有所异,必购而携之;其所不能携者,图而记之。"

第四章　苏州派园林思想蕴含的精致美

明朝晚期,江南私家园林十分兴盛,出现了苏州计成的造园理论专著《园冶》。其中的论述反映了作者本人及当时士大夫的审美趣味与园林建筑特点,总结了园林建筑实践经验。如其卷一《兴造论》论述园林设计的"得体合宜":"故凡造作,必先相地立基,然后定其间进,量其广狭,随曲合方,是在主者能妙于得体合宜,未可拘牵"。卷三《借景》论述园林借景:"夫借景,林园之最要者也。如远借、邻借、仰借、俯借,应时而借,然物情所逗,目寄心期,似意在笔先。庶几描写之尽哉!"晚明另一部对园林美学产生重要影响的苏州文震亨的《长物志》,为造园经验之作。如卷一《室庐》论述园林审美为:"门庭雅洁,室庐清靓。亭台具旷士之怀,斋阁有幽人之致。又当种佳木怪箨,陈金石图书。令居之者忘老,寓之者忘归,游之者忘倦。"

清代前期通过一系列的政治、军事、经济与文化举措,王朝统治得以稳固,迎来"盛世"。汉族官僚士大夫与士人普遍从拒绝与统治者合作开始转向承认清朝皇统,并热衷于猎取功名。但是仍然有很大一部分汉族士人入仕后因为难以舒展自己的政治抱负,又心高气傲,拒绝向统治者邀宠献媚,往往为官时间不长就退隐山林,或在城中置买、构筑园林,以诗酒自娱;还有一部分拥有经济条件的士人根本就没有出仕过,却热衷于修建私家园林。在清代统治者大兴文字狱、压制思想的背景下,作为当时江南的工商经济重镇和园林艺术中心,苏州地区的园林直接继承前代,数量众多。苏州派园林美学思想更是异军突起,这种思想推崇园林的清幽雅致,含蓄婉转,鸟语花香,波光桥影,可以用"精致美"一词加以概括,与颂扬北方园林粗犷雄浑、皇家园林金碧辉煌的美学思想形成鲜明对照。清代中期,苏州派园林美学思想得以延续。

第一节 苏州派园林美学的形成

苏州,特指当时的苏州府城(清代一度称长洲)及其周边的吴县、吴江、昆山、太仓等州县,历史悠久,气候湿润,地势平坦,土地肥沃,河流纵横,西面是碧波万顷的太湖,湖边翠峰如螺,地理环境优越,景色如画,农业和工商业素称发达,文化昌盛。

苏州的历史可以上溯到距今6 000年前。商朝末年,泰伯、仲雍奔吴,建立了句吴小国,以后逐步强大,徙都于今苏州。公元前514年,吴王阖闾命伍子胥修建规模宏大的阖闾城,这是最早的苏州城。不久,吴军西破强楚,使吴国成为春秋末年霸主之一。秦始皇统一中国,划吴地为会稽郡,设立吴郡为郡治,是为吴县得名的开始。西汉时,吴地曾为吴王刘濞封地。东汉分会稽郡浙江以西为吴郡。从东汉末年至南北朝时期,中原战乱,北方人口大量南迁,带来了先进的农具和生产技术以及文化,苏州逐渐繁荣,被誉为"江南一大都会"。隋开皇间,废吴郡,因城西南有姑苏山,改称苏州。唐代诗人白居易诗云:"绿浪东西南北水,红栏三百九十桥。"除宋、元改称平江外,苏州的名称一直沿用至今。

苏州具有深厚的文化传统。苏州人南朝训诂学家顾野王著《玉篇》，是继东汉许慎《说文解字》后又一部重要字典；隋唐间陆德明撰《经典释文》，保存古代音训，为后人推崇。唐宋时期苏州教育昌盛，文化名人辈出。范成大在《吴郡志》中说："吴郡自古为衣冠之薮。中兴以来，应举之士，倍承平时。"①其中包括唐代书法家张旭、孙过庭，雕塑家杨惠之，文学家陆龟蒙，两宋名相范仲淹、范成大，词人叶梦得等。宋代，苏州地区"稼穑丰殖"。元丰三年(1080年)，有户近二十万，丁口三十八万，"呜呼盛矣！此州在汉乃一县之境，比唐为半郡之余，而其民倍蓰于当时，不可胜数，盖自昔未有今日之胜也"。②宋元时期，"上有天堂，下有苏杭"、"苏湖熟，天下足"等谚语，说明苏州的繁荣兴旺已经驰誉全国。

明清两代，苏州经济雄冠江南，以丝绸、纺织为代表的手工业空前发展，"东北半城，万户机声"。清代，苏州为天下四聚之一，顾公燮在《消夏闲记摘抄》中记载苏州贸易之盛："洋货、皮货、绸缎、衣饰、金玉、珠宝、参药诸铺，戏园、游船、酒肆、茶店，如山如林，不知几千万人。"随着商品经济的发达，资本主义经济萌芽产生，也使市民更加追求文化生活与精神享乐。小桥流水，小巷深深，评弹、昆曲、茶水、美食、书画、园林，构成了璀璨夺目的吴文化。

苏州地区自北宋之后，府学、县学、学塾、书院相继创办。其中如书院，清代有紫阳书院、平江书院、正谊书院、娄东书院等。明清时期，苏州的教育事业发达。据统计，明清时期江苏进士总数五千七百九十七人，其中苏州府一千八百六十一人，位居江苏各地区第一。明清两代，全国共出现状元二百零一名，其中出自江苏的状元就有六十五名，几乎占三分之一，仅苏州一地就有状元三十六人，占全国六分之一强。清代全国仅有两人"连中三元"，苏州就有其中一人。明清两代苏州府出现的三鼎甲(状元、榜眼、探花)共达六十余名，一门同登者比比皆是。③ 明代王鏊，成化朝先后中解元、会元、探花，号称"三中元魁"；道光十二年(1832年)状元吴钟骏、会元马学易、解元潘钟，号称"一岁同郡三元"。另有吴门缪氏世进士、蒋氏世进士、彭氏世进士，传第传胪等。④

明代苏州涌现出建筑师蒯祥，吴门派书画家沈周、唐寅、文征明、祝允明、仇英，医师叶天士，戏曲家顾坚、魏良辅(流寓昆山)、梁辰鱼、沈璟，诗人高启、徐祯卿、王稚登，武英殿大学士、地方文献学者王鏊，文学"后七子"领袖王世贞，散文家归有光、张溥，小说家冯梦龙，东林名士周顺昌等，人物荟萃。顾炎武学问赅博，著述等身，反对空谈心性，倡导"经世致用"，提出"天下兴亡，匹夫有责"的惊世之论，显示出爱国气节，为明末学界翘楚，影响很大。

① 范成大：《吴郡志》卷四《县学记》。
② 朱长文：《吴郡图经续记》卷上《户口》。
③ 陈书禄等：《江苏地域文化通论》，江苏凤凰教育出版社，2014，第126～127页。
④ 顾震涛：《吴门表隐·附集》。

为了抑制汉族士人的反抗意识,清代前中期屡屡发生文字狱,许多士人锒铛入狱甚至被处死。据不完全统计,康熙朝文字狱约十起,雍正朝近二十起,乾隆朝有一百三十起之多。以地域论,康熙朝十起案狱中有七起发生于江浙,几可谓文网专张于东南之地;雍正朝占一半,乾隆朝仍占约四分之一。总趋势是康、雍两朝对人文荟萃的江浙地区作重点打击,乾隆朝前十余年一度平静,中后期则呈席卷全中国之势,其中影响最大的案件都集中在江浙地区。乾隆朝文治的新举措,是在文字狱的同时,以编纂与焚毁图书一并进行。在这样的环境下,当时布衣心态有三种矛盾:第一,布衣们本多有用世之雄心,但多在中年前后因各自缘由消磨殆尽;第二,布衣不能忘情于世,但自身与环境有很深的鸿沟;第三,布衣对名利的渴求,对宦途通达的希冀减淡后,代之而起的是自伸其志,以实现个人价值为目标的向往。①

直到清初,苏州仍然出现有文学家金圣叹、尤桐等。纳兰性德亦曾经到过苏州,为秀丽景色所倾倒,写下了许多描绘江南景色的词赋。版本校勘家黄丕烈,乾隆举人,"喜藏书,购得宋刻百余种,学士顾莼颜其室曰'百宋一廛'。日夜校雠,研索订正,有功文苑"。②

苏州园林起始于春秋,发达于唐宋,全盛于明清。历史上曾经出现过的苏州园林约有一千处之多。狭义的苏州指现在苏州市区,是古典园林集中的区域。建于南朝的虎丘、寒山寺,宋代的沧浪亭、网师园,元代的狮子林,明代的拙政园、留园、西园,晚清的曲园等,名闻遐迩。苏州还是许多官僚退隐之处,富商士人居住之所,出现过一些造园理论家与能工巧匠,前述计成《园冶》和文震亨《长物志》两部园林美学理论著作就产生在苏州。直到晚清,苏州城区仍有园林约一百九十处,其中清朝新建一百四十处,前代延续下来的约五十处。③

晚明以来造园艺术日臻成熟,出现营造私家园林的高潮,众多商人和致仕官员到苏州购田置宅,建园墅以自适,时有"江南园林甲天下,苏州园林冠江南"的美誉。虽然历经明末战争,生灵涂炭,园主多有流徙,但是随着战火渐熄,到清代前期,园林之盛又得以恢复。吴伟业《望江南》词云:"江南好,聚石更穿池。水槛玲珑帘幕隐,杉斋精丽缭垣低,木榻纸窗西。"沈朝初《忆江南》词:"苏州好,域里半园亭。几片太湖堆崒嵂,一篙新涨接沙汀,山水自清灵。"清乾隆十二年(1759年)由院画家徐扬创作的《盛世滋生图》(俗名《姑苏繁华图》)描绘当时苏州的繁华,除了大量文献记述,我们还可以见到当时人以写实手法绘录下来的苏州经济文化的历史巨卷,从中可以看到园林胜景文化,如木渎的遂初园、王鏊的怡老园,以及虎丘等。

---

① 田晓春:《清代"盛世"布衣诗群文化性格论》,《苏州大学学报(哲学社会科学版)》1999年第4期。

② 顾震涛:《吴门表隐》卷十九《黄丕烈》。

③ 魏嘉瓒:《苏州古典园林史》,上海三联书店,2005,第308页。

明清是苏州造园的高潮时期。苏州园林以小空间近距离观赏、游览、居住为主，在有限的空间内创造更多的景物，是其显著特性。它一方面创造了适应小型园林的建筑风格，把屋宇、花木、山水融为一体，另一方面综合各种对比、衬托、尺度、层次、对景、借景等手法造景，园中互相连贯、烘托的景色能以小见大，以少胜多，在小空间里获得丰富的美感。它的基本布局方式是，住宅内园林化的庭院多设在厅堂或书房前后，缀以湖石、花木、亭廊组成建筑物的外景（或加以小景区），并用蹊径回廊加以连接。各个景区都有自己的风景主题，各处的对比和衬托，既加强了主题，又有主次分明、小中见大的效果，还以曲折增加深度和层次，常以假山、小院、漏窗作屏，让景色隐现其间。苏州园林刻意追求诗情画意，高雅清新，充满写意风格。如园中山石寓意山居岩栖，高逸遁世；石峰象征名山巨岳，以鸣雅逸；松、竹、梅"岁寒三友"喻孤高傲世，清水荷花喻"出淤泥而不染"。这些借景寓意，还表达在园内的各种题名、匾联和园记、诗画中。[1] 苏州私家园林不同于皇家建筑，苏州园林较少礼数、正襟危坐和装腔作势，更多的是文人精神自由式的布置，所以园林建筑的体量、方位、尺寸、颜色不像皇家建筑那样富有含义。苏州园林文化含义的寄寓主要集中在装修和布置方面，装修主要指室外装修和室内装修；布置主要指景点布置，由若干个部分如山石、水池、树木、书条石、铺地、小品等建筑因素构成，为一个主题服务。[2]

明代以来，苏州文化的各个领域都取得了非凡成就，形成了有自己特色的派别传承，已经形成了若干个苏州派。

在戏剧方面，曾经出现戏曲的"苏州派"。指清初以李玉为首的苏州戏曲作家群落所创的昆剧流派。李玉的《清忠谱》、《万民安》等直接反映了重大社会政治事件。苏州派传奇作家包括毕魏、朱素臣、朱佐朝、张大复、叶时章、丘园等人。这些传奇作家在经过明清之际的战乱后，加深了对社会现实的认识，而且作品取材广泛，体裁多样，创作上注重音律而不拘泥，讲求通俗仍能兼施文采，从而使他们的创作向现实主义迈出了一大步。

在医学方面，苏州地区出现过"吴门医派"。元末戴思恭被认为是吴门医派创始人，明末吴有性首次提出"疠气"学说。清代前期是吴门医派的全盛时期，人称"神医"的叶天士，著有《温热论》，创立温病学说。名医薛生白，晚年选辑著《医经原旨》。名医徐大椿有《伤害类伤》等多种著述。乾嘉年间，苏州医学人才辈出，讲学风气盛行，并有唐大烈主编医学刊物《吴医汇讲》出版，是我国最早的医学杂志。

---

① 王世德主编：《美学辞典》，知识出版社，1986，第578页。

② 居阅时：《庭院深处：苏州园林的文化涵义》，生活·读书·新知三联书店，2006，第4页。另，清代苏州甚至有妓女修造园林的。如纽琇：《觚賸·双双》：吴门有名妓蒋四娘者，小字双双，"构室南园，颇有卉木之胜"。

在手工方面的苏绣,是以苏州为集散中心、扩张至江苏全省的刺绣品的总称,其工艺是以绣针引彩线,按事先设计的花纹和色彩规律,在棉布、丝绸等面料上刺缀运针,通过绣迹构成花样或文字,是我国四大名绣之一。

在绘画方面,其中在明代中期崛起"吴门画派",开创者及其代表人物有沈周、文征明、唐寅、仇英等。他们一般绝意仕途,潜心书画,既得晋唐神韵,又继承、发扬元四家绘画风尚,以文人画特色,强调写情抒意,注意笔墨情趣,主张书画同源,设色古雅,景色清丽,创造了具有淡雅、秀丽、明快、清新,以健笔写柔情的艺术特色。吴门画派制约了明清四百年画风的主要倾向。

在学术方面,吴派作为从研治古文经入手进行纯粹汉学研究的地域性学派,因其代表人物惠栋、江声、朱骏声等苏州府学者为核心而得名,其渊源可以上溯至顾炎武。任兆麟说:"吴中以经术教授世其家者,咸称惠氏。惠氏之学大都考据古注疏之说而疏通证明之,与六籍之载相切。传至定宇先生,则尤其著纂,卓卓成一家言,为海内谈经者所宗",①所谓"惠氏",即指由惠栋上溯至曾祖惠有声四世传经的家学传统。曾祖惠有声,字朴庵,明贡生,与同里徐枋友善,以九经教授乡里,并从事汉经的研究;祖父惠周惕最为著名,其对《易》学和《春秋》学的研究,被当时所称誉。

在诗歌创作方面,娄东诗派是清初太仓人吴伟业(即吴梅村)开创的诗流派。娄东,即太仓,因娄江东流经太仓而得名。吴伟业论诗采取折衷调和论,并不单纯崇尚盛唐;在创作上偏重七言长篇叙事歌行,世称梅村体。吴伟业以后,康熙间太仓先后出现了周肇、王揆、王抃、许旭等多名追随者,构成娄东诗派的主体,在清前期诗坛上独树一帜。

同样,在园林方面,清朝前期出现了苏州派园林美学思想。其思想远承儒、道、佛学说,以及魏晋南北朝乃至唐宋山水园林思想,近承明末计成、文震亨等人思想余绪,成员以苏州籍思想家为主,同时包括虽然是外籍,但曾经在苏州住过较长时期,对苏州文化有比较深刻的了解,并且有文学作品描述苏州园林的美学思想。这些思想家具有相近的士大夫身份特征,相近的园林方面的立场与观念,相似的嗜好与诗文特长,相似的思想渊源与特色。

苏州派的主要成员,就本籍人而言,在明末清初,有归庄、顾芩、王时敏,稍后些有汪琬、徐乾学、潘耒、顾沨、黄中坚、何焯、韩骐、孙天寅。清朝中期则有李果、沈德潜、蒋恭棐、蒋元益、蒋重光、褚廷璋、王芑孙、韩是升、沈钦韩、石韫玉、沈复等。就外籍而言,主要是曾经较长时期寓居苏州,曾经写下相关园林美学思想著述或者在苏州有造园实践的人物,其中有张涟、施闰章、李良年、姜宸英、朱彝尊、宋荦、钱大昕、张问陶、吴骞、朱玙、戈裕良等。至晚清,则有蒋垓、张树声、梁章钜、吴嘉洤、冯桂芬、王凯泰、袁学澜,到俞樾,可以说是最后一位大家。可见苏州派成员以士大夫居多,

---

① 任兆麟:《有竹居集》卷十《余仲林墓志铭》。

成员大体包括在朝或者致仕在野的朝廷及地方官员,以及地方名士以及一般读书人。他们共同拥有:第一,较高的文化层次,大多是科举出身,传有名篇名作;第二,隐居山林的心态与追求;第三,对苏州园林的的痴迷与评价。他们可谓地望相接,鲁殿灵光,薪火相传。

苏州派园林美学思想的内容主要有:

重视泉石花木、向往自然。汪琬《姜氏艺圃记》:"奇花珍卉,幽泉怪石";"百岁之藤,千章之木,干霄架壑;林栖之鸟,水宿之禽,朝吟夕弄,奇境益奇。"何焯《题潭上书屋》"桐桂山房":"细浪文漪,涵青漾碧,游鳞翔羽,自相映带";"枕池之东,土冈蜿蜒,其上修篁林立"。蒋恭棐《逸园记略》:"下则凿石为涧,水声潺潺,左山右林,交映可爱";"东则丹崖翠巘,云窗雾阁,层见叠出,西则黏天浴日,不见其际,风帆沙鸟,烟云出没,如在白银世界中。"

(2)强调小巧精致、玲珑剔透。黄中坚《见南山斋诗序》:"左右两廊,朱栏碧槛,交相映也。右廊微广,因结为斗室,可以调琴,可以坐月。"沈钦韩《木渎桂隐图记》:"桥之南颜有园焉,垣衣映水,披榛得路,入其门,望不数亩,而间架疏密,一一入画。"徐乾学《依绿园记》:"园之广不逾数亩,而曲折高下,断续相间,令人领略无尽。"钱大昕《西溪别墅记》:"拓地仅百弓,而宛得笠泽松陵之趣,盖不徒存甫里之故迹,无兼得甫里之性情者也"。

(3)欣赏曲径通幽,淡雅写意。黄中坚《见南山斋诗序》:有"叠石莳花,潇洒可意"。其左右两廊,"朱栏碧槛,交相映也。右廊微广,因结为斗室,可以调琴,可以坐月"。何焯《题潭上书屋》:"由园门折而东,又折而北,又再折而东北,左并广池,右迫桂屏,接木连架,旁植木香,蔷薇诸卉,引蔓覆盖其上";"左则修竹万竿,俨然屏障;前则海棠一本,映若疏帘,旁有古梅,黝蟉屈曲,最供抚玩。旧为隐士吴江徐白所筑,故表目焉"。

(4)追求闲居抒情,丘壑避世。徐乾学《依绿园记》:"甚美隐君之才且贤,余闻而慕之久矣";"思屏绝世纷,精心殚虑,成一代书"。顾汧《凤池园记》:"若夫结庐人境,心远地偏,不出郊垌,而神已游濠濮之表。"褚廷璋《网师园记》:"凡人身之所涉,性之所好,每有寄托,必思自立名字以垂于后,即园林何独不然。第考史册所载,苟非德业表炳,讴思不忘其丘壑闲居,隐人逸士,所适得著名奕世者,往往难之,岂非有立名之心,而实不暨欤?"姜宸英《小有堂记》:"古之君子,虽其功成名立,巍然系天下之望,犹常以区区者与夫山人逸士争其所嗜好于一泉石之间,此其寄托者甚深,未可以常情测也"。

苏州派园林思想,是江南汉族士大夫传统精神的集中表现,不仅体现了苏州地区园林艺术的内涵与特色,极大地拓宽了清代园林美学的领域,而且从苏州辐射到更广泛的区域,对当时以及后来整个江南地区园林有深刻影响,也是中国古典园林思想的精髓。

第二节　汪琬等"骚人墨士"的美学态度

清代前期苏州派的代表人物首先是汪琬。

汪琬(1624—1691年),字苕文,号钝翁,江南长洲人,少孤力学,顺治十二年(1655年)中进士,授主事,迁刑部郎中,后坐累迁职,以疾归。康熙十八年(1679年)举博学鸿词科,授编修,再乞病归,隐居太湖尧峰山,人称尧峰先生。诗文皆称大家,与侯方域、魏禧合称明末清初散文"三大家",为康熙所器重。本住苏州黄鹂坊桥,又买丘南小隐;后居阊门外陆家巷,建有苕华书屋。又于尧峰下买别业葺尧峰山庄。闭户撰述,不问世事,称汪琬万园。其人蕴藉多致,特立卓异。时有医士吴士锦于山庄南筑南垞草堂以结芳邻,又有王咸中本居城中,因崇拜汪琬而于尧山西麓筑石坞山房,亦为园林史上佳话。[①] 能诗文,著有《尧峰文钞》等。

艺圃(图 4-1)位于苏州城西北隅文衙弄,原为明代学宪袁祖庚所建,名醉颖堂,晚明文震亨在袁祖庚所构造的醉颖堂基础上构建药圃,至清初,经姜采(1607—1673年,字如农,崇祯进士,曾任知县、礼科给事中,在南明因触犯朝廷而遭贬黜,途中遇赦而留苏州)扩建为敬亭山房,后其子姜实节更名为艺圃。其占地约五亩,总体布局以水池为中心,风景以山水为主。池北以建筑为主,池南堆土叠石为山,林木茂密;池东西两岸,以疏朗的亭廊、树、石为南北之间的过渡与陪衬。在苏州诸园中,艺圃以园景开朗、自然、质朴著名,较多保留明代园林布局和风格。[②] 道光间,园归丝绸业七襄公所,后渐失修。二十世纪五十年代和八十年代两次整修,恢复明末清初旧观。

图 4-1　艺圃

① 魏嘉瓒:《苏州古典园林史》,上海三联书店,2005,第313页。
② 邵忠:《苏州古典园林艺术》,中国林业出版社,2001,第80页。

《江南园林志》作者童寯说:"盖为园有三境界评定其难易高下,亦以此次第焉";"第一,疏密得宜;第二,曲折尽致;第三,眼前由景。"又说:"园林无花木则无生气。盖四时之景不同,欣赏游观,怡情育物,多有赖于东篱庭砌,三径盆盎,俾自春迄冬,常有不谢之花也。"①这种对园林审美标准的高度概括,对我们观察与评论清代前期汪琬等人的园林美学观点亦有启迪意义。

汪琬著有《艺圃记》与《艺圃后记》。他说:"艺圃者,前给事中莱阳姜贞毅(即姜采)先生之侨寓。吾吴郡治西北隅,固商贾阛阓之区,尘嚣湫隘,居者苦之。而兹圃介其间,特以胜着。"

汪琬首先写园中建筑。

有堂:"稍进,则曰东莱草堂,圃之主人延见宾客之所也。主人世居于莱,虽侨吴中而犹存其颜;示不忘也";"面池为屋五楹间,曰念祖堂;主人岁时状腊,祭祀燕享之所也。堂之前为广庭,左穴垣而入,曰旸谷书堂,曰爱莲窝,主人伯子讲学之所也。"

有斋:"逾堂而右,曰博饦斋。"

有楼阁:"堂之后,曰四时读书乐楼,曰香草居,则仲子之故塾也";"今伯子与其弟又将除改过轩之侧,筑重屋以藏弃主人遗集,曰谏草楼,方鸠工而未落也";"桐尽,得重屋三楹间,曰延光阁";"轩曰改过,阁曰绣佛,则在山房之北"。

有山房:"由堂庑迤而右,曰敬亭山房,主人盖尝以谏官言事,谪戍宣城,虽未行,及其老而追念君恩,故取宣之山以志也。"

有轩馆:"馆曰红鹅,轩曰六松,又皆仲子读书行我之所也";"曲折而工丽者,莫如仲子肄业之馆若轩"。

有廊亭:"廊曰响月,则又在其西";"有亭直爱莲窝者,曰乳鱼亭"。

其次写园中景致。

花木。"奇花珍卉,幽泉怪石,相与晻霭乎几席之下";"百岁之藤,千章之木,干霄架壑";有树木:"艺圃纵横凡若干步;甫入门,而径有桐数十本";"山之西南,主人尝植枣数株,翼之以轩,曰思嗜,伯子构之以思其亲者也"。

荷池。"折而左,方池二亩许,莲荷蒲柳之属甚茂";"横三折板于池上,为略杓以行,曰度香桥。桥之南,则南枝、鹤柴皆聚焉"。

禽鸟。"林栖之鸟,水宿之禽,朝吟夕弄,相与错杂乎室庐之旁。"

再次写园中人物。

正由于上述不可言状的景致,游人"或登于高,而览云物之美;或俯于深,而窥浮泳之乐。来游者,往往耳目疲乎应接,而手足倦乎扳历,其胜诚不可一二计"。

"今贞毅先生,复用先朝名谏官,优游卒岁乎此,而其两子则以读书好士、风流尔雅者,绍其绪而光大之。马蹄车辙,日夜到门,高贤胜境,交相为重,何惑乎四方

① 童寯:《江南园林志》,中国建筑工业出版社,1984,第8、10页。

骚人墨士,乐于形诸咏歌,见之图绘,迄二十余年而顾益盛欤！不然,吴中园居相望,大抵涂饰土木,以贮歌舞,而夸财力之有余,彼皆鹿鹿妄庸人之所尚耳,行且荡为冷风,化为蔓草矣。何足道哉！何足道哉！"这里,作者盛赞两代园主的文采雅韵,批评多数园林的俗气,是有其独特评判标准的。

徐乾学(1631—1694年),字原一,号健庵,江南昆山人,顾炎武甥。康熙九年(1670年)中进士,授编修,历任赞善、内阁学士、左都御史,官至刑部尚书,康熙二十九年(1690年)春告假南归,由他为总裁编修的《大清一统志》即设书局于苏州洞庭山,罗列学者胡渭、顾祖禹、阎若璩分别借住洞庭东、西山几个园里,依绿园即其一。

依绿园在洞庭东山的武山麓,康熙十二年(1673年),隐士吴时雅所构。此园高轩广庭,临池面山。其广不过数亩,而曲折高下,断续其间,有水香簃、飞霞亭、花鸟间等。园中假山为张涟子张陶庵所叠,清初画家王石谷(即王翚)为之绘图。园初名艻畦小筑,又名南村小堂。当时陶子师据杜甫"名园依绿水"句意,为之更名为"绿水园"。民国时已废。

徐乾学还曾充《明史》总裁与《大清会典》副总裁,其学宏博淹贯。有《澹园集》、《读礼通考》等。其《依绿园记》的审美观点,包含着两个融合。

首先,《依绿园记》表现了以小见大的审美观:"又折而东北,敞小楼于万绿中者,曰'花鸟间'";"至艻畦小筑,邃室六楹,缥缃满架,庭有奇石,如云涌状,上植盘柏一株,覆如青盖,此隐君课子藏修处也";"自曲廊西转,竹屏湖石,缭以短垣,有斗室,为冬日藏兰之所";"园之广不逾数亩,而曲折高下,断续相间,令人领略无尽,观此而隐君之经济,可见一斑矣"。与此同时,作者又赞赏辽阔美:"阁之外,平畴千顷,可以目耕,南湖水光一片,与天无际;自西而北,层峦复岭,青紫万状。"这种以小见大与辽阔美的两个方面,共同构成了作者的美学鉴赏标准。

其次,作为朝廷重臣,作者却表现了突出的出世思想。除了上文一再提及的"隐君",又如"吴门缪双全先生熟游于东、西两洞庭,尝言山中多好事,竞选胜地为园亭,不减洛阳之盛,而最称东山吴隐君'南村草堂',亦甚美隐君之才且贤,余闻而慕之久矣";"思屏绝世纷,精心殚力,成一代书";"于是得与隐君相识,以慰二十余年之企慕"。尤其值得注意的是,其《依绿园记》中特意提到"花鸟间"中"壁镌董思翁书《归去来辞》"。在清代统治已经基本稳固的背景下,作为受到朝廷倚重的汉族官僚,在论述园林时,却把美学观点与所透露出某种隐居心态融合起来,是十分值得注意的。

第三节 宋荦、何焯与顾沔的园林美学

宋荦、何焯与顾沔,是反映清朝前期苏州派园林美学思想的三个重要人物。宋荦的园林思想是围绕沧浪亭展开的。

苏州名园沧浪亭,在城南三元坊,为苏州现存园林中最古老的一所,面积约十六亩。五代时曾是中吴军节度使孙承佑的池馆所在,后废。北宋庆历五年(1045年),朝官苏舜钦遭贬流寓吴中,见园旧址而爱之,遂购得,构亭于北山,取《楚辞·渔父》"沧浪之水浊兮,可以濯吾足"意,名沧浪亭。苏舜钦卒后,园归他姓,重加扩建。明代释文瑛复建沧浪亭。

宋荦(1634—1713年),字牧仲,号漫堂,晚号西陂老人、西陂放鸭翁,河南商丘人。荫生,清前期诗人、书画家。顺治四年(1647年),应诏以大臣子列侍卫。逾年考试,铨通判。康熙三年(1664年),授黄州通判,累擢江苏巡抚,官至吏部尚书。康熙帝誉为"清廉为天下巡抚第一"。康熙三十四年(1695年)起,宋荦任江苏巡抚四年,"商贾流通,货物往来,加倍获利。正是时和年丰、物阜民康之候。数十年来,得未曾有"。[1] 其间对宋代苏舜钦沧浪亭旧址加以重修,并撰《重修沧浪亭记》。至咸丰,沧浪亭毁于兵燹,同治间张树声重修,其建筑大多得以保存至今。

《重修沧浪亭记》记述修园经过:"余来抚吴且四年,蕲与吏民相恬以无事,而吏民亦安予之简拙,事以浸少,故虽处剧而不烦。暇日披图乘,得宋苏子美沧浪亭遗址于郡学东偏,距使院仅一里而近。间过之,则野水萦洄,巨石颓仆,小山丛翳于荒烟蔓草间,人迹罕至。予于是亟谋修复,构亭于山之巅,得文衡山隶书'沧浪亭'三字揭诸楣,复旧观也。"

经过修复的沧浪亭恢复了原貌,其景观特色是:第一,远看峰峦起伏,"苍翠吐欲檐际";亭旁"老树数株","离立拏攫,似是百年以前物"。第二,小轩、屋宇散布:"循北麓,稍折而东,构小轩曰自胜,取子美记中语也。迤西十余步,得平地,为屋三楹"。第三,清溪环绕,有"观鱼处",因苏舜钦诗而得名;又"跨溪横略彴,以通游屐"。第四,亭之南,"石磴陂陀,栏楯曲折,翼以修廊,颜曰步碕"。第五,从廊门出,"有堂翼然",曰苏公祠,供奉苏舜钦,则仍旧屋而新之。第六,"溪外菜畦民居,相错如绣",另有一派乡间田野风光。

作为当时的地方大员,后来的朝廷中枢,宋荦认为游园有益于政务:"予暇辄往游,杖履独来,野老接席,鸥鸟不惊,胸次浩浩焉,落落焉,若游于方之外者,或者疑游览足以废政。愚不谓然。夫人日处尘坌,困于簿书之徽缠,神烦虑滞,事物杂投于吾前,憧然莫辨,去而休乎清冷之域、寥廓之表,则耳目若益而旷,志气若益而清明,然后事至而能应,物触而不乱。"接着,他举王阳明诗句"中丞不解了公事,到处看山复寻寺"为例,说:"先生岂不了公事者,其看山寻寺,所以逸其神明,使不疲于屡照,故能决大疑,定大事,而从容眼豫,如无事然。以予之驽拙,何敢望先生百一,而愚窃有慕乎此,然则斯亭也仅以供游览欤?"显然,作者竭力把园林与修身养性、治国理政相统一了起来。

严虞惇(1650—1713年),字宝成,一字恩庵,江南常熟(今属江苏)人。康熙三

---

① 顾公燮:《丹午笔记》二三六《宋荦》。

十六年(1697年)中进士,选庶吉士,撰编修,三十八年因涉顺天科场狱嫌去职,后起补累迁至太仆寺少卿。工诗文,著有《严太仆集》、《诗经质疑》等。

绣谷在苏州阊门内,长洲举人蒋垓购得此地构园,掘地得石,石上刻"绣谷"二字,传为王翚手笔,遂以名园。园宽不过十笏,背城临溪,嘉木珍林,有绣谷、卒翠堂、松龛、湛华山房等。蒋垓以后,园主屡易,并经兵燹。严虞惇《重修绣谷园记》:"绣谷者何?蒋氏园也。"他首先综述此园:"园有嘉木珍林,清泉文石,修竹娟娟,杂英飘摇,粉红骇绿,烂若敷锦",竭力渲染园中花木绚烂的自然美。接着笔锋一转,叙绣谷一名的由来,并将其涂上一层神秘色彩:"主人顾而乐之,思所以名是园者,而未得也。掘地得石,刻画斑然,有八分大书二,曰'绣谷',体势遒劲,疑唐、宋间人笔。主人曰:'是固与园称,盖天作而地藏之,以贻我者耶?'于是为之记,而以绣谷名其园。主人者,孝廉兆侯先生也。"再次,记述园林兴废。"孝廉捐馆舍,园属之何人?绣谷之名,若灭若没者四十余年。孝廉之嗣孙曰深,字树存,博学好古,哀先世之文,得向之所为绣谷记者,求其处,则园已三易主矣。慨然于堂构之弗荷,乃复而迁之,苏秽芟荒,崇峭决深,莳植益蕃,丹垩益新。顾瞻亭庑,旧石具存";"于是树存读书其中,仰咏尧舜言,俯追姬孔辙,扬清芬,怀骏烈,而'绣谷'遂复为蒋氏业矣"。

严虞惇感叹道:"夫天下之物,显晦有时,而废兴有数。'绣谷'之石,晦数百年,而孝廉得之;孝廉之园,废数十年,而树存复之。以是知天下无物可久,而惟文字可以传于无穷。树存之汲汲于《记》与石以不朽也,深思哉!"

严虞惇曾进一步将自己的家族与蒋氏家族的兴衰相比较,论述子孙继承先人的志向与业绩:"余于是重有感焉:吾家与蒋氏世为婚姻,余之从祖姑,树存之曾祖母也。两家盛时,阀阅闾阎,郡邑相望,今之存者寡矣。蒋氏世有达人,不替其业,树存笃思继序,迪惟前人光,兹园之作,可谓曰孝。吾家衰落,子姓傲屋而居,无先人一椽,以蔽风雨;向之渠渠夏屋,拟于平泉绿野者,汶阳之田,去而不返矣。不惟家门盛衰之异,而亦子孙贤不肖有以致之。"论及至此,严虞惇禁不住"为之汍澜者久之"。"树存既请王君石谷为之图,海内士大夫皆歌诗以纪其事,园之胜概,隐隐心目间。余他日得脱尘网,归故乡,逍遥琴书,亲戚道故,园中之草木泉石,尚能一一为树存赋之矣。"事实证明,园林的兴盛不仅需要先人的开辟与创建,而且有赖于后来者一代代的继承与光大。园林如此,其他事业同样如此。

黄中坚(1649—1719年),字震生,吴县人,诸生,为应科举移居苏州城,屡举不售,于是放弃科举,肆力古文,著有《蓄斋集》等。其《见南山斋诗序》记述此斋为徐氏之"遂幽轩",凡三易主,而归叶楠材。其谓园中有编竹:"左旧有房两楹,房亦有庭,更通之,以编竹屏其中,若断若续,加曲折焉。"又有"叠石莳花,潇洒可意"。其左右两廊,"朱栏碧槛,交相映也。右廊微广,因结为斗室,可以调琴,可以坐月,所以为斋之助者不浅。是皆叶君之丘壑也"。其春风槛外,则有"桃树新栽","明月樽前,刘郎重到,浏览之次,既悦其结构之精,又不胜今昔之感"。面对如此景色,黄中坚感叹:"呜呼!沧桑变易,人事何常,消息盈虚,天道不爽,世有览者,其亦可以为镜矣。"

在康熙年间的苏州派园林思想家中,何焯尤其擅长状物、写景和抒情。

明末,在苏州灵岩山和天平山之间的上沙村出现了由隐逸高士所构建的历史名园,名潭上书屋(潭,水边积沙渐称平地,即沙滩,见《尔雅》),为徐白园居。徐白,字介白,吴江人,能诗善画,隐居山林。徐白殁后,园为郡人陆稹别业。陆将其增拓为胜地。此园灵岩峙前,天平倚后,平田缭左,溪流带右。其中老屋数楹,广庭盈亩,植以丛桂,有介白亭、坦坦猗、升月轩、听雨楼、帷林草堂等。清康熙四十三年(1704年),朱彝尊应邀游园七日并作《水木明瑟园赋并序》,其后即称水木明瑟园。至嘉庆末年渐废。

何焯(1661—1722年),字屺瞻,号义门,长洲人。康熙南巡,巡抚李光地应旨以焯荐,召值南书房。后赐进士,侍读皇八子府兼武英殿纂修官,一度入罪解官。著有《义门读书记》等。其《题潭上书屋》记述该园景致。据其所述,该书屋地理位置为:"石城"峙前,"天平"倚后,平田缭左,溪流带右。"其中老屋五楹,规制朴野,广庭盈亩,植以丛桂,名曰潭上,志地也。"

树木荟郁:皂荚庭即书堂之后庭,鸡栖一树,"直扳清霄,曲干横枝,连青接黛,每曦晨伏昼,不受日影,下有蔀屋,偃想者莫不忘返矣";"其前嘉木列侍,若帷若幕。中有古桐一株,横卧池上,霜皮香骨,尤为奇绝"。桐桂山房,"丛桂交其前,孤桐峙其后,焚香把卷,秋夏为佳"。益者三友之蹊,"细筱蒙密,桐桂交错";"枕池之东,土冈蜿蜒,其上修篁林立,扫箨剔萌,颇供幽事"。

花卉修竹:曲盎兰,由园门折而东,又折而北,又再折而东北,"左并广池,右迫桂屏,接竹连架,旁植木香、蔷薇诸卉,引蔓覆盖其上,花时追赏,烂然错绣";"左则修竹万竿,俨然屏障;前则海棠一本,映若疏帘,旁有古梅,黝螬屈曲,最供抚玩"。木芙蓉淑,土冈之下,池岸连延,暑退凉生,"芙蓉散开,折芳搴秀,宛然图画"。

石梁:坦坦猗石梁,在介白亭之前,广八尺,长倍之,平坦可以置酒,"追凉坐月,致为佳胜"。

临水:介白亭三面临水,轩爽绝伦。旧为隐士吴江徐白所筑,故表目焉。升月轩,临水面东,月从隔岸修篁间夤缘而上,故以名轩。冰荷壑,帷林之前广池,"两岸梅木交映,水光沈碧,临流孤坐,寒沁心脾";"中有微行,沿流诘曲,为损为益,求友者当自辨之"。小波塘,介白亭后之方池,"细浪文漪,涵青漾碧,游鳞翔羽,自相映带"。东泾桥,横跨流水,"前后澄潭映空,月夜沧涟泛滟,行其上者,如濯冰壶。"

建筑:听雨楼,"桐响松鸣,时时闻雨,霜枯木落,往往见山"。帷林草堂三间,北望茶坞山,如对半壁。庭后蔬苔药畦,夏荫秋葩,未尝去目"。鱼幢,池深广处立石幢一,"游鱼环绕,有邈然千里之意"。蛰窝,狭室北向,窅如深冬,"庭有古梅,幽幽蛰龙,君子居之,经学是攻"。饭牛宫,东皋之涘,"翠羽黄云,三时弥望,草亭低覆,过者以为牛宫尔"。砚北村,修竹之内,"茅舍数间,外接平畴,居然村落,一窗受明,墨香团几,视友人之在阛阓,但有过之也"。

山峰:暖翠浮岚阁,即帷林后之右偏,"叠石为山,构楹为阁,四山嶙峋,环列如屏障;烟云蓊郁,晨夕万状,昔贤拄笏,恐未尽斯致"。

在何焯的笔下,澹上书屋是各种美学素材交织而成的色彩斑斓的绣品,更似乎是一名少女,展示出身姿婀娜、仪态万方的魅力。

顾汧则是康熙间修园与欣赏水景的高手。

顾汧(1646—1712年),字伊在,长洲人,康熙十二年(1673年)中进士,历任礼部右侍郎、河南巡抚等。罢归乡里。有《凤池园记》。凤池园,位于苏州銮驾巷(俗称纽家巷)。相传为泰伯十六世孙吴真武宅,有凤集其家中,并由池沼而得名。宋代顾氏居之,明为袁氏所居。入清,顾氏族人月隐君拓治为自耕园。康熙时河南巡抚顾汧去官归家,园已归他姓而购回修葺,名凤池园。园甚广,石径逶迤,桐阴布濩,四时野卉,纷披苔藓,有武陵一曲、赐书楼、洗心斋、康洽亭等。晚清东部归陈大业,加以增葺。太平军莅苏,曾为英王陈玉成驻节之所。

顾汧自幼游憩于凤池园,辞官归田后,园已易主,颓垣灌莽,慨焉有感。"乃厚其直以购之。于是就深加浚,攘剔荒秽,拓辟邻园,卜筑轩豁,遂移居焉"。凤池园以水着称,《凤池园记》主要写水,"左则虹梁横渡,鹤浦偃卧,桃浪夹岸而涌纹,兰窝藏密而芽苗。榭曰撷香,群芳之所呈妍也。阁曰岫云,西山之所拱翠也。左则崇丘崔嵬,洞壑阴森,牡丹锦发,朱藤霞舒";"此皆沿流俯仰,目遇心怡,或棹桨艇而啸歌,或垂丝纶而泳跃,时而嘤鸣求友,风柔日熏,足以赏其婉丽,觞咏流连;时而玉露戒寒,金波悬曜,足以涤其尘襟,辞繁就素"。于是,顾汧把园林当成隐居的理想之地,心驰神往,发出"若夫结庐人境,心远地偏,不出郊埛,而神已游濠濮之表,盖境不自异,因心而开,非所称城市山林者耶"的感叹。

第四节　朱彝尊与李果的园林美学

"美感的养成在于能空,对物象造成距离,使自己不沾不滞,物象得以孤立绝缘,自成境界;舞台的帘幕、图画的框廓,雕像的石座,建筑的台阶、栏杆,诗的节奏、韵脚,从窗户看山水、黑夜笼下的灯火街市、明月下的幽淡小景,都是在距离化、间隔化条件下诞生的美景。"①

姜宸英(1628—1699年),字西溟,号湛园,浙江慈溪人,明诸生。康熙十八年(1679年)荐博学鸿词,后以荐入明史馆。康熙三十六年(1697年)中进士,授翰林院

---

① 宗白华:《美学散步》,上海人民出版社,2005,第44页。

编修,充顺天乡试副考官,被劾罢,卒狱中。工古文,与朱彝尊、严绳孙称"江南三布衣",尤善议论。著有《姜先生全集》等。其《小有堂记》(小有堂,在昆山半茧园内)表达了作者的美学观点。

姜宸英强调主人亲手经理园林的必要:"有林蔚然,从数百武外望之,隐出于连甍比宇之间,是为叶君九来半茧之园";"自君之居此,益务修治,凡一椽一石,皆身自经理,位置莫不有意,嘉卉林立,清泉绕除";"盖园之至君,四世矣,其同时之废为榛莽,或易名他氏者,多矣。而是园者,至今无坏益新,则以君之能无忘先人之业以然也"。接着,作者表达了对隐居园林与山水者的尊崇。"余谓今之汲汲自励,为当世资者,非必其天性,皆汩没于富贵利欲者也;盖亦有求为买山而隐而不得者,当隐忍以就之。苏秦曰:使吾有二顷田,安得佩六国相印乎。由今观之,六国相印之与二顷田,有得孰多,况又有求而未必得者耶? 叶君之贤,其知之审矣。且古之君子,虽其功成名立,巍然系天下之望,犹常以区区者与夫山人逸士争其所嗜好于一泉石之间,此其寄托者甚深,未可以常情测也"。

朱彝尊(1629—1709 年),字锡鬯,号竹垞,浙江秀水(今嘉兴)人,早年曾图复明,几祸及。事解,游历各地,以布衣负重名,与顾炎武、屈大均等遗民游。康熙十八年(1679 年)举博学鸿儒,授检讨,充《明史》纂修。后被劾罢官。归后殚心著述,以博学名,其文雅洁,唯取达意。诗为浙派诗开山祖,宗唐而求变,与王士禛齐名,有"南朱北王"之称。词为浙派词首领。编有《词综》,著有《曝书亭集》《日下旧闻》。朱彝尊虽非苏籍,但曾经在顺治十一年(1654 年)二游苏州,在顺治十五至十六年(1658—1659 年)、康熙三十四年(1695 年)、康熙三十九年(1700 年)几次游苏州,他晚年则较长时间寓居苏州,实为苏派园林思想家的代表人物之一。

"清"是中国美学史上一种包容性很强的美学精神。朱彝尊在美学风格上也主张"清",他对明代诗人批评时屡次以"清"作为批评术语。其"清"的概念以"清越"为主,包括:第一,清越、清拔、清刚,表现了对魏晋以来"清"的传统内涵的怀恋;第二,与圆、老、淳、稳等相结合,在美学上主张厚重温和的风格和古朴真挚的品位;第三,包括清脱、清婉之类的概念,往往与世俗、尘秽等概念相对。在康熙时期主流思想影响下,朱彝尊对"清"的理解是一种清芬逸响,更接近于"雅洁"。大致说来,在朱彝尊"清"的美学思想中一定程度上也保留了"清"的激砺不平之气,这一点是很可贵的,同时我们也可以看到"醇雅"作为一种美学观念对它的影响。[1] 朱彝尊的园林美学思想,注重园林美学与园主人格的结合,从而揭示园林美学的时代意义。

朱彝尊《秀野草堂记》记载了苏州顾侠君的园林,其中就渗透着一个"清"的含义:"导以回廊,穿以曲径,累石为山,望之平远也;挦沟为池,即之蕴沦也";"登者免攀陟之劳,居者无尘堁之患。晓则竹鸡鸣焉,昼则佛桑放焉。于是插架以储书,又竿以立画,置酒以娱宾客,极朋友昆弟之乐"。这是"清"的景色。

---

① 李瑞卿:《朱彝尊文学思想研究》,京华出版社,2006,第 218~233 页。

朱彝尊的园林美学不仅叙述园林之美,而且强调通过园林寄意,体现人的真实情感。朱彝尊欣赏"水木之明瑟","径畛之盘纡"。《水木明瑟园赋并序》说,度十亩之地,葺宅一区。泚有阡而可越,弹分沙而不淤。剪六枳而楗藩,因双树而辟间。嘉水木之明瑟,爱径畛之盘纡。"山有穴而成岫,土戴石而名岨,礜两判而得路,蓼四照兮盈株";"园之主人,则陆生积也,匪声利是趋,惟古训是茹。鼓柑而吟,带经以锄,不隐不仕,无碍无拘"。这是"清"的性格。

朱彝尊称颂高人雅士的作为。《秀野草堂记》中载:"予留吴下,数过君之堂。君请于予作记。思夫园林丘壑之美,恒为有力者所占,通宾客者盖寡。所狎或匪其人。明童妙妓充于前,平头长鬣之奴奔走左右。舞歌既阕,荆棘生焉。惟学人才士述作之地,往往长留天壤间,若文选之楼、尔雅之台是已。吴多名园,然芜没者何限!而沧浪之亭,乐圃之居,玉山之堂,耕渔之轩,至今名存不废。则以当日有敬业乐群之助,留题尚存也。"就是说,园林之美,是追逐利禄的在朝为官者无法领略的。这是"清"的业绩。

遂初园,在吴县木渎东街,康熙间安吉知府吴铨所筑。此园极园林之盛,楼阁亭榭台馆轩舫,连缀相望,筼筜萧疏,有拂尘书屋、鸥梦轩、凝远楼等。嘉花名卉,四方珍异之产,咸萃于园。园后归葛氏、徐氏,光绪间归柳氏,后渐废。朱彝尊《遂初园记》载:"今太守两典剧郡,民以宁壹,大吏方交荐之,而翻然归田,丘园偃息,斯真能遂其初服者,而岂若兴公之前后异趣,有言不复者与?抑太守于斯时佳序,逍遥杖履,涵咏太平,胸怀所乐,若有一己独喻,而不必喻之人人者,是岂无碍于中者而能然与?"

当时还有一批士人时时流露关于借园林以隐居的思想。如孙天寅(雍乾间)《西畴阁记》载:"涤场圃,镂原隰,与时观化,顺物自然";"揽兹景物,日弄翰墨,玩图画,左琴右史,着书博物,不以垂老而稍懈。暇则更招农夫野老,课晴问雨,歌咏黄虞盛世之乐,不与柴桑、栗里之风,异世而同揆哉?"韩骐(1694—1754年)《安时堂记》通过同瑞安时堂,记述"文章气节",表达对园主"于隙地架屋数楹,凿池叠石,有结藘草庐、芥圃诸胜",日与诸君"觞咏流连,研究理学,鸢飞鱼跃,触目化机,随时处中,所谓安时者,在是矣"的神往。蒋元益(1708—1788年),字希元,号时庵,长洲人。乾隆十年(1745年)中进士,授编修。历官陕西道监察御史、山西、江西学政、兵部侍郎,著有《清雅堂诗馀》《志雅斋诗钞》等。其《凤池园记》云:"鱼相忘者江湖,人相忘者道术";"前望深柳居,借中散旷怀味春虚句,居安资深,其自得之也。后有鹤坡焉,鹤,仙禽也,桥引仙,坡栖鹤,志不凡也。左榭,曰筠青,士所周旋;右墅,曰梅山,泽之臞所啸傲,皆老苍也,皆可共岁寒也"。

李果堪称苏州派园林思想的大匠,其园林审美具有多层面的内容。

李果(1679—1751年),字实夫、硕夫,号客山,晚号悔庐,长洲人,与沈德潜同游叶燮之门,齐名曰"沈李"。力辞博学鸿词,特立独行,应督抚之聘,为掌奏记,卖文为活。晚享文誉,沈德潜称其"诗格苍老,一洗肥腻"。著有《在庐丛稿》《咏归亭诗钞》等。

李果宅在苏州大石头巷,系割李广文园之一隅而建,中有莱圃、种学斋、悔庐观、槿轩诸胜。莱圃之名含义有二,一是圃久荒芜,多蒿莱;二是奉老母以养,取老莱子娱亲意。宅中有古柏四株,种学斋前有黄梅、柑桔、古桂。后来,李果又在葑门鹭鸶桥筑有别业,称葑湄草堂,有屋十余楹,书堂高敞,有轩有斋。植枸橼、香橙、石榴、梅树、桂树,叠石为坡陀,艺兰其下。李果在其《葑湄草堂记》《莱圃记》中加以记述。北宋刘式家有藏书数千卷,辟"墨庄"藏之。卒后,其妻陈氏指遗书教戒诸子说:"先大夫秉性清洁,有书数千卷遗留给后人,是'墨庄'也。"于是诸子皆以苦学,并为郎官,其妻亦被称为"墨庄夫人"。李果著有《墨庄记》,记朱氏"博雅好古,居郡城之南,新治小轩于其堂之后,藏书颇多,遂取宋人刘式事,以'墨庄'名之,而揭岳忠武王书'墨庄'二字,重摹勒石"。又著有《补筑白云亭记》。白云泉在天平山之半,有白云亭,废已久,范氏居乡,捐田千亩,入义庄以赡。后擢为京官,出守云中。解组归,建始祖祠,筑室文正书院西偏,贮义田租粟。"今又营是亭而新之,以复旧观";"呜呼,不诚能世其德者哉"!

李果的园林美学思想主要集中于以下几个方面。

（一）树荫。"屋之后,隔巷即青松庵,庵前乔木一林,浓阴交布,盛夏无暑,坐书堂后轩以望,则蔚苍森干,如在深山。门临河,有古榆六七株,行人常于此憩息。东西有桥,夹桥而居者十余家,颇淳朴";"有古柏四株,蔚然苍翠"。

（二）泉溪。"轩前嘉木苍郁,多叠石,为小山绝壁。下有清池,每雨过,投以石,触击有声,与池水相激越,息机静对,仿佛游鱼鸣鸟,时来窥人";"予昔尝游天平,见泉出岩窦,色凝白如乳,泻注绝壁下小池,涓涓如鸣玉,大旱不竭"。

（三）山色。轩之北,墙外为崇阜,当风日晴朗,云霞澄鲜,遥望西北,秦余、穹窿诸山,"浮青翕黛,披襟挹爽,其境若与书卷相融洽,非必骛远凌危,夸奇竞秀,以求嵌岩穹谷于数十里之外,此岂易得哉?"至于天平山,"峰峦特峭,拔石离立,而土不丰。中有峰,高数丈,立双石之上,岌岌欲坠。亦有如飞来者,如卓笔,如奔马、如屏蠹者,截立斜倚,隐跃起伏"。

（四）古树。"喝月坪"有古松一本,在轩之隅,盘龙虬枝,苍翠如盖。轩曰"如是",取孟子语有本之义也。山多松、栝、枫、榆、细竹生石罅,望之蔚如。翠微深处一研泉,亦汝滴。

（五）石洞。石之名有"龙门"、"卧龙"、"头陀"、"钓鱼"、"蟾蜍"不一,各肖所称。又有大小石屋,其"穿山洞",君易为"穿云",摩崖以书。凡此皆循"白云亭"以度,而诸景可尽得。

（六）楼阁。泉上有屋两楹,倾甚。"今岁之春,君撤而新之,为轩、为楼、为阁。楼之下,为燠室,蹑蹬以入,为虚廊,为庖湢,咸相地所宜以构筑。而阁尤杰出,空其三面,以望九龙玮珣诸胜。"

（七）远俗。"前辈谓文人未有不好山水,盖山水远俗之物也。俗者与道相背,俗远而后可以读书研理,可以见道;俗不远,前求诸可以超旷之境,于以涤尘氛而遗世垢"。今园主之居,"虽不离城市,而心固常在丘壑之间,宜其所好之有以异于俗也"。园主以"墨庄"名园,又以岳飞书重摹勒石,"忠义之气如见"。

(八)隐居。唐韩愈《蓝田县丞厅壁记》:"博陵崔斯立种学绩文,以蕃其有。"表明积累学问。《莱圃记》载作者名其堂"种学斋",即援其意,"且以勖吾子,掩扉危坐,停云在天,嚣声不至,拥书一编,遇意会处,辄落落自得。既又读陶渊明诗,爱其言近道,得孔、颜乐天安命之义";"丈夫得志,则龙蟠;不得志,则泥伏,固其所也。吾安吾志而已"。

第五节　沈德潜等的园林美学

沈德潜(1673—1769年),字确士,号归愚,长洲人。前后参加乡试、科试几十次,应博学鸿词两次。乾隆四年(1739年)六十七岁时中进士,选庶吉士,官至礼部侍郎,加尚书衔,辞官后主讲书院,卒赠太子太师,谥文悫。身后因徐述夔案牵连,夺赠官削谥。少时受教于叶燮,论诗称盛唐,强调"体格声调"主张温柔敦厚的诗教,人称"格调"说,其说与王士禛"神韵"说,袁枚"性灵"说鼎立,选有《古诗源》、《唐诗别裁集》,并著有《归愚诗文钞》。其诗风婉约清超,沉博艳丽,可比明七子同类作品。

在诗学方面,沈德潜论诗与钱谦益所倡导的清代前期诗潮密切相关。就基本立场而言,沈德潜一生尽力追求的目标是诗道的尊严与恢复儒家诗教传统,实与清初盛行的"经世致用"、"反经求本"之说有着割舍不断的联系。沈氏更重视诗歌的抒情性,并对情感的内涵有所规范,合于千古之性情,显然是继承钱谦益等人。正是由于沈氏论诗与钱谦益遥相呼应,故在《清诗别裁集》这部当代诗选中,列钱谦益为首位,以示推崇之意。①

沈德潜的园林美学思想,与其诗学有密切联系,其对苏州园林的描述,显示出其对大自然的热爱。其最主要的特征,在于充满野趣,天机盎然,具体阐述如下。

复园为拙政园精华部分。拙政园位于苏州城区东北隅娄门内,占地约七十二亩,为苏州最大古典园林(图4-2)。明正德四年(1509年)由王献臣购地而建,依晋代潘岳《闲居赋》句取名拙政园,有堂楼亭轩,并以花圃、竹丛、果园、桃林点缀,风格清秀典雅。后经衰败并修复,清乾隆初年,太守蒋棨修复中间部分花园,取名复园,为拙政中景色最佳之处,名士袁枚、赵翼、钱大昕等均曾游览吟咏。沈德潜《复园记》云:其园"百余年来,废为秽区,既已丛榛莽而穴狐兔矣。主人得其地而有之,谓荒宴可戒,而名区不容弃捐也。于是与客商略,因阜垒山,因洼疏池,集宾有堂,眺

① 王宏林:《沈德潜诗学思想研究》,人民出版社,2010,第250页。

远有楼、有阁,读书有斋,燕寝有馆,有房,循行往还,登降上下,有廊、榭、亭、台、碕、汧、邨、柴之属";"萧然泊然,禽鱼翔游,物亦同趣。不离轩裳,而共履闲旷之域;不出城市,而共获山林之性"。他赞赏是园"丰而不侈,约而不陋"。沈德潜《塔影园记》云:"而结构林园休憩者,平池小丘,鱼鸟翔游;一切巉岩秀削之状,又不能游目而即得。惟因名山为名园,斯两者兼之。"

图 4-2　拙政园

　清华园,在苏州阊门外上津桥,毛氏买废园葺而新之。园内池浚而深,木培而壅,有亭台楼阁、长廊曲槛。一木一石皆见清华之意。沈德潜《清华园记》云:主人修园,"池浚而深,木培而壅,石垒而高,经营匠心,位置帖妥,炎月旸曦,不辞困惫。暇则临清流,浴砚石,不受尘缁,外内洁白,仰睨乔柯,华滋润泽,天机盎然,物我同得素心";"客至,时共觞酌,登清华阁,左右眺望,吴山在目;北为阳山,南为穹窿。浮图隐见,知为灵岩夫差之故宫也。虎阜崝后,参差殿阁,阊阖穿葬所也。其他天平、上方、五坞、尧峰诸属,俱可收之襟带"。其《勺湖记》写到了水及其生物。"水则芙蕖、菱芡,菰蒋、荇藻,牵引参错,摇漾缤纷,翡翠之鸟,往来倏忽,游鱼跃波,或聚或散,倒影天碧,淡涵云光,清风始生,翠烟欲动,月光澄照,凌空一色,日夕佳景,无不可玩"。这是何等的灵动,何等的生机勃勃,显示了作者对于自然界的由衷赞颂。

　《勺湖记》云:湖之中央,有亭翼然,曰丹丘,慕丹丘也。"主人无事,辄来园中,或孑影自适,或偕昆弟友生,倚栏槛,坐高阁,弹琴咏诗,酌酒相乐,酣然欲卧,心游玄漠,若将有得焉,而老于斯也";"园在破楚门东,其地狭隘,其民奔利,屋宇鳞密,市声喧杂。而勺湖之地,翛然清旷,初不知外此为阛阓者。而阛阓往来之人,不知中有木石、水泉、禽鱼之胜,益可知也";"主人洁清贞正,渊如恬如,不绝物,不苟同,与

57

世俗日相接而各不相喻,人与勺湖有契合焉,宜有乐乎此,而不知有人世之荣也"。《塔影园记》云:主人庋书数千卷,兴到,随手一编,有得于心,脱然蹄筌;客至,或谈讨金石,或娱情诵弦,此更有得于身心之乐,"而岂徒获名山之助,相与濯缨而晞发,颐性而忘年也与?"

这些来源于秦汉黄老崇尚自然、无为而治的理论,宣扬渊如恬如,酌酒相乐,鸣琴垂拱式的生活,寄托了作者的人生态度与政治理想。

当然,沈德潜在品鉴园林之美时,并没有忘记总结历史教训,抒发兴废之叹。《兰雪堂图记》云:"西邻之拙政园,据于镇将,归于相君,其穷极奢丽,视兰雪直邾莒耳。然熏天之焰,倏焉扑灭,易三四主而莽为丘墟,荡为寒烟,即欲寄之图画,而狐兔纵横,不堪点笔,岂非汰侈者速亡,而富贵之不可长存与?""予惟园以人重,而画其末也";"每风日晴朗,升乎高以观气象,俯乎渊以窥泳游,熙熙阳阳,中有自得,其与造物同趣者,意画工有不能尽传者与? 是上舍之天爵自尊,与司寇之刚正特立,有无忝祖德者焉,则园之传,顾不以其人与?"

《复园记》接着强调继承先人,不仅在园林方面,而且应该在道德文章方面。"予尝思古来名园,如辟疆,如金谷,如铜池,如华林,如奉诚、平泉、履道、独乐,一切擅胜寰中者,时叠见咏歌,形诸记载,然既废以后,无人焉起而新之,求如宋玉故居复归庾信者,艺林流传,不可多见。今见拙政废园而复之,虽林庐息影,栖精颐神,视前人之竞豪奢、饰土木者,若各自乐其所乐,而不欲自标其名,恐使前此之殚心规画者,因我而遽归乌有之乡,其用心之厚,匪戋戋者所能共喻也已。且主人用心又不止此。主人高祖为兵宪雉园公,雉园文章风节,养晦树德,焯焯一时,后之子孙,故当思胎前光而扬清芬","奉世泽而继述之"。

蒋恭棐(1690—1754年),长洲人,康熙六十年(1721年)进士,充会典馆纂修官,后主讲扬州安定书院。有《逸园记略》,载于《苏州府记》。康熙四十五年(1706年)程文焕在苏州西碛筑九峰草庐,后改名逸园。蒋恭棐作《逸园记略》。并有《飞雪泉记》。其写园景:"园广五十亩,临湖,四面皆树梅,不下数万本,前植修竹数百竿,檀栾夹池水";"亭北崖壁峭拔,有室三楹,曰钓云槎。栏槛其旁,以为坐立之倚。佳花美木,列于西檐之外,下则凿石为涧,水声潺潺,左山右林,交映可爱";"每春秋佳日,主人鸣琴竹中,清风自生,翠烟自留,曲有奥趣";"东则丹崖翠巘,云窗雾阁,层见叠出,西则黏天浴日,不见其际,风帆沙鸟,烟云出没,如在白银世界中,为逸园最胜处";"吾东园手植梅、李、桃百本,修竹千竿,高柳碧梧荫其外,凿池,芙蕖满其中,而远近家家种梅花,时登楼弥望,数里一白"。正所谓绿竹猗猗,阴翳生凉,疏影横斜。《飞雪泉记》则写到了清泉潺潺的声音:"于楼后,垒石为小山,畚土,有清泉流出,迤逦三穴,或滥或沈,不潆不囗,合而为之池,酌之甚甘,导之行石间,声潎潎然,因取坡公《纸院煎茶》诗中写题曰:'飞雪'。"

褚廷璋(? —1797年),字左峨,号筠心,长洲人。乾隆南巡,召试,授内阁中书,乾隆二十八年(1763年)进士,改庶吉士,官至侍讲学士,乞归,主讲吴江震泽书院。

受学于沈德潜,又与曹仁虎、赵文哲等结社,以诗名。有《筠心书屋诗钞》《西域图志》等。

网师园(图4-3)为苏州最古老的园林之一,位于苏州城东南阔家头巷,始建于南宋,侍郎史正志于淳熙初年(1174年)建堂圃,隐居于此,后归丁氏,分割为四,园圃荒废。至清乾隆间,观察宋宗元购得部分园地,建筑别业,托渔隐之意并以所在王思巷谐音,取名"网师小筑"。嘉庆元年(1796年)富商瞿远村购得,因树石池水之胜,重构轩馆,小巧静雅,迂回有致。曾易他名,又复称网师园。褚廷璋《网师园记》写到了该园的修葺:"凡人身之所涉,性之所好,每有寄托,必思自立名字以垂于后,即园林何独不然。第考史册所载,苟非德业表炳,讴思不忘其丘壑闲居,隐人逸士,所适得著名奕世者,往往难之,岂非有立名之心,而实不暨欤?远村于斯园,增置亭台竹木之胜,已半易网师久规,何难别署头衔?而必仍其旧者,将无念观察当时经营缔构于三十年前,良费一番心力,兹以存其名者存其人,即雪泥鸿爪之感,于是乎寓焉?"

图4-3 网师园

钱大昕(1728—1804年),字晓征,号辛楣,晚年自号竹汀居士,嘉定人。早年中秀才,入苏州紫阳学院。乾隆帝南巡,进赋入选,召试赐举人,授内阁中书。中进士,任翰林院编修。后任山东、湖南、浙江乡试考官,曾充侍讲学士与会试同考官。一度因病告假回乡,复授詹事府少詹事、广东学政等,丁忧归里。后应聘任南京钟山书院山长、主持太仓娄东书院,任紫阳书院山长。披览群书,为清代大学者,精于史籍、考古、金石、训诂、音韵、历法、诗文。代表作《廿二史考异》,编撰历时三十年;论文编有《潜研堂集》等。其中,《网师园记》集中表达了钱大昕的美学欣赏观点。

（一）亭台树石之美。钱大昕强调园林的秀丽与人的修养的结合。《网师园记》云："汉、魏而下，西园冠盖之游，一时夸为盛事；而士大夫亦各有家园，罗致花石，以豪举相尚，至宋而洛阳名园之《记》，传播艺林矣"；"然亭台树石之胜，必待名流宴赏，诗文唱酬以传，否则辟疆驱客，待资后人呫嗫而已"。

（二）迂回曲折之美。《网师园记》云："石径屈曲，似往而复，沧波渺然，一望无际"；"地只数亩，而有纡回不尽之致，居虽近廛，而有云水相忘之乐"；"光禄既殁，其园日就颓圮，乔木古石，大半损失，惟池水一泓，尚清澈无恙。翟君远村偶过其地，惧其鞠为茂草也，为之太息，问旁舍者，知主人方求售，遂买而有之。因其规模，别为结构，叠石种木，布置得宜，增建亭宇，易旧为新。既落成，招余辈四五人谈宴，为竟日之集"。

（三）随地势曲折布置之美。钱大昕《西溪别墅记》云："士君子高尚其志，必不慕乎一时之荣，而后能收千年之报，迄今过西溪而瞻拜祠下者，流连慨慕，共仰为百世之师，而又有贤裔如豫斋者"；"咏芬咏烈，克绍家声。祠得地而益彰，地有墅而益胜，高山景行，俎而豆之，将终古而无极；视左掖之荣，所得为何如也！""爰于别墅仿其名，目随地势曲折而布置之，高者为堤，洼者为池，杰然者为阁，翼然者为亭，水石清旷，卉木敷荣"。

张问陶、韩是升、沈钦韩三人，虽然就其影响来说逊于某些大家，但其所分别表达的隐居情结与延续先人业绩的观点，则同样是与当时的社会背景相吻合的。

张问陶（1764—1813年），字仲冶，号船山，别号老船，四川遂宁人，干陵五十五年（1790年）进士，改庶吉士，授编修，历官御史、莱州知府等，后辞官，南游吴越。以诗名，属性灵派，为袁枚后继者，或称其旷代奇才，兼工书画。诗文绘画，皆负时名，解官后客游长江南北，卒于扬州。嘉庆十七年（1812年）从莱州知府任上辞官，移居苏州虎丘。

邓尉山庄，在吴县光福镇，原为明初徐良夫之耕渔轩，后为浙江盐商查氏购得，重加修葺成二十四景，包括御书楼、思贻堂、静学斋、读画舫等，各被佳名，总名邓尉山庄。至晚清毁。张问陶有《邓尉山庄记》，描述其绿波环绕，峙崦岭若屏障于前，妙景天成，洗涤尘嚣："入门则丛木蓊郁，曲径透迤"；"坡上小筑三间，曰梅花屋，花时，君每拥炉读史于此。由坡而升，曰听钟台，遥听山寺钟声以自省也"。同时，依然表达其隐居心态："君夙擅经世才，而壮年乞养，早谢荣名，久切渊明三径之思焉。去岁，予自莱州隐退来吴，君果已先予七载归老江南"；"厌苦尘嚣，城居日少矣。是月也，予待赵瓯北前辈入山探梅，归未旬日，君又买棹约同游，因得信宿山庄，从容谈艺，啸傲于湖山之表，息游于图史之林，日坐春风香雪中，与君衔杯促膝，重话京华旧事，恍若前生。彼驰逐名场者，又乌知栖隐林泉之乐有如是耶？"

韩是升（1735—1816年），字东生，号旭亭，晚号乐余，元和（今南京）人，贡生，著有《听钟楼诗稿》。

吴县乐饥园，在灵岩山麓香溪，由栖碧山人韩璟在明代少司寇王玄珠秀野园基

中国园林美学思想史——清代卷

础上改建。韩是升《乐饥园记》云："自康熙庚申卜居，将九十年，从祖弃世，亦五十余载。子孙贫，无负郭田，读书不仕，四世居园，不替先业。人之来游是园者，仰司寇公（指王心一，万历刑部侍郎）之忠，卢公之义烈（巡检，甲申时赴园池时），从祖之清德，而园不朽矣。余故曰：'园之可传者，大有在也。若溪山风月之美，池亭花木之胜，有远过于园者，不足为园重，略而不书。'"韩是升又有《小林屋记》："顺治六年（1649年），复入城，购归氏废园，为栖隐地"；"堂曰恰隐。往来觞咏，皆遗民逸士，龙门之游，甘陵之部，世艳称之。康熙丁亥（1707年）春，弗戒于火，凡法书名画，与花亭月榭，同付祖龙，存者唯东南半壁。奇峰秀石，湮没于雨垣栋间。先君子追溯钓源，不胜今昔盛衰之感"；"越三载，先君即世，升与伯兄读书其中，俯仰流连"，每念先人恩泽，"莫非先灵呵护，遗我子孙，抚嘉树而思遗泽，庶无忘黾勉佑启后人，宁徒为游观之地耶？"

桂隐园，在苏州城郊木渎镇斜桥西。明代为李氏"小隐园"，后渐荒芜。有歙人汪氏卜筑其址。清嘉庆十八年（1813年）钱炎重葺，取名潜园，又名桂隐园，咸丰间毁。沈钦韩（1775—1832年），字文起，号小宛，苏州木渎人，史地学家。生活清贫，无意功名，勤奋著述，有《水经注疏证》40卷及其他多重著作，一生著书四五百万字。其《木渎桂隐图记》说：桥之南颜有园焉，垣衣映水，披榛得路，入其门，望不数亩，而间架疏密，一一入画。其中有凉堂，可以企脚，北窗有奥室，可以围炉听雪；有山阁，掇烟云于帘幕；有水榭，招风月于坐卧，老树扶疏，浓荫覆庐，红莲蓝蓿，清袭衣裾。"噫！一园也，汪君创之勤，而钱君慕之切，然皆斯须不少驻。若李卫公、赵、韩、王、沈，胥于功名富贵，虽有名园大石，不能一日居也，固宜。若夫山人、处士，一意所至，造物亦有所靳，甚于声名爵位者，何耶？逝者已矣，终能成其雅素，亦有赖乎后嗣之贤欤？镇上之，户崇栋宇者，沈沈相望，无足眺览，且见客则迎距，独钱子恺悌近人，芒鞋竹杖，时得造请焉。他日一觞一咏，擅木渎之胜，惟此为宜，固可记也。"

这里还应该提到的是石韫玉（1756—1837年），字执如，号琢堂、竹堂、花韵庵主人，吴县人。乾隆五十五年（1790年）中进士，授修撰，入直上书房，出为重庆知府、山东按察使，被劾落职，乞归，主讲苏、杭紫阳书院。通琴棋书画篆刻，善作戏曲，工诗。有五柳园，为康熙时翰林院学士何焯赉砚斋故址。石韫玉重修后，因池边有五棵合抱参天之柳树而易名。园内山林池竹，绿荫如幄，有涤山潭、花间草堂、花韵庵、微波榭、瑶华阁、卧云精舍等。沈复《浮生六记》中曾有赞誉。石韫玉著有《独学庐全稿》《尺牍偶存》等，其曾先后担任乡试考官与学政，以后又开始讲学生涯。其反映了当时知识精英在专制社会里的价值，即对乡民和生员进行教化，从而维系社会既存结构的稳定与繁荣。①

石韫玉《城南老屋记》云："予家故寒素，城南经史巷有老屋一所，予初生之地

① 石焕霞：《知识精英与社会教化——以清代苏州状元石韫玉为中心的考察》，《内蒙古师范大学学报（教育科学版）》2010年第10期。

也。"西邻为何翰林故宅,何名焯,学者所谓义门先生。其居与予居比屋连墙,其子孙不能守。吾先子割其宅之半以自广,于是有山池竹木之胜。

石韫玉从柳荫述及草堂:"所居之南,有水一池,池上有五柳树,皆合抱参天,遂名之曰五柳园。柳在池北者四,池南者一,绿阴如幄覆地上,池水常绿。西碛黄山人贻予大石,上有涤山潭三篆体字,遂以名吾潭。柳荫筑屋三楹,面水,曰花间草堂。"又在《临顿新居图记》显示蔑视权贵、向往林泉的思想:"予尝观古今士大夫,志在荣观,系心华腴,尽其形寿,驰骋于名利之场,虽其家有园林池馆之盛,而终身不及一至者有之。功甫门第通华,芥拾科名,早登仕籍,职居禁近,方将致身青云之上,一日千里。而乃惟一丘一壑是爱,绘图征诗,一而再,再而三,此其中必有自得之趣,非夫俗流人所能知也。"作者特别要求子孙世守园林:"今归田七年,乃藉朋旧草堂之资,铢积而寸累,以复先人旧业,不可谓非幸也,而余年亦六十矣。我子孙若能世世守此,饘于斯,粥于斯,歌哭于斯,富贵也无所加,贫贱也无所损,是则余之深愿也夫。"

可园,位于苏州城南三元坊,紧接沧浪亭。宋代为沧浪亭一部,以后经变更、废兴。清乾隆年间,巡抚沈德潜在此重建园林,名近山林,又名乐园。道光七年(1827年),布政使梁章钜重加修葺,成为书院园林,易名可园。当时约占地二十余亩,有抱清堂、坐春舻、濯缨处等景。现存园林约四亩半。

朱珔(1769—1850年),字玉存,号兰坡,安徽泾县人,嘉庆七年(1802年)进士,选庶吉士,后为编修、赞善。告归后,历主钟山、正谊等书院,于吴中与石韫玉等结问梅诗社,与陶澍、梁章巨等唱和。或谓其诗才力深壮而词旨温厚,合古人法。著有《小万卷斋稿》、《文选集释》等。朱珔在《可园记》中主张简朴,反对奢靡。或曰:"世之置园者,率务侈,曲榭崇楼,奇花美木,不可弹状,而今殊朴略,谓园可乎?"余曰:"可哉!园固以可名也。尝论圣人无可无不可";"且天下可行而不可藏,可喧而不可寂者,皆非素位,如余固陋,正值乎可止则止之时矣。凡居处服御,宜亦苟可以安而止。则斯园也,于分为称"。

苏州园林以淡雅自然、小巧精致、玲珑剔透精为追求与特色,苏州派园林美学思想继承晚明苏州地区文化传统特别是《园冶》、《长物志》等的园林思想,适应苏州地区经济繁荣、人文荟萃、园林兴盛的局面而形成,特色鲜明,薪火相传,是清代江南地区园林美学思想的代表。其中汪琬、何焯、朱彝尊、李果、沈德潜等人,着力关注与鉴赏园林的布局、楼阁、亭榭、叠石、山水、小桥、花木、修竹及其互相关系等,努力揭示园林的内在精神与时代价值,在一定程度上折射出江南汉族士人寄情于山水泉石的思想传统。这种思想与北京皇家苑囿美学互相对峙,共同构成了清代园林美学思想的主干。

第五章 《红楼梦》园林的诗韵美

清代是我国古典小说发展的一个高峰期。《红楼梦》创作的时代,整个清朝园林发展已经开始进入中期,无论皇家还是私家园林发展已经臻于成熟。《红楼梦》作者曹雪芹(约1715—1763年),名沾,字梦阮,号雪芹、芹圃、芹溪,满洲正白旗包衣出身。自曾祖父曹玺起,三代任江宁织造,祖父曹寅尤得康熙帝信任。至雍正初年,受朝中政治斗争牵连,父曹𫖯被免职抄家。曹雪芹生于南京,后迁居北京,晚年居西山,生活潦倒。其家族境遇的巨大变化,为他创造《红楼梦》提供了生活背景与素材。

《红楼梦》中的大观园建筑,既有金碧辉煌、奢豪侈糜的皇家与贵族苑囿气派,又有清幽雅致、曲折含蓄的江南园林风格,堪称二者的有机结合。尤其应该指出的是,《红楼梦》作者强调园林建造的"天然"、"自然"。大观园是小说主人公日常起居、活动的环境,是集中展现《红楼梦》园林美学思想的地方。作者在第十七回的《大观园试才题对额》中,借贾宝玉之口说:园林应该"有自然之理,得自然之气",如果"非其地而强为地,非其山而强为山,虽百般精而终不相宜"。《红楼梦》中的园林与小说人物形象有密切的关系,它并非几处亭台楼阁、花草树木、池塘山坡、水榭杂石的总和,也不是可以任意安插景点的模型,它的山与水、院与楼、居室与陈设,都非常讲究,环境与人物紧密结合,彼此呼应,可以说做到了园中有景,景中有人,人与景合,景因人异,大观园为小说人物的命运与主题的展现提供了一个绚丽雅致的典型环境。应该指出的是,《红楼梦》中处处是诗,处处用小说人物创作诗词的形式描述大观园,充分赋予园林以诗韵美,包括大观园环境本身的诗韵美与文学创作的诗韵美两个方面,具有高度的审美价值。不仅如此,《红楼梦》创作的年代——清朝在全盛中已经隐约透露出转衰的迹象,大观园的兴衰正是预示着时代的变化,预示着旧式大家族无可逆转地走向衰落与崩溃。因此,《红楼梦》赋予了其所创造的大观园以深刻的主题意义。与此同时,清代的其他一些小说与戏曲,也从不同层面反映了当时的园林美学思想。

第一节 《红楼梦》的建筑诗韵

大观园没有特定的实体,而是存在于作者的想象之中,这样就不会受到空间、地理条件的限制,可以完全按照作者的喜好来构建。然而,大观园的设计又丝毫不显得脱离实际。大观园一定有它的参照原型,但绝不是仅仅参照一家。在曹雪芹生活的年代里,中国古典园林的发展已经相当成熟,北京掀起一股声势浩大的造园高潮,陆续出现了一大批规模大、质量高的皇家园林,同时江南私家园林的造园理念与技巧大量传入北方,这对于大观园创造的影响是很大的。这座大观园不仅有江南园林的精巧雅致,还有北方园囿的规模甚至还有某些皇家园林的风范。

关于大观园的来历,有各种不同观点。清代袁枚曾指实际的大观园就是他在南京小仓山的随园。近代顾颉刚首先否定了随园说，而现代学者吴世昌则支持随园说。也有一些学者如周汝昌等认为大观园原型就是北京恭王府。有的学者则认为大观园与贾宝玉一样，"都是艺术的创造"；"作为艺术构成的大观园，它的素材与其求之于北京的王府，远不如求之于苏州的名园"。陈从周则认为，恭王府的"华堂丽屋，古树池石，都给我们调查者勾起了红楼旧梦"；有人认为"恭王府是大观园的蓝本，在无确实考证前没法下结论。目前大家的意见还倾向说大观园是一个南北名园的综合，除恭王府外，曹氏描绘景色时，对于苏州、扬州、南京等处的园林，有所借鉴与挽入的地方，成为艺术的概括"。① 总之，大观园的设计不仅上承李渔园林美学的余韵，而且与明代计成的《园冶》和明清其他论者关于园林建筑的思想多不谋而合。这深刻表明曹雪芹园林美学的思想是有继承和发展的，形成了他小说艺术创作中一条重要审美载体。②

作为贾府贵族的私家园林，大观园是《红楼梦》园林美学思想的凝聚与升华所在。大观园园林空间的设计美学，包括：第一，崇尚自然。在大观园中，可以感受亲近自然山水的曲线空间。蜿蜒延伸的除了游廊甬道，还有从花木深处曲折于石隙中的清泉流水。第二，婉转含蓄。大观园是夹在荣宁二府之间的园林，作者通过矮墙、孔洞、隔窗、水景和植物等小尺度元素的遮挡、封闭和透明、半透明的效果结合，巧妙地对空间进行了分割，创造出丰富的景观空间，使整体中有细节。第三，追求意境。大观园各处景致都与所住主人的性格与命运相关联，"纸窗木榻，富贵气象一洗皆尽"的稻香村与李纨；"千百竿翠竹遮映"，清幽雅致的潇湘馆与林黛玉；拢翠庵与妙玉；花团锦簇、富丽雍容的怡红院与宝玉，其中关联情景相汇，意象互通，大观园在人情化的自然景观中以动静、阴阳、虚实关系的处理达到"得意忘言"的意境感悟。③

大观园面积有多大？据第十六回贾蓉说："从东边一带，接着东府里花园起，至西北，丈量了，一共三里半大，可以盖造省亲别院了。"我国旧日量地叫"步亩圈丈"，上面所说的三里半可能是指园地四周边的长度。那时计长度的"里"要比现在市里大些。我们暂从现在市里长度折合，三里半市里正等于一千七百五十米。大观园基地既是以宁荣二府各划一块基地组成的，园地的地形可能不会是太狭长的长方形。为要知道园地面积的大小，根据园地周边长度，假定园地东西长四百七十五米，南北长四百米，由此得出原地面积是十九万平方米，约合二百八十五亩。这面积比北海静心斋大二十四点六倍，相当于北京中山公园面积的百分之八十九。作为私家园地，是太大了，不大可能。"因此设想，三里半园周边长必有错误，可能三

① 吴恩裕：《曹雪芹丛考》，上海古籍出版社，1980；周汝昌：《芳园筑向帝城西——恭王府与红楼梦》，漓江出版社，2007；吴世昌：《红楼梦探源》，北京出版社，2013；陈从周：《梓园余墨》，生活·读书·新知三联书店，1999，等。

② 静轩：《明清美学对红楼梦的影响》，《红楼梦学刊》2000年第4期。

③ 肖振萍、彭一邸：《从大观园的文学意境解读园林设计美学》，《大舞台》2013年第2期。

是二之误。现照二里半园周边长计算",园面积合一百四十六点三亩,"面积少多了,这比较近于情理"。①

以大观园设计的巧妙,布局的严谨,建筑的堂皇,景观的乐趣,称得上中国私家园林艺术的集大成者。其建筑的特点,首先是铺陈华丽,点缀新奇。如图5-1所示。

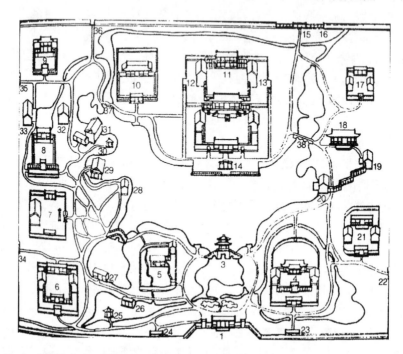

1—大门;2—曲径通幽;3—沁芳亭;4—怡红院;5—潇湘馆;6—秋爽斋;7—稻香村;8—暖香坞;9—紫菱洲;10—蘅芜院;11—大观楼;12—含芳阁;13—缀锦阁;14—省亲别墅坊;15—后门;16—厨房;17—佛寺;18—嘉荫堂;19—凸碧堂;20—凹晶馆;21—栊翠庵;22—角门;23—班房;24—议事厅;25—滴翠亭;26—柳叶渚;27—荇叶渚;28—芦雪亭;29—藕香榭;30—牡丹亭;31—芭蕉坞;32—红香圃;33—榆荫堂;34—角门;35—角门;36—后角门;37—折带朱栏板桥;38—沁芳闸

图5-1 大观园平面图②

园中的建筑主要分两部分,即供元妃省亲的宫殿式建筑与供宝玉和众姐妹生活的其他建筑群。其中,供元妃省亲的建筑主要有:省亲别墅牌坊、行宫、大观楼、体仁沐德厅、补仁谕德厅以及缀锦阁、含芳阁等。这些建筑气势宏大:"崇阁巍峨,层楼高起,面面琳宫合抱,迢迢复道萦纡,青松拂檐,玉栏绕砌,金辉兽面,彩焕螭头。"这些建筑本是作者想象中的太虚幻境,是天宫与皇宫的结合,因而既有皇家之富丽,又有仙境之脱俗。

《红楼梦》所描述的大观园建筑风格,在第十八回"庆元宵贾元春归省"一段中得到详尽描述:"尤氏、凤姐等上来启道:'筵宴齐备,请贵妃游幸。'元妃等起身,命

① 戴志昂:《谈红楼梦大观园花园》,载顾平旦编《大观园》,文化艺术出版社,1981,第116~117页。
② 杨乃济:大观园模型图,《红楼梦研究集刊》第三辑,上海古籍出版社,1980,第412页。

宝玉导引，遂同诸人步至园门前。早见灯光火树之中，诸般罗列，非常。进园来先从'有凤来仪'、'红香绿玉'、'杏帘在望'、'蘅芷清芬'等处，登楼步阁，涉水缘山，百般眺览徘徊。一处处铺陈不一，一桩桩点缀新奇。元妃极加奖赞，又劝：'以后不可太奢，此皆过分之极。'"登楼步阁，涉水缘山"，"铺陈不一"，"点缀新奇"等句，已经把省亲之夜大观园的豪奢绚丽描述皆尽。

《红楼梦》对园林建筑风格的总体把握，很大程度上体现在元妃的题名，特别是贾宝玉以及众姐妹的奉命题匾题诗中。小说写道："元妃乃命传笔砚伺候，亲拂罗笺，择其几处最喜者赐名。因题其园之总名曰'大观园'，正殿匾额云'顾恩思义'，对联云'天地启宏慈，赤子苍生同感戴；古今垂旷典，九州万国被恩荣'。又改题'有凤来仪'，赐名'潇湘馆'，'红香绿玉'改作'怡红快绿'，赐名'怡红院'，'蘅芷清芬'赐名'蘅芜院'，'杏帘在望'赐名'浣葛山庄'。正楼曰'大观楼'。东面飞楼曰'缀锦楼'，西面斜楼曰'含芳阁'。更有'蓼风轩'、'藕香榭'、'紫菱洲'、'荇叶渚'等名。匾额有'梨花春雨'、'桐剪秋风'、'荻芦夜雪'等名。又命旧有匾联不可摘去。于是先题一绝句云：'衔山抱水建来精，多少工夫筑始成。天上人间诸景备，芳园应赐大观名。'"

在作者看来，对园林建筑与构造的理解，在很大程度上决定了园林美学的认同。文采其实还是相对次要的。如就"旷性怡情"匾额，迎春写道："园成景备特精奇，奉命羞题额旷怡。谁信世间有此境，游来宁不畅神思？"就"文章造化"匾额，惜春写道："山水横拖千里外，楼台高起五云中。园修日月光辉里，景夺文章造化功。"就"万象争辉"匾额，探春写道："名园筑就势巍巍，奉命多惭学浅微。精妙一时言不尽，果然万物有光辉。"显然，迎春、惜春、探春三人对园林建筑的理解仅仅停留在"精奇"、"光辉"、"巍巍"的表面层次上。

到李纨与宝钗的作品，则进了一步。李纨"文采风流"匾额说："秀水明山抱复回，风流文采胜蓬莱。绿裁歌扇迷芳草，红衬湘裙舞落梅。珠玉自应传盛世，神仙何幸下瑶台。名园一自邀游赏，未许凡人到此来。"这是从人间园林联想到仙境瑶台。而宝钗的"凝晖钟瑞"匾额说："芳园筑向帝城西，华日祥云笼罩奇。高柳喜迁莺出谷，修篁时待凤来仪。文风已着宸游夕，孝化应隆归省时。睿藻仙才瞻仰处，自惭何敢再为辞？"这是用绚烂的词藻描绘大观园景致的祥瑞，歌颂皇恩与贵妃之德。

至于宝玉所题，"有凤来仪"描写竹篁："秀玉初成实，堪宜待凤凰。竿竿青欲滴，个个绿生凉。迸砌防阶水，穿帘碍鼎香。莫摇清碎影，好梦正初长。""蘅芷清芬"描绘花草："蘅芜满静苑，萝薜助芬芳。软衬三春草，柔拖一缕香。轻烟迷曲径，冷翠湿衣裳。谁咏池塘曲？谢家幽梦长。""怡红快绿"描述"深庭长日静"的幽静："绿蜡春犹卷，红妆夜未眠。凭栏垂绛袖，倚石护青烟。对立东风里，主人应解怜。"这是用诗的语言，细致描述大观园中的一些景象，虽然仍属于应景之作，却多少把作者的感受揭示了出来。由黛玉临时捉刀的"杏帘在望"一诗，则是一片山庄景色：

"杏帘招客饮,在望有山庄。菱荇鹅儿水,桑榆燕子梁。一畦春韭熟,十里稻花香。盛世无饥馁,何须耕织忙。"诗中也有称颂,但符合当时元妃省亲的特定背景,贴切地写出了大观园一角的山村景色,而不是像其他人各篇那样从头到底一味粉饰,也比宝玉的作品更有特色。当下元妃看毕,喜之不尽,说:"果然进益了!"又指"杏帘"一首为四首之冠,遂将"浣葛山庄"改为"稻香村"。

曹雪芹对造园之法"懂得很多,包括起造的种种程序,如划界、请山子野设计、引水整地,移花木、山石,建屋、合地,布设家具,打造金银器皿,买帐幔陈设,订采莲船、座船","他都一一道来,丝毫不乱。有红学家称雪芹很可能取景自北京苑囿,构筑他的大观园。""《红楼梦》的文字呈现了种种人、物、景之情、境、神的交迭与随时递变,真正描绘了中国宦宅人家的生活样态。其中细致精妙处自不待言,而大观园整个布景相对于小说重大关节,也显示了不同的意象面貌。"①

作为贵族园林,又为元妃省亲建造与装饰,为显示皇妃家的气派,大观园竭尽奢华之能事,雕梁画栋,金碧辉煌,琳宫绰约,桂殿巍峨。连贾政都说"太富丽了些!"众人都道:"要如此方是。虽然贵妃崇尚节俭,然今日之尊,礼仪如此,不为过也。"

省亲之夜,贾妃见石牌坊上写着"天仙宝境"四大字,命换了"省亲别墅"四字。于是进入行宫,只见"庭燎烧空,香屑布地,火树琪花,金窗玉槛;说不尽帘卷虾须,毯铺鱼獭,鼎飘麝脑之香,屏列雉尾之扇。真是:金门玉户神仙府,桂殿兰宫妃子家"。

"贾妃在轿内看了此园内外光景,因点头叹道:'太奢华过费了。'忽又见太监跪请登舟。"贾妃下舆登舟,只见清流一带,势若游龙,两边石栏上,"皆系水晶玻璃各色风灯,点的如银光雪浪;上面柳杏诸树,虽无花叶,却用各色绸绫纸绢及通草为花,粘于枝上,每一株悬灯数盏;更兼池中荷荇凫鹭之属,亦皆系螺蚌羽毛做就的,上下争辉,水天焕彩,真是玻璃世界,珠宝乾坤。船上又有各种盆景,珠帘绣幕,桂楫兰桡,自不必说"。

《红楼梦》对于大观园迎接省亲场景的描绘,实际上在描述清代帝王及其嫔妃巡幸各地的景象。一方面说元妃"崇尚节俭",另方面又借贾政之口说出"太富丽了些",借元妃之口说出"太奢华过费了",反映出贵族园林的极度奢靡。这并非作者所称颂的,而是暗含讥刺与批判。当时正是贾府"烈火烹油"般最兴旺的时期,其坐吃山空、穷奢极欲,"架子虽未甚倒,内囊却也尽上来了",实际上也预示着当时正处于"康乾盛世"的清王朝最终不可避免地走向衰败。

《红楼梦》所描绘的大观园,不仅有皇家与贵族园林式的富丽堂皇,而且有苏州私家园林式的天然雅致、"清幽气象",二者形成了鲜明对照,而且有机融于一体。第十七回"大观园试才题对额":"说着,引众人步入茆堂,里面纸窗木榻,富贵气象

---

① 关华山:《红楼梦中的建筑与园林》,百花文艺出版社,2008,第250、253页。

一洗皆尽。贾政心中自是欢喜,却瞅宝玉道:'此处如何?'众人见问,都忙悄悄的推宝玉教他说好。宝玉不听人言,便应声道:'不及有凤来仪多了。'贾政听了道:'咳!无知的蠢物,你只知朱楼画栋、恶赖富丽为佳,那里知道这清幽气象呢?终是不读书之过!'宝玉忙答道:'老爷教训的固是,但古人云天然二字,不知何意?'众人见宝玉牛心,都怕他讨了没趣;今见问'天然'二字,众人忙道:'哥儿别的都明白,如何天然反要问呢?天然者,天之自成,不是人力之所为的。'宝玉道:'却又来!此处置一田庄,分明是人力造作成的:远无邻村,近不负郭,背山无脉,临水无源,高无隐寺之塔,下无通市之桥,峭然孤出,似非大观。争似先处有自然之理、自然之气?虽种竹引泉,亦不伤穿凿。古人云天然图画四字,正恐非其地而强为其地,非其山而强为其山,即百般精巧,终不相宜……'"

图 5-2 大观园题才试对额

（《绣像本红楼梦》,道光年间刊本）

这一段,集中表现了作者的园林美学思想,作者借小说主人公之口说出"清幽气象"应该体现"天然",得"自然理"、"自然之趣"。其对人力穿凿、"非其地而强为其地,非其山而强为其山"的否定性评价,实际上体现了苏州园林所贯穿的美学精神,反映了作者园林思想与陈腐美学观之间的冲突。

"清幽"是《红楼梦》中的园林境界。除了上引"清幽气象",同一回还有"清幽活动"。以下一段,暗示出作者倾心于"清幽"的审美评价:

贾政因见两边俱是超手游廊,便顺着游廊步入,只见上面五间清厦,连着卷棚,四面出廊,绿窗油壁,更比前几处清雅不同。贾政叹道:"此轩中煮茗操琴,也不必再焚香了。此造却出意外,诸公必有佳作新题以颜其额,方不负此。"众人笑道:"莫若'兰风蕙露'贴切了。"贾政道:"也只好用这四字。其联云何?"一人道:"我想了一对,大家批削改正。道是:'麝兰芳霭斜阳院,杜若香飘明月洲。'"众人道:"妙则妙矣!只是'斜阳'二字不妥。"那人引古诗"蘼芜满院泣斜阳"句,众人云:"颓丧,颓丧!"又一人道:"我也有一联,诸公评阅评阅。"念道:"三径香风飘玉蕙,一庭明月照金兰。"贾政拈须沉吟,意欲也题一联。忽抬头见宝玉在旁不敢作声,因喝道:"怎么你应说话时又不说了!还要等人请教你不成?"宝玉听了回道:"此处并没有什么兰麝、明月、洲渚之类，若要这样着迹说来，就题二百联也不能完。"贾政道："谁按着你的头，教你必定说这些字样呢？"宝玉道："如此说，则匾上莫若'蘅芷清芬'四字。对联则是：'吟成豆蔻诗犹艳，睡足荼蘼梦亦香。'"贾政笑道："这是套的'书成蕉叶文犹绿'，不足为奇。"众人道："李太白'凤凰台'之作，全套黄鹤楼。只要套得妙。如今细评起来，方才这一联竟比书成蕉叶尤觉幽雅活动。"贾政笑道："岂有此理。"

《红楼梦》所描写的大观园建筑屋内陈设，与主人的性格特征与审美情趣相吻合。例如第十七回"大观园试才题对额"写怡红院屋内摆设：

说着，引人进入房内。只见其中收拾的与别处不同，竟分不出间隔来。原来四面皆是雕空玲珑木板，或"流云百蝠"，或"岁寒三友"，或山水人物，或翎毛花卉，或集锦，或博古，或万福万寿，各种花样，皆是名手雕镂五彩，销金嵌玉的。一槅一槅，或贮书，或设鼎，或安置笔砚，或供设瓶花，或安放盆景。其式样或圆或方，或葵花蕉叶，或连环半璧，真是花团锦簇，剔透玲珑。倏尔五色纱糊，竟系小窗；倏尔彩绫轻覆，竟系幽户。且满墙皆是随依古董玩器之形抠成的槽子，如琴、剑、悬瓶之类，俱悬于壁，却都是与壁相平的。众人都赞："好精致！难为怎么做的！"原来贾政走了进来，未到两层，便都迷了旧路，左瞧也有门可通，右瞧也有窗隔断，及到跟前，又被一架书挡住，回头又有窗纱明透门径。及至门前，忽见迎面也进来了一群人，与自己的形相一样，——却是一架大玻璃镜。转过镜去，一发见门多了。贾珍笑道："老爷随我来，从这里出去就是后院，出了后院倒比先近了。"引着贾政及众人转了两层纱厨，果得一门出去，院中满架蔷薇。转过花障，只见青溪前阻。

第四十回"史太君两宴大观园"写探春秋爽斋房中摆设：

凤姐等来至探春房中，只见他娘儿们正说笑。探春素喜阔朗，这三间屋子并不曾隔断。当地放着一张花梨大理石大案，案上堆着各种名人法帖，并数十方宝砚，各色笔筒，笔海内插的笔如树林一般。那一边设着斗大的一个汝窑花囊，插着满满的一囊水晶球儿的白菊。西墙上当中挂着一大幅米襄阳《烟雨图》。左右挂着一副对联，乃是颜鲁公墨迹。其词云："烟霞闲骨格，泉石野生涯。"案上设着大鼎，左边紫檀架上放着一个大观窑的大盘，盘内盛着数十个娇黄玲珑大佛手。右边洋漆架上悬着一个白玉比目磬，傍边挂着小槌。那板儿略熟了些，便要摘那槌子去击，丫鬟们忙拦住他。他又要那佛手吃，探春拣了一个给他，说："玩罢，吃不得的。"东边便设着卧榻拔步床，上悬着葱绿双绣花卉草虫的纱帐。

写薛宝钗蘅芜院屋中摆设：

说着已到了花溆的萝港之下，觉得阴森透骨，两滩上衰草残菱，更助秋兴。贾母因见岸上的清厦旷朗，便问："这是薛姑娘的屋子不是？"众人道："是。"贾母忙命拢岸，顺着云步石梯上去，一同进了蘅芜院。只觉异香扑鼻，那些奇草仙藤，愈冷愈苍翠，都结了实，似珊瑚豆子一般，累垂可爱。及进了房屋，雪洞一般，一色玩器全无。案上止有一个土定瓶中供着数枝菊,并两部书,茶奁、茶杯而已。床上只吊着青纱帐幔,衾褥也十分朴素。

以上的屋内摆设,陪衬出宝玉的脂粉富贵,探春的率真爽朗,宝钗的雍容大方。作者以欣赏的笔触,描述了其审美观念的不同侧面,及其场景与小说人物性格及命运的内在联系。

第二节　《红楼梦》的景观诗韵

大观园是一所很大的私家园林。"大观园的布局特点之一是流动性。当人物在大观园里穿廊过桥,登假山,划舟船时,每行进一步,就过渡到下一个风景。这时整个大观园里的艺术形象包括山水、道路、花木、亭榭等犹如一幅长长的山水画卷,在人物的眼前由远而近,渐渐移过,随着曲折道路前进时,景色依次变化,从而展现了自由变幻的景观长廊。"①

一、大观园的山

含蓄是大观园建筑的一个显着特征,山正是起着拦阻与隔断视线的作用。《红楼梦》对于大观园的第一个场景描写便是山。第十七回说,贾政刚至园门前,只见贾珍带领许多执事人来,一旁侍立。贾政道:"你且把园门都关上,我们先瞧了外面再进去。"贾珍听说,命人将门关了。贾政先秉正看门,只见正门五间,上面桶瓦泥鳅脊,那门栏窗,皆是细雕新鲜花样,并无朱粉涂饰,一色水磨群墙,下面白石台矶,凿成西番草花样。左右一望,皆雪白粉墙,下面虎皮石,随势砌去,果然不落富丽俗套,自是欢喜。遂命开门,只见迎面一带翠嶂挡在前面。众清客都道:"好山,好山!"贾政道:"非此一山,一进来园中所有之景悉入目中,则有何趣。"众人道:"极是.非胸中大有邱壑,焉想及此。"此处的山障主要起的是园内和园外的分割作用,没有此山,进入园中,天上区及中央水池四周之景,均可一览无余,毫无余味。

稻香村外的"青山"也具有"斜阻"的功能。小说写道:"一面走,一面说,倏尔青山斜阻。转过山怀中,隐隐露出一带黄泥筑就矮墙,墙头皆用稻茎掩护,有几百株杏花,如喷火蒸霞一般。里面数楹茅屋,外面却是桑,榆,槿,柘,各色树稚新条,随其曲折,编就两溜青篱。篱外山坡之下,有一土井,旁有桔槔辘轳之属。下面分畦列亩,佳蔬菜花,漫然无际。"稻香村是大观园中的一个十分特殊的景点,依照的是普通农庄的风格,因而与其他的景点分割迥异,虽然按宝玉的说法,此山是"无脉"之山,水是"无脉"之水,不得"天然",但若无这"无脉"之山,就不能把稻香村与其他

---

① 　周虹冰、欧阳雪梅:《大观园的造园艺术解读》,《重庆建筑大学学报》2005 年第 8 期。

景点分开,使之于整个大观园的布局协调。

同样,黛玉葬花处后的大山也起着与大门分割的作用。

山还可以营造景点的特色,园后方的大主山便是如此。第十七回说:"忽见柳荫中又露出一个折带朱栏板桥来,度过桥去,诸路可通,便见一所清凉瓦舍,一色水磨砖墙,清瓦花堵。那大主山所分之脉,皆穿墙而过……"因而步入门时,忽迎面突出插天的大玲珑山石来,四面群绕各式石块,竟把里面所有房屋悉皆遮住。大主山支脉从蘅芜院中间穿插而过,再加上园外各种奇花异草,形成了蘅芜院独特的风格。此外,大观园东边的凸碧山庄建在一座大山上。此山庄特为赏月而建,以取得"山高月小"的效果。第七十六回,贾母就曾带众人至凸碧山庄赏月。同时它又与山下凹晶馆"近水楼台"的月景形成对比。①

第十七回脂砚斋批:"稻香村、潇湘馆、怡红院、秋爽斋、蘅芜院等,都相隔不远,究竟只在一隅。然处得巧妙,使人见其千丘万壑,恍然不知所穷,所谓会心处不在远。大抵一山一水,一木一石,全在人之穿插布置耳。"

其次,我们看大观园建筑的景观环境。

《红楼梦》所创造的贾府,是封建大家族的宅第。从其外表看,建筑巍峨,气象森严,颇有几分神秘色彩,显示出"钟鸣鼎食之家"的贵族气派。第二回借贾雨村之口描述道:"去岁我到金陵地界,因欲游览六朝遗迹,那日进了石头城,从他老宅门前经过。街东是宁国府,街西是荣国府,二宅相连,竟将大半条街占了。大门外虽冷落无人,隔着围墙一望,里面厅殿楼阁也还都峥嵘轩峻,就是后边一带花园里,树木山石,也都还有葱蔚洇润之气。"

在黛玉进府一段,作者通过黛玉的目光写宁国府与荣国府正门:

街北蹲着两个大石狮子,三间兽头大门,门前列坐着十来个华冠丽服之人,正门却不开,只东西两角门有人出入。正门之上有一匾,匾上大书"敕造宁国府"五个大字。黛玉想道:"这必是外祖的长房了。"又往西不远,照样也是三间大门,方是荣国府,却不进正门,只由西角门而进。

接着写黛玉进入府内,只见:

轿子抬着走了一箭之远,将转弯时便歇了轿,后面的婆子也都下来了,另换了四个眉目秀洁的十七八岁的小厮上来,抬着轿子,众婆子步下跟随。至一垂花门前落下,那小厮俱肃然退出,众婆子上前打起轿帘,扶黛玉下了轿。黛玉扶着婆子的手进了垂花门,两边是超手游廊,正中是穿堂,当地放着一个紫檀架子大理石屏风。转过屏风,小小三间厅房,厅后便是正房大院。正面五间上房,皆是雕梁画栋,两边穿山游廊厢房,挂着各色鹦鹉画眉等雀鸟。台阶上坐着几个穿红着绿的丫头,一见他们来了,都笑迎上来道:"刚才老太太还念诵呢!可巧就来了。"于是三四人争着

---

① 胡悦:《红楼梦中大观园的造园理念》,中国园林网,2015 年 6 月 30 日。

打帘子。一面听得人说:"林姑娘来了!"

小说中的这些描述,从外到内,步步推进,层层展开,娓娓道来,向读者展示了贵族府第内外的豪奢与精致气派,以及府第内仆人丫鬟众多却井然有序的画面。

《红楼梦》集中描述的特定环境大观园刚刚竣工,贾政带人进园巡视。进了正门,"贾政先秉正看门,只见正门五间,上面筒瓦泥鳅脊,那门栏窗俱是细雕时新花样,并无朱粉涂饰。一色水磨群墙,下面白石台阶,凿成西番莲花样。左右一望,雪白粉墙,下面虎皮石砌成纹理,不落富丽俗套,自是喜欢。"

在《红楼梦》中,曹雪芹所创造出来的异彩纷呈的个性化的室内空间对于书中人物的烘托和塑造,起到了相当重要的作用";"从书中的生动描述中,我们可以清楚地看到各种不同类型的人物的居所反映的迥然不同的居住风格和室内空间艺术。"[1]在这里,可以举以下三个典型例子。

(一)怡红院。《红楼梦》描写怡红院是大观园中富丽堂皇、鸟语花香,同时又散发着书卷气息的院落,院外绕过碧桃花、竹篱花障编就的月洞门,就见"粉墙环护,绿柳周垂"。院内两边都是游廊相接。院中点衬几块山石,一边种着数本芭蕉,那一边乃是一棵西府海棠,"其势若伞,丝垂翠缕,葩吐丹砂"。院内略略有几点山石,种着芭蕉,那边有两只仙鹤在松树下剔翎。一溜回廊上吊着各色笼子,各色仙禽异鸟。上面小小五间抱厦,一色雕镂新鲜花样隔扇,上面悬着一个匾额,四个大字,题道是"怡红快绿"。

(二)杏花村。与总体奢华相对照,大观园一角刻意仿效乡野景致,透露出朴素的泥土气息,在美学上别具一格。"转过山怀中,隐隐露出一带黄泥墙,墙上皆用稻茎掩护。有几百枝杏花,如喷火蒸霞一般。里面数楹茅屋,外面却是桑、榆、槿、柘各色树稚新条,随其曲折,编就两溜青篱。篱外山坡之下,有一土井,旁有桔槔辘轳之属;下面分畦列亩,佳蔬菜花,一望无际。"在杏花村,众客以为题名莫若"杏帘在望"四字,只有宝玉冷笑道:"村名若用'杏花'二字,便俗陋不堪了。唐人诗里,还有'柴门临水稻花香',何不用'稻香村'的妙?"众人听了,越发同声拍手道妙。这是乡村的淳朴美。

(三)潇湘馆(图5-3)。林黛玉是中国古典美人的典型。《红楼梦》第十七回描写黛玉的潇湘馆则是另一番景象:前面一带粉垣,里面数楹修舍,有千百竿翠竹遮映。于是大家进入,只见进门便是曲折游廊,阶下石子漫成甬路,上面小小三间房舍,两明一暗,里面都是合着地步打的床几椅案。从里间房里,又有一小门,出去却是后园,有大株梨花,阔叶芭蕉,又有两间小小退步。后院墙下忽开一隙,得泉一派,开沟尺许,灌入墙内,绕阶缘屋至前院,盘旋竹下而出。第二十六回:"说着,便顺脚一径来至一个院门前,看那凤尾森森,龙吟细细:正是潇湘馆。宝玉信步走入,

① 黄云皓:《图解红楼梦建筑意象》,中国建筑工业出版社,2006,第99页。

只见湘帘垂地,悄无人声。走至窗前,觉得一缕幽香从碧纱窗中暗暗透出"。这两段,婉转含蓄,却把林黛玉的居住环境与她的个人品格活脱脱写了出来。不仅如此,写潇湘馆的还有第三十五回,紫鹃扶黛玉回潇湘馆来,"一进院门,只见满地下竹影参差,苔痕浓淡",并提到廊下挂鹦哥,明间门上则挂湘妃竹帘,次间墙开月洞窗,糊碧纱。第四十回则说,贾母、刘姥姥进此院,"只见两边翠竹夹路,土地下苍苔布满,中间羊肠一条石子墁的"。

这就是潇湘馆,千百竿翠竹掩映,有一条石子小路、一派清泉与一缕幽香的潇湘馆,在特定环境下由冰清玉洁、孤傲自伤的林黛玉居住的潇湘馆,与其他各处迥然不同的潇湘馆。

图 5-3　潇湘馆

(《绣像红楼梦》,程甲本,乾隆五十六年印本)

二、大观园的水

"郭景纯诗云:'林无静树,川无停流。'阮孚云:'泓峥萧瑟,实不可言。每读此文,辄觉神超形越。'[①]陈从周说:"山贵有脉,水贵有源,脉源贯通,全园生动。"[②]这些都是谈水在园林中的特殊作用。

在中国古典园林中,水无论静态还是动态,无论水面涟漪还是溪泉流动,本身就具有美感,水还能串接各景点,并且给全园增添生机,为园中景致增色,因而是一个重要的景观构成因素。一般来说,有山必有水,"筑山"和"理水"不仅构成造园的专门技艺,二者之间相辅相成的关系也是十分密切的。《红楼梦》第十六回脂批说:"园中诸景,最要紧是水,亦必写明为要";"余最鄙近之修造园亭者,徒以顽石土堆为佳,不知引泉一道。甚至丹青,唯知乱作山石树木,不知画泉之法,亦是恨事"。

藕香榭是书中惜春的住所,完全被水包围,很有特色。这藕香榭盖在池中,四面有窗,左右有曲廊可通,亦是跨水接岸,后面又有曲折竹桥暗接。贾母曾在藕香榭中宴请众人,当时正值秋天,山坡下桂花香随着水飘过来,河水碧清敞亮,用凤姐的话说"看看水,眼也清亮。"古时候很多戏台都是临水而建,藕香榭也同样具有这

---

①　刘勰:《世说新语·文学》。

②　陈从周:《说园》,《陈从周园林随笔》,人民文学出版社,2008,第 2 页。

样的功能,第四十回中,贾母吩咐十来个唱戏的女孩子在藕香榭的水亭子上排练,自己则带着众亲眷和刘姥姥在不远处的缀锦阁吃酒,当时唱的应为昆曲,笛声悠扬,曲声"借着水音更好听"。

为了克服"宽阔水面"联系景区时所带来的不利影响,除中央水池外,作者还设计了一条沁芳溪。这是进入大观园后的第一处水景,它是一条可行船的水道,且贯通了大半个园林。溪上改建了一座沁芳亭桥,风景怡然。小说写道:进入石洞来。只见佳木茏葱,奇花闪灼,一带清流,从花木深处曲折泻于石隙之下。再进数步,渐向北边,平坦宽豁,两边飞楼插空,雕甍绣槛,皆隐于山坳树杪之间。俯而视之,则清溪泻雪,石磴穿云,白石为栏,环抱池沿,石桥三港,兽面衔吐。桥上有亭。从沁芳闸起,流至蓼港北面入水口,从东北山坳花溆所引到稻香村,又开一条岔道引到西南上,总共流到葬花处,"仍旧合在一起,从那墙下出去",先后穿越了五个景区。纵有山相隔,水却将它们紧紧地联系在一起。通过中央水池和沁芳溪的双重联系,游人可乘船沿沁芳溪穿行各景区,看着两岸风光的不断变换。至中央水池后,又豁然开朗,园内景色尽收眼底。

小说又写道:"说着,引客行来,至一大桥,见水如晶帘一般奔入。原来这桥便是通外河之闸,引泉而入者。贾政因问:'此闸何名?'宝玉道:'此乃沁芳源之正流,即名"沁芳闸"。'贾政道:"胡说,偏不用'沁芳'二字。"于是贾政进了港洞,又问贾珍:"有船无船?"贾珍道:"采莲船共四只,座船一只,如今尚未造成。"贾政笑道:"可惜不得入了!"贾珍道:"从山上盘道也可以进去的。"说毕,在前导引,大家攀藤抚树过去。只见水上落花愈多,其水愈加清溜,溶溶荡荡,曲折萦纡。池边两行垂柳,杂以桃杏遮天,无一些尘土。忽见柳阴中又露出一个折带朱栏板桥来,度过桥去,诸路可通,便见一所清凉瓦舍,一色水磨砖墙,清瓦花堵。那大主山所分之脉皆穿墙而过。

大观园依照中国传统造园法,设置多处水景。《红楼梦》作者的笔下,水景广阔,清溪潺湲,每每山重水复,充满灵动之气。

三、大观园的石

各类奇石,是传统构园艺术不可缺少的要素。

《红楼梦》第一回,就写女娲补天时用了三万六千五百块石头,并有一块留在青埂峰,"灵性已通"的石头。第十七回写道:"说毕,往前一望,见白石崚嶒,或如鬼怪,或似猛兽,纵横拱立。上面苔藓斑驳,或藤萝掩映,其中微露羊肠小径。"又写道:

说着,忽见大山阻路,众人都迷了路,贾珍笑道:"跟我来。"乃在前导引,众人随着,由山脚下一转,便是平坦大路,豁然大门现于面前,众人都道:"有趣,有趣!搜神夺巧,至于此极!"于是大家出来。贾政道:"我们就从此小径游去,回来由那一边出去,方可遍览。"说毕,命贾珍前导,自己扶了宝玉,逶迤走进山口。抬头忽见山上有镜面白石一块,正是迎面留题处。贾政回头笑道:"诸公请看,此处题以何名方妙?"众人听说,也有说该题"叠翠"二字的,也有说该题"锦嶂"的,又有说"赛香炉"的,又有说"小终南"的,种种名色,不止几十个。原来众客心中,早知贾政要试宝玉的才情,故此只将些俗套敷衍。宝玉也知此意。贾政听了,便回头命宝玉拟来。宝玉道:"尝听见古人说:编新不如述旧,刻古终胜雕今。况这里并非主山正景,原无可题,不过是探景的一进步耳。莫如直书古人'曲径通幽'这旧句在上,倒也大方。"众人听了,赞道:"是极,好极! 二世兄天分高,才情远,不似我们读腐了书的。"

四、大观园的中秋夜色

与元妃省亲的热闹场景不同,第七十六回"凹晶馆联诗悲寂寞"所描绘的大观园中秋之夜,尤其是黛玉、湘云连句一段,显示出一种幽静凄凉之美。

该段中湘云说:"清游拟上元。撒天箕斗灿";"谁家不启轩? 轻寒风剪剪";"传花鼓滥喧。晴光摇院宇";"银蟾气吐吞。药催灵兔捣";"窗灯焰已昏。寒塘渡鹤影"。黛玉说:"匝地管弦繁。几处狂飞盏?""色健茂金萱。蜡烛辉琼宴";"空剩雪霜痕。阶露团朝菌";"人向广寒奔。犯斗邀牛女";"晦朔魄空存。壶漏声将涸";"冷月葬诗魂"。这些都是借景生情,以景带情,情景交融,以中秋联句描绘皎洁月光下清冷的园林夜景,渲染凄清的氛围,抒发作者自己的情感,具有特定的美学价值,也是一种人物命运符号,预示着贾氏大家族的结局。

第三节 《红楼梦》的花草诗韵

园林观赏树木和花卉不但在园林整体布局上起到至关重要的作用,还可以按其形、色、香而进行拟人化,赋予不同的性格和品德,在园林造景中尽量显示其象征寓意。而且,大观园中利用植物来构景的例子很多,几乎每一处景点都有其特色植物。整个大观园中,花木有明有暗、有盛有败,能够因时因景而变换,不显单调。"曹雪芹巧妙地把自然界的各种美好的东西组合到园内来,以文学艺术手段来表现景色,使园中景和园中人相映成趣。大观园的色是自然的色,以四季植物不断变化的色彩为主,形成园林的色彩美";"作者通过形、色、声、香的意象融合,构成时而鸟语花香之景,时而品笛感凄清之景,时而抚琴感秋之景,使读者在视觉、听觉和嗅觉上产生一种联觉美,园中有景、景中有人,人与景合,景同人异,景人互借互生,浑然一体,使读者感悟生活的多姿多彩。"[1]

① 龙志坚:《园林是首哲理诗——论红楼梦园林文化审美意蕴》,《南华大学学报(社会科学版)》2010 年第 8 期。

《红楼梦》写到了许多种类的花草,绚烂缤纷,姹紫嫣红,起着装饰与衬托作用,也往往与主人的身份与命运相关。

一、春景

第十七回说,再往后走,有荼蘼架、木香棚、牡丹亭、芍药圃、蔷薇院、芭蕉坞。过了蓼汀花溆,再穿过柳荫下的折带朱栏板桥,便可通蘅芜院了。且一株花木也无,"只见许多异草:或有牵藤的,或有引蔓的,或垂山巅,或穿石隙,甚至垂檐绕柱,萦砌盘阶,或如翠带飘摇,或如金绳盘屈,或实若丹砂,或花如金桂,味芬气馥,非花香之可比"。

"转过山坡,穿花度柳,抚石依泉,过了荼蘼架,入木香棚,越牡丹亭,度芍药圃,到蔷薇院,傍芭蕉坞里盘旋曲折。忽闻水声潺湲,出于石洞;上则萝薜倒垂,下则落花浮荡。众人都道:'好景,好景!'"

再往南走,则到了园中又一大景区怡红院:

于是一路行来,或清堂,或茅舍,或堆石为垣,或编花为牖,或山下得幽尼佛寺,或林中藏女道丹房,或长廊曲洞,或方厦圆亭:贾政皆不及进去。因半日未尝歇息,腿酸脚软,忽又见前面露出一所院落来,贾政道:"到此可要歇息歇息了。"说着一径引入,绕着碧桃花,穿过竹篱花障编就的月洞门,俄见粉垣环护,绿柳周垂。贾政与众人进了门,两边尽是游廊相接,院中点衬几块山石,一边种几本芭蕉,那一边是一树西府海棠,其势若伞,丝垂翠缕,葩吐丹砂。众人都道:"好花,好花!海棠也有,从没见过这样好的。"贾政道:"这叫做女儿棠,乃是外国之种,俗传出女儿国,故花最繁盛——亦荒唐不经之说耳。"众人道:"毕竟此花不同,女国之说,想亦有之。"宝玉云:"大约骚人咏士以此花红若施脂,弱如扶病,近乎闺阁风度,故以女儿命名,世人以讹传讹,都未免认真了。"众人都说:"领教!妙解!"一面说话,一面都在廊下榻上坐了。贾政因道:"想几个什么新鲜字来题?"一客道:"蕉鹤二字妙。"又一个道:"崇光泛彩方妙。"贾政与众人都道:"好个崇光泛彩"!宝玉也道:"妙。"又说:"只是可惜了!"众人问:"如何可惜?"宝玉道:"此处蕉棠两植,其意暗蓄红、绿二字在内,若说一样,遗漏一样,便不足取。"贾政道:"依你如何?"宝玉道:"依我,题红香绿玉四字,方两全其美。"

桃之夭夭,灼灼其华,是春天的高潮。第二十三回:

那日正当三月中浣,早饭后,宝玉携了一套《会真记》,走到沁芳闸桥边桃花底下一块石上坐着,展开《会真记》,从头细看。正看到"落红成阵",只见一阵风过,树上桃花吹下一大斗来,落得满身满书满地皆是花片。宝玉要抖将不来,恐怕脚步践踏了,只得兜了那花瓣儿,来至池边,抖在池内。那花瓣儿浮在水面,飘飘荡荡,竟流出沁芳闸去了。回来只见地下还有许多花瓣。宝玉正踟蹰间,只听背后有人说道:"你在这里做什么?"宝玉一回头,却是黛玉来了,肩上担着花锄,花锄上挂着纱囊,手内拿着花帚。宝玉笑道:"来的正好,你把这些花瓣儿都扫起来,撂在那水里去罢。我才撂了好些在那里了。"黛玉道:"撂在水里不好,你看这里的水干净,只一流出去,有人家的地方儿什么没有? 仍旧把花遭塌了。那畸角儿上我有一个花冢,如今把他扫了,装在这绢袋里,埋在那里;日久随土化了,岂不干净。"

而第二十七回则写黛玉葬花:

宝玉道:"我就来。"等他二人去远,把那花儿兜起来,登山渡水,过树穿花,一直奔了那日和黛玉葬桃花的去处。

将已到了花冢,犹未转过山坡,只听那边有鸣咽之声,一面数落着,哭的好不伤心。宝玉心下想道:"这不知是那屋里的丫头,受了委屈,跑到这个地方来哭?"一面想,一面煞住脚步,听他哭道:花谢花飞飞满天,红消香断有谁怜? 游丝软系飘春榭,落絮轻沾扑绣帘。闺中女儿惜春暮,愁绪满怀无着处。手把花锄出绣帘,忍踏落花来复去? 柳丝榆荚自芳菲,不管桃飘与李飞。桃李明年能再发,明年闺中知有谁? 三月香巢初垒成,梁间燕子太无情! 明年花发虽可啄,却不道人去梁空巢已倾。一年三百六十日,风刀霜剑严相逼。明媚鲜妍能几时,一朝飘泊难寻觅。花开易见落难寻,阶前愁杀葬花人。独把花锄偷洒泪,洒上空枝见血痕。杜鹃无语正黄昏,荷锄归去掩重门。青灯照壁人初睡,冷雨敲窗被未温。怪侬底事倍伤神? 半为怜春半恼春:怜春忽至恼忽去,至又无言去不闻。昨宵庭外悲歌发,知是花魂与鸟魂? 花魂鸟魂总难留,鸟自无言花自羞。愿侬此日生双翼,随花飞到天尽头。天尽头,何处有香丘? 未若锦囊收艳骨,一抔净土掩风流。质本洁来还洁去,不教污淖陷渠沟。尔今死去侬收葬,未卜侬身何日丧? 侬今葬花人笑痴,他年葬侬知是谁? 试看春残花渐落,便是红颜老死时。一朝春尽红颜老,花落人亡两不知!

这段写暮春季节,花落花飞,多愁善感的黛玉带着花锄、花帚、纱囊,哀怜自己的不幸遭遇,一边嘤嘤哭泣并吟诗,一边葬花。《红楼梦》在这里创造了极高的审美意境,充分显示了其文学诗韵美;而且,无论是周围环境、人物的形象、举止与诗句本身,都切合人物情感,符合人物的性格特征与悲剧命运,深深打动着每一位读者的心灵。

第六十二回说:

只见一个小丫头笑嘻嘻的走来,说:"姑娘们快瞧,云姑娘吃醉了,图凉快,在山子后头一块青石板磴上睡着了。"众人听说,都笑道:"快别吵嚷。"说着,都走来看时,果见湘云卧于山石僻处一个石磴子上,业经香梦沈酣。四面芍药花飞了一身,满头脸衣襟上皆是红香散乱。手中的扇子在地下,也半被落花埋了,一群蜜蜂蝴蝶闹嚷嚷的围着。又用鲛帕包了一包芍药花瓣枕着。众人看了,又是爱,又是笑,忙上来推唤挽扶。湘云口内犹作睡语说酒令,嘟嘟嚷嚷说:"泉香酒冽,……醉扶归,宜会亲友。"众人笑推他说道:"快醒醒儿,吃饭去。这潮磴上还睡出病来呢!"湘云慢启秋波,见了众人,又低头看了一看自己,方知是醉了。原是纳凉避静的,不觉因多罚了两杯酒,娇娜不胜,便睡着了,心中反觉自悔。

这一段,写湘云醉卧于青板石凳上,"四面芍药花飞了一身,满头脸衣襟上皆是红香散乱"。这简直就是美的诗,美的画,美的雕塑,美的乐曲,或者说,从醉卧中醒来、一副娇憨模样的湘云就是美的化身,是大观园少女充满浪漫色彩的美丽的升华。

二、夏景

第十七回说:一进院门,便可见一堵翠障,其后的"曲径通幽"处,"苔藓成斑,藤萝掩映"。到了潇湘馆,忽抬头看见前面一带粉垣,里面数楹修舍,有千百竿翠竹遮映,众人都道:"好个所在!"

"因而步入门时,忽迎面突出插天的大玲珑山石来,四面群绕各式石块,竟把里面所有房屋悉皆遮住。且一树花木也无,只见许多异草,或有牵藤的,或有引蔓的,或垂山岭,或穿石隙,甚至垂檐绕柱,萦砌盘阶,或如翠带飘摇,或如金绳蟠屈,或实若丹砂,或花如金桂,味香气馥,非凡花之可比。贾政不禁道:'有趣!只是不大认识。'有的说:'是薜荔藤萝。'贾政道:'薜荔藤萝那得有此异香?'宝玉道:'果然不是。这众草中也有藤萝薜荔。那香的是杜若蘅芜,那一种大约是茝兰,这一种大约是清葛,那一种是金簦草,这一种是玉蕗藤,红的自然是紫芸,绿的定是青芷。想来那《离骚》、《文选》所有的那些异草:有叫作什么霍纳姜汇的,也有叫作什么纶组紫绛的。还有什么石帆、清松、扶留等样的(见于左太冲《吴都赋》)。又有叫作什么绿蒉的,还有什么丹椒、蘼芜、风莲(见于《蜀都赋》)。如今年深岁改,人不能识,故皆象形夺名,渐渐的唤差了,也是有的。'"

而后的稻香村,竹篱茅舍,又是另一番风味:"转过山怀中,隐隐露出一带黄泥筑就矮墙,墙头皆用稻茎掩护,有几百株杏花,如喷火蒸霞一般,里面数楹茅屋,外面却是桑,榆,槿,柘,各色树稚新条,随其曲折,编就两溜青篱,篱外山坡之下,有一土井,旁有桔槔辘轳之属.下面分畦列亩,佳蔬菜花,漫然无际。"

季节与时间的转移,景色的变化,可以对人物作出最佳的衬托。

三、秋景

秋天是凉爽、收获的季节,也往往容易引发悲怜自伤。

第四十回说:蘅芜院的奇花异草到了秋天又是另一番风味了。"只觉异香扑鼻,那些奇草仙藤愈冷逾苍翠,都结了实,似珊瑚豆子一般,累垂可爱。"

第四十九回说,稻香村东面是芦雪厅。"原来这芦雪庵盖在傍山临水河滩之上,一带几间,茅檐土壁,槿篱竹牖,推窗便可垂钓,四面都是芦苇掩覆。一条去径逶迤穿芦度苇过去,便是藕香榭的竹桥了。"过芦雪厅后是秋爽斋。顾名思义,秋爽斋以秋景见长,斋中的梧桐和芭蕉都很有名。主人探春的号"蕉下客"便是由芭蕉树而来。而大观园里几处水景栽植荷花,即便到秋天荷花苦败,也能得李商隐"留得残荷听雨声"的妙境。

菊花,是《红楼梦》所着重描写的花种。

第三十八回中的菊花诗会,出现一批咏菊诗,其中有几首写道:

忆菊(蘅芜君):怅望西风抱闷思,蓼红苇白断肠时。空篱旧圃秋无迹,冷月清霜梦有知。念念心随归雁远,寥寥坐听晚砧迟。谁怜我为黄花瘦,慰语重阳会有期。

种菊(怡红公子):携锄秋圃自移来,篱畔庭前处处栽。昨夜不期经雨活,今朝犹喜带霜开。冷吟秋色诗千首,醉酹寒香酒一杯。泉溉泥封勤护惜,好知井径绝尘埃。

对菊(枕霞旧友):别圃移来贵比金,一丛浅淡一丛深。萧疏篱畔科头坐,清冷香中抱膝吟。数去更无君傲世,看来惟有我知音!秋光荏苒休孤负,相对原宜惜寸阴。

供菊(枕霞旧友):弹琴酌酒喜堪俦,几案婷婷点缀幽。隔坐香分三径露,抛书人对一枝秋。霜清纸帐来新梦,圃冷斜阳忆旧游。傲世也因同气味,春风桃李未淹留。

残菊(蕉下客):露凝霜重渐倾欹,宴赏才过小雪时。蒂有馀香金淡泊,枝无全叶翠离披。半床落月蛩声切,万里寒云雁阵迟。明岁秋分知再会,暂时分手莫相思!

而在所有这些咏菊诗中,又以黛玉的两首最为出色:

咏菊(潇湘妃子):无赖诗魔昏晓侵,绕篱欹石自沉音。毫端蕴秀临霜写,口角噙香对月吟。满纸自怜题素怨,片言谁解诉秋心?一从陶令平章后,千古高风说到今。

问菊(潇湘妃子):欲讯秋情众莫知,喃喃负手扣东篱。孤标傲世偕谁隐?一样开花为底迟?圃露庭霜何寂寞?雁归蛩病可相思?莫言举世无谈者,解语何妨话片时?

尤其值得注意的是李纨的点评:

众人看一首,赞一首,彼此称扬不绝。李纨笑道:"等我从公评来。通篇看来,各人有各人的警句。今日公评:《咏菊》第一,《问菊》第二,《菊梦》第三,题目新,诗也新,立意更新了,只得要推潇湘妃子为魁了。然后《簪菊》、《对菊》、《供菊》、《画菊》、《忆菊》次之。"宝玉听说,喜的拍手叫道:"极是!极公!"黛玉道:"我那个也不好,到底伤于纤巧些。"李纨道:"巧的却好,不露堆砌生硬。"黛玉道:"据我看来,头一句好的是圃冷斜阳忆旧游,这句背面傅粉;抛书人对一枝秋,已经妙绝,将供菊说完,没处再说,故翻回来想到未折未供之先,意思深远!"李纨笑道:"固如此说,你的口角噙香一句也敌得过了。"探春又道:"到底要算蘅芜君沉着,秋无迹,梦有知,把个忆字竟烘染出来了。"宝钗笑道:"你的短鬓冷沾、葛巾香染,也就把簪菊形容的一个缝

中国园林美学思想史——清代卷

儿也没有。"湘云笑道："偕谁隐、为底迟，真真把个菊花问的无言可对！"李纨笑道："那么着，像科头坐，抱膝吟，竟一时也舍不得离了菊花，菊花有知，倒还怕腻烦了呢！"说的大家都笑了。宝玉笑道："这场我又落第了。难道谁家种、何处秋、蜡屐远来、冷吟不尽，那都不是访不成？昨夜雨、今朝霜，都不是种不成？但恨敌不上口角嚼香对月吟、清冷香中抱膝吟、短鬓、葛巾、金淡泊、翠离披、秋无迹、梦有知这几句罢了。"又道："明日闲了，我一个人做出十二首来。"李纨道："你的也好，只是不及这几句新雅就是了。"

虽然是小说人物在评诗，却可以从中看到作者对菊花与秋景的审美观念。

四、冬景

梅花，在北宋林逋的诗中是"疏影横斜水清浅，暗香浮动月黄昏"；南宋陆游的词中则为"已是黄昏独自愁，更著风和雨"；"零落成泥碾作尘，只有香如故"的形象。《红楼梦》中，梅花具有更为鲜明的雪中吐艳、清冷孤傲、抗霜斗雪的品格，极具象征意义。

第四十九回"琉璃世界白雪红梅"，写的是宝玉前往栊翠庵向妙玉"乞梅"的故事，说"走至山坡之下，顺着山脚刚转过去，已闻得一股寒香拂鼻。回头一看，恰是妙玉门前栊翠庵中有十数株红梅如胭脂一般，映着雪色，分外显得精神"。色彩的强烈对比，加上"一股寒香"飘动，凸显了红梅的形象。

第五十回写道：

一面说，一面大家看梅花。原来这一枝梅花只有二尺来高，旁有一枝纵横而出，约有二三尺长，其间小枝分歧，或如蟠螭，或如僵蚓，或孤削如笔，或密聚如林，真乃花吐胭脂，香欺兰蕙，各各称赏。

谁知岫烟、李纹、宝琴三人都已吟成，各自写了出来。众人便依红、梅、花三字之序看去，写道：

邢岫烟：桃未芳菲杏未红，冲寒先喜笑东风。魂飞庾岭春难辨，霞隔罗浮梦未通。绿萼添妆融宝炬，缟仙扶醉跨残虹。看来岂是寻常色，浓淡由他冰雪中。

李纹：白梅懒赋赋红梅，逞艳先迎醉眼开。冻脸有痕皆是血，酸心无恨亦成灰。误吞丹药移真骨，偷下瑶池脱旧胎。江北江南春灿烂，寄言蜂蝶漫疑猜。

宝琴：疏是枝条艳是花，春妆儿女竞奢华。闲庭曲槛无馀雪，流水空山有落霞。幽梦冷随红袖笛，游仙香泛绛河槎。前身定是瑶台种，无复相疑色相差。

宝玉也写了一首。黛玉提起笔来，笑道："你念我写。"湘云便击了一下，笑道："一鼓绝。"宝玉笑道："有了，你写罢。"众人听他念道："酒未开樽句未裁"，黛玉写了，摇头笑道："起的平平。"湘云又道："快着。"宝玉笑道："寻春问腊到蓬莱。"黛玉湘云都点头笑道:"有些意思了。"宝玉又道:"不求大士瓶中露,为乞嫦娥槛外梅。"黛玉写了,摇头说:"小巧而已。"湘云将手又敲了一下。宝玉笑道:"入世冷挑红雪去,离尘香割紫云来。槎枒谁惜诗肩瘦,衣上犹沾佛院苔。"

这是风雪中的美学,这是寂寞与冷艳的美学,这是从心底汩汩流出的美学。

第四节　其他小说戏曲中的园林

清代是小说、戏曲兴盛的时代,除了《红楼梦》以外,还有其他许多作品,各有其成就。

蒲松龄的《聊斋志异》,主要通过狐仙鬼怪故事反映广阔的现实生活,提出许多重要的社会问题,表现了作者鲜明的态度。它们或者揭露封建统治的黑暗,或者抨击科举制度的腐朽,或者反抗封建礼教的束缚,具有丰富深刻的思想内容。

《聊斋志异》创造的特殊的庭院环境,首先是蓬蒿丛生、墙宇倾圮的狐鬼出没处。卷一《狐嫁女》:"邑有故家之地,楼宇连亘,常见怪异,以故废无居人;久之,蓬蒿渐满,白昼亦无敢入者。"《王成》:"村中故有周氏园,墙宇尽倾,惟存一亭。"《贾儿》:"儿薄暮潜匿何氏园,伏莽中,将以探狐所。"卷二《婴宁》:"次日至舍后,果有园半亩,细草铺毡,杨花糁径;有草舍三楹,花木四合其所。穿花小步。"《聂小倩》:"寺中殿塔壮丽,扃键如新。又顾殿东隅,修竹拱把,下有巨池,野藕已花。意乐其幽杳。"

其次,《聊斋志异》也有花团锦簇的园林画面。卷四《葛巾》:"常大用如曹州,因假缙绅之园居焉。而时方二月,牡丹未华,惟徘徊园中,目注勾萌,以望其坼;而作牡丹诗百绝。未几,花渐含苞,而资斧将匮,寻典春衣,流连忘返。"卷五《仇大娘》:"有范公子子文,家中名园,为晋第一。园中名花夹路,直通内室;'魏故与园丁有旧,放令入,周历亭榭。俄至一处,溪水汹涌,有画桥朱楹,通一漆门。遥望门内,繁花如锦。"卷十五《丐仙》:"时方严冬,高虑园亭苦寒,陈固言'不妨'。乃从如园中,觉气候顿暖,似三月初。又至亭中,益暖,异鸟成群,乱弄清咮,仿佛暮春时。亭中几案,皆镶以瑙玉。有一水晶屏,莹澈可鉴,中有花树摇曳,开落不一,又有白禽似雪,往来钩辀于其上,以手抚之,殊无一物。"

文康《儿女英雄传》原名《金玉缘》,描写的是清朝副将何杞被纪献唐陷害,死于狱中,其女何玉凤改名十三妹,出入江湖,立志为父报仇,救出遭难的县令之子安骥、民女张金凤,并共结良缘的故事。小说经后人弥补缺失,改名《儿女英雄传》。

《儿女英雄传》写到了庄园式的园林。卷一说安家"盖了一座小小庄子,虽然算不得大园庭,那亭台楼阁,树木山石,却也点缀结构得幽雅不俗"。卷二四:"他家这所庄园本是三所,自西山迤逦而来。尽西一所,是个极大的院落,只有几处竹篱茅舍,菜圃稻田,从墙外引进水来,灌那稻田菜蔬,是他家太翁手创的一个闲话桑麻之

中国园林美学思想史 —— 清代卷

所。"往东一所,也是个园亭样子,竹树泉石之间也有几处座落,大势就如广渠门外的十里河、西直门外的白石山庄一般,"他这所住宅门前远远地对着一座山峰,东南上有从滹沱、桑干下来的一股来源,灌入园中。有无数的杉榆槐柳,映带清溪。进了大门,顺着一路群房,北面一带粉墙,正中一座甬瓦随墙门楼,四扇屏风。"

褚人获《隋唐演义》讲述隋炀帝荒淫无道,陷害忠良,以致朝纲不振,民不聊生,致使天下大乱,群雄揭竿而起;以瓦岗寨众英雄为首的各路起义军,匡扶正义,反抗暴政,推翻隋朝统治,直到唐王朝建立、李世民称帝这一时期的传奇故事,再现了风云变幻、英雄辈出的历史年代。

书中卷二七描述隋炀帝大兴土木建造皇家苑囿:虞世基"飞章奏上说:'显仁宫虽已告成,恐一宫不足以广圣驭游幸,臣又在宫西择丰厚之地,筑一苑囿,方可以备宸游。'炀帝览奏大喜,敕虞世基道:'卿奏深得朕心,着任意揆度建造,不得苟简,以辜朕望。'于是南半边开了五个湖,每湖方圆十里,四围尽种奇花异草。湖傍筑几条长堤,堤上百步一亭,五十步一榭。两边尽栽桃花,夹岸柳树分行,造些龙舟凤舸,在内荡漾漂流。北边掘一个北海,周围四十里,凿渠与五湖相通,海中造起三座山:一座蓬莱,一座方丈,一座瀛洲,像海上三神山一般。山上楼台殿阁,四周掩映。山顶高出百丈,可以回眺西京,又可远望江南湖海,交界中间却造正殿,海北一带,委委曲曲,凿一道长渠,引接外边为活水,潆洄婉转,曲通于海。傍渠胜处,便造一院,一带相沿十六院,以便停留美人在内供奉。苑墙上都以琉璃作瓦,紫脂泥壁。三山都用长峰怪石叠得嶙嶙岣岣,台榭都是奇材异料,金装银裹,浑如锦绣裁成,珠玑造就。其间桃成蹊,李列径,梅花环屋,芙蓉绕堤,仙鹤成行,锦鸡作对,金猿共啸,青鹿交游,就像天地间开辟生成得一般。不知又坑害了多少性命,又耗费了多少钱粮,方得完成。"这一段通过园林表现隋炀帝穷奢极欲,揭示了隋末农民起义的根源,实际上也暴露了历代统治者与贫苦人民之间的尖锐矛盾。

李汝珍《镜花缘》前半部分描写唐敖、多九公等人乘船在海外游历的故事,包括他们在女儿国、君子国、无肠国的经历。后半部写了武则天科举选才女,由百花仙子托生的唐小山及其他各花仙子托生的一百位才女考中,并在朝中有所作为的故事。其神幻诙谐的创作手法数经据典,奇妙地勾画出一幅绚丽斑斓的天轮彩图。

小说借鉴前代园囿著述,描绘武则天时的皇家园林。第三回:"倘能于一日之中,使四季名花莫不齐放,普天之下尽是万紫千红,那才称得锦绣乾坤,花团世界。"第四回:"正在寻思,早有上林苑、群芳圃司花太监来报,各处群花大放。武后这一喜非同小可!登时把公主宣来,用过早膳,齐到上林苑。只见满园青翠萦目,红紫迎人,真是锦绣乾坤,花花世界。天时甚觉和暖,池沼都已解冻,陡然变成初春光景。"第五回写太平公主与上官婉儿游上林苑。上官婉儿将各类花列为各品,道:"即如牡丹、兰花、梅花、菊花、桂花、莲花、芍药、海棠、水仙、腊梅、杜鹃、玉兰之类,或古香自异,或国色无双,此十二种,品列上等。当其开时,虽亦玩赏,然对此态浓意远、骨重香严,每觉肃然起敬,不啻事之如师,因而叫作'十二师'。他如珠兰、茉莉、瑞香、紫薇、山茶、碧桃、玫瑰、丁香、桃花、杏花、石榴、月季之类,或风流自赏,或清芬宜人,此十二种,品列中等。当其开时,凭栏拈韵,相顾把杯,不独蔼然可亲,真可把袂共话,亚似投契良朋,因此呼之为'友'。至如凤仙、蔷薇、梨花、李花、木香、芙蓉、蓝菊、栀子、绣球、罂粟、秋海棠、夜来香之类,或嫣红腻翠,或送媚含情,此十二种,品列下等。当其开时,不但心存爱憎,并且意涉猥狎,消闲娱目,宛如解事小鬟一般,故呼之为'婢'。""芙蓉生成媚态娇姿,外虽好看,奈朝开暮落,其性无常。如此之类,岂可与友?至月季之色虽稍逊芙蓉,但四时常开,其性最长,如何不是好友?"

《七侠五义》,由清末俞樾将石玉昆所著《三侠五义》改编而成。书中描写了贤臣包拯的事迹;随后以御猫展昭和锦毛鼠白玉堂的"猫鼠"之争为线索,交代"五鼠"归附包拯的经过。以及包拯与侠客举拔年轻清官、弹劾惩处权奸与贪官的情形;最后又以颜查散巡抚襄阳为中心,由七侠引出王义剪除襄阳王党羽、打探襄阳王阴谋的故事。卷七七说,原来离此二三里之遥,新开一座茶社,名曰玉兰坊,"此坊乃是官宦的花园,亭榭桥梁,花草树木,颇可玩赏。白五爷听了,暗随众人前往。到了那里,果然景致可观。有个亭子上面设着座位,四面点缀些巉岩怪石,又有新篁围绕。忽听竹丛中淅沥有声,出了亭子一看,霎时天阴,淋淋下起雨来。因有绿树撑空,阴晴难辨。白五爷以为在上面亭子内对此景致,颇可赏雨"。

作为一部表现亡国之痛的历史剧,孔尚任的《桃花扇》叙述明末复社文人侯方域和名妓李香君悲欢离合的爱情故事,以及复社与阮大铖、马士英为代表的权奸之间的斗争,揭露南明王朝政治的腐败和衰亡原因,反映了当时的社会面貌,具有丰富复杂的社会历史内容。其中多处将秦淮园林作为故事展开的背景:第六出:园桃红似绣,艳覆文君酒。"楼台花颤,帘栊风抖。倚者雄姿英秀。春情无限,金钗肯与梳头。闲花添艳,野草生香,消得夫人做。"第二十八出:"巷滚杨花,墙翻燕子,认得红楼旧院。只见黄莺乱啭,人踪悄悄,芳草芊芊。粉坏楼墙,苔痕绿上花砖。呀,惊飞了满树雀喧,踏破了一堦苍藓。"

《长生殿》是清初剧作家洪昇所作的剧本,取材自唐代诗人白居易的长诗《长恨歌》和元代剧作家白朴的剧作《梧桐雨》。作品描写了唐朝天宝年间皇帝昏庸、政治腐败给国家带来的巨大灾难,导致王朝几乎覆灭。其中通过皇家苑囿在战乱前后的巨大反差,沉痛地反映了历史教训,同时又表现出对唐玄宗和杨玉环之间爱情的同情。如第二十一出:"别殿景幽奇:看雕梁畔,珠帘外,雨卷云飞。逶迤,朱阑几曲环画溪,修廊数层接翠微。绕红墙,通玉扉。清渠屈注,洄澜皱漪,香泉柔滑宜素肌。"第三十八回则是战乱以后的宫殿:"六宫中朱户挂蟏蛸,白日狐狸啸。叫鸱枭也么哥,长蓬蒿也么哥。野鹿儿乱跑,苑柳宫花一半凋。有谁人去扫,去扫!玳瑁空梁燕泥儿抛,只留得缺月黄昏照。叹萧条也么哥,梁腥臊也么哥!玉砌空堆马粪高。"

李玉(约1611—1671),字玄玉,号苏门啸侣,吴县人。明崇祯间中乡试副榜。

入清,绝意仕进,肆力于戏曲创作,其成就享有盛誉。在其的作品中,也写到了园林:如《一捧雪》第十六出《园林好》:"爽清秋长空碧天,咽松涛潺湲冷泉,看高下丹枫如染。残堤四绕,疏林锁翠烟。闲云卷,峰峦远近青于靛,指顾疑登泰华巅。"《人兽关》第六出:"今日衙斋无事,风景晴和。园中李白桃红,莺啼蝶舞,何不去闲玩半时?"莺花令星星似锦,撩人春色多情。映冰壶几点红霞,枝头宛转入笙。花藤,低依砌畔碍人行。呀,那里是路儿?多被那落花遮瞒了。早迷却衬花芳径。翩翩粉蝶,入香丛锦队,栩栩无影。小姐,那边牡丹亭畔,芍药栏前,花儿开得茂盛,再去看一看。"《占花魁》第十二出:"傍朱楼绿柳斜敧,护雕兰名花堆砌。"

以上各部小说与戏剧,着眼于创作场景与烘托人物的需要,分别从不同角度设计与展现了园林,其中有的还把园林置当时社会变故的背景之下,突出了园林对于作品主题、故事情节与人物情感的烘托意义,并赋予其各自独立的美学价值。

第六章 清中期园林观念的厚重美

清代中期,一方面专制政权早已经稳固,城市工商业繁荣,统治阶层安于现状,追求纵欲享乐,政治日趋腐败;理学虽然受到尊崇,但已经丧失其独尊地位,心学与理学持续对抗。文化领域专注考据的朴学流行。由于土地兼并日盛,赋役繁重,孕育着社会矛盾的爆发。园林建设依然进行,但是传统园林美学整体上缺乏发展的足够动力,同时出现了一些新的现象,掺杂着一些新的因素,原先"显示威严庄重的宫殿建筑的严格的对称性被打破,迂回曲折、趣味盎然、以模拟和接近自然山水为目标的建筑美出现了";"这种仍然是以整体有机布局为特点的园林建筑,却表现着封建后期文人士大夫们更为自由的艺术观念和审美理想";"它追求人的场所自然化,尽可能与自然合为一体"。[1] 具体地说,主要体现在北京西北郊皇家园林的大规模建设及帝王侍臣的欣赏与称颂,西洋园林建筑的引进,园林思想中人文精神的发掘,以及对统治集团在苑囿建设中巧取豪夺的揭露与批判等。袁枚《随园记》,以及《扬州画舫录》《履园丛话》等著作,则力图从理论上全面清理、反省传统园林美学,可以说是传统园林美学思想的最后一个高峰,其打通不同门类、学科的理论,为近代园林美学思想的转折蜕变创造了条件。

清代中期园林美学思想承继清代前期而来。本章所述以中期为主,同时在第二节中追溯前期的叶燮等人思想,以及朱彝尊等人在苏州园林以外的论述,以理清中期美学思想的源流脉络。

第一节　清中期园林及其美学思想的特征

清代中期的社会背景已经如前述。当时各地均出现了一批园林,园林数量有很大增长。

在西南地区。康熙间,平西王吴三桂统治云南时,曾在昆明城区西南芦苇沼泽近华浦一带疏挖了运粮河。湖北干印和尚于附近创建观音寺。康熙二十九年(1690年),巡抚王继文等人见当地景色优美,视野开阔,"远浦遥岑,风帆烟树,擅湖山之胜。"于是大兴土木,挖池筑堤,种花植柳,建大观楼等亭台楼阁,使近华浦成为当地游览胜地。道光八年(1828年),云南按察使翟锦观将大观楼由二楼改为三楼。咸丰以后,大观楼曾毁于兵火,同治间重建。大观楼临水正门两边悬挂乾隆间名士孙髯翁所撰一百八十字"海内第一长联"。

在江南,南京瞻园原为明初徐达王府,清代为江宁布政使司所在,瞻园从私家园林变成官衙的附属园林。乾隆南巡曾在此驻跸,亲题"瞻园"两字作为门匾。其亭台楼阁、岩石溪泉、池沼竹木称盛一时,有十八景。园林分东西两园,有妙静堂、玉兰院、致爽轩等,尤以假山叠石闻名。同治间毁于战火。无锡寄畅园,由曾任南

---

[1]　李泽厚:《美的历程》,天津社会科学院出版社,2001,第110~111页。

京兵部尚书的秦金于明代正德年间(1506—1520年)购买僧舍而建,万历二十七年(1599年)改造竣工。清顺治十四年(1657年)由秦德藻加以改建,存精删芜,叠山引泉,使园景更趋幽美。康熙六次南巡,都曾驻跸此园。乾隆时,秦氏再次修葺该园。乾隆六次南巡,次次来游此园,并命绘图携京,在万寿山仿建为"惠山园"。同治间,在战乱中遭严重破坏。湖州小莲庄,位于湖州南浔镇,为清代南浔首富刘镛的私家花园及家庙所在地,因此又称"刘园"。清康熙间,小莲庄由花园和家庙两部分组成。花园分为外园与内园两部分。外园以十亩荷花池为中心,沿周边建筑有廊碑、净香诗窟、退修水榭、东升阁下、北钓鱼台等建筑;内园以假山为中心。整个园林有文人园林特色,体现诗情画境,体现雅洁。

在天津,有问津园。园林主人为清初津门大户遂闲堂张氏。张氏之父于顺治年间以行盐长芦开创张氏家业;至张霖一代,已家盈万贯。张霖遂造问津园。位于天津城东,依金钟河而建。园中树石荟蓓,亭榭疏旷,垂杨细柳,流水泛舟。帆斋,建于康熙年间,为清初文人雅集处,在三叉河口附近。主人张霔(1659—1704年),清初书画家、诗人与学者,其父与伯父经销长芦盐,富甲津沽,门业鼎盛,而张霔萧然无与,唯广交南北名士,包括朱彝尊等。园内建筑皆本于天然,瓜花豆叶,竹林石影,居如村舍,风格质朴,与三叉河口天然风光、农家渔舍连成一体。张卒,园倾圮。水西庄,为天津长芦盐商查日干与其子辈经营的私家园林,为天津清代首屈一指的园林。位于城西南运河畔,为盐商文化结晶。雍正十三年(1735年)已建成。此后查氏不断对水西庄进行整修与扩建。乾隆曾四次留驻水西庄,并即兴赋诗,赐名"芥园",使其名声更大。其方圆百里,在造园构思上,选择"面向卫水,背枕郊"。有诸景点,或凭水而借景,或遐想而借虚,可谓巧于因借,为津门古代园亭池馆之冠。其主人尚气谊,广结交,重然诺,水西庄宾客如云,人文荟萃,为天津与江浙文化交流的载体与窗口。保定莲池,元明以前就存在。清康熙八年(1669年),保定府成为直隶省省会。康熙四十八年(1709年),保定知府李仲文对莲池进行了修缮,浚池挖渠,广植树林。雍正十一年(1733年),直隶总督李卫在莲池西北角万卷楼西部建立书院,因地称莲池书院,占地近三亩。到乾隆时,莲池从公署园林变为行宫别苑。乾隆曾六次巡幸五台山礼佛,每次都要在该处驻跸。乾隆间,当地官府又两次对莲池进行修葺,使其变成一座面积扩大为十六亩、环境优雅的园林,假山叠巘,奇花争艳,鹤舞鹿鸣,有春午坡、花南研北草堂、万卷楼、高芬阁、藻咏楼等十二景。

当时园林美学思想呈现出一些与前期不同的显着特征,各种园林思想交织汇合,显示出园林及其思想发展的厚重之美。

一、苏州派园林思想与皇家苑囿思想的糅合

苏州派园林美学思想重视泉石花木、向往自然;强调小巧精致、玲珑剔透;欣赏曲径通幽、淡雅写意;追求闲居抒情,丘壑避世。陈元龙《遂初园记》:"园无雕绘,无粉饰,无名花奇石,而池水竹木,幽雅古朴,悠然尘外。"黄中坚《见南山斋诗序》所谓

有"叠石莳花,潇洒可意"。其左右两廊,"朱栏碧槛,交相映也。右廊微广,因结为斗室,可以调琴,可以坐月"。钱大昕强调迂回曲折之美。《网师园记》云:"石径屈曲,似往而复,沧波渺然,一望无际";"地只数亩而有纡回不尽之致,居虽近缠,而有云水相忘之乐"。又有随地势曲折布置之美。钱大昕《西溪别墅记》:"士人高尚其志,必不慕乎一时之荣,而复能收千年之报,迄今过细溪而瞻拜祠下者,流连慨慕,共仰为百世之师,而又有贤裔如豫斋者";"爰于别墅仿其名,随地势曲折而布置之,高者为堤,洼者为池,杰然者为阁,翼然者为亭,水石清旷,卉木敷荣"。苏州派园林美学思想是江南汉族士大夫传统精神的集中表现,不仅体现了苏州地区园林艺术的内涵与特色,而且从苏州辐射到更广泛的区域,拓宽了清代园林美学的领域,对当时以及后来整个江南地区园林有深刻影响,也是中国古典园林思想的精髓。

与此同时,北京皇城居中为明清两代的皇宫。从天安门、端门、午门到金碧辉煌的太和殿(又名金銮殿),初建于明永乐十八年(1420年),现存为清康熙三十四年(1695年)重建。太和、中和、保和三殿,乾清门,紫禁城内乾清宫、交泰宫、坤宁宫等后三宫的正门,处于一条中轴线上,形成严格的左右对称关系,象征着皇权的威严与至高无上。与此同时,乾隆时期,新建、扩建园林面积一千五百多公顷,分布在宫城、皇城、近郊、远郊、畿辅等地。乾隆、嘉庆是西北郊皇家园林的全盛时期,形成以"三山五园"为主的园林主体,代表了中国皇家园林艺术的精华。此外还在承德建造了避暑山庄。清代皇家园林无论在数量上或者规模上都超过明代,成为中国造园史上最兴旺发达的时期。应该注意的是,通过康熙、乾隆等帝南巡,将其所欣赏的江南(主要是苏州、杭州)景观搬至北京加以仿照,如圆明园内有仿西湖的平湖秋月、曲院风荷、三潭印月等;清漪园的总体规划以杭州西湖为蓝本,同时广泛仿建南方园林及山水名胜,如凤凰墩仿太湖、景明楼仿岳阳楼、望蟾阁仿黄鹤楼、后溪湖买卖街仿苏州水街、西所买卖街仿扬州廿四桥等,从而使南北方园林艺术得以交汇,其美学思想得以在一定程度上糅合。

二、传统园林评价与对西洋园林建筑鉴赏的糅合

中国传统园林美学思想完全是土生土长的,到清代中期,这种审美形态已经完全具备成熟的形态。赵昱父子从春草园获得的美的感受,可以用一个"雅"字概括,包括池塘清澈的佳趣雅、萧闲旷荡的闲散雅、林泉色养的花卉雅等。麟庆《鸿雪因缘图记》记叙述园林美学意境。包括山水花木:"轩前有池,跨以石梁";"旁列亭二,清水一泓";曲折幽深:"临水结屋,亭藏深谷",其园"奥如旷如","迷于往复,宜行宜坐,高楼障西,清流洄洑,竹万竿如绿海"。戈裕良把绘画、诗词、工艺美术等规律灵活地运用到叠山创作中,把自己对自然山水的认识融入叠山之中,使书画艺术与叠山艺术相互渗透,并由此创造出园林假山艺术精品。他筑的假山,别具风格,浑然一体,不需借助于牵萝攀藤,掩饰点缀,而逼肖真山。

乾隆年间,皇家苑囿建设中尤其值得注意的一事,是引进西方园林建筑因素。

乾隆十二年(1747年),在长春园北部集中建造了一批西洋形式的建筑。相传乾隆帝一次偶然见到一幅欧洲人工喷泉图样。这种利用水的压力而喷射水柱的理水方法在当时的中国园林内是从未有过的,乾隆对此深感兴趣,决定在长春园建造一处包括人工喷泉在内的欧式宫苑,于是任命西方传教士负责建筑设计,共同筹划西洋宫苑。欧式宫苑西洋楼于乾隆二十四年(1759年)大致完工,全部占地面积约百亩。由西方传教士在长春园北部集中建造了一批西洋形式的建筑。西洋楼主要包括六幢建筑物,即谐奇趣、蓄水楼、养雀笼、方外观、海晏堂和远瀛观,都是欧洲十八世纪中叶盛行的巴洛克风格宫殿样式,同时还建造了大水法。乾隆帝对此十分欣赏与得意,下令让外国使臣观看。这样,在清代的园林中出现了西方建筑,中国传统园林审美思想中糅合进了西洋的因素。

三、园林构筑理念与人文精神的糅合

传统园林审美,主要侧重于园林本身。皇家苑囿建筑的金碧辉煌、雍容端庄,苏州派园林的小巧精致、淡雅含蓄,是传统园林主要理念。如汪琬所说的"奇花珍卉,幽泉怪石,相与暗霭乎几席之下";"百岁之藤,千章之木,干霄架壑";"折而左,方池二亩许,莲荷蒲柳之属甚茂";"林栖之鸟,水宿之禽,朝吟夕弄,相与错杂乎室庐之旁。"李渔关于园林建筑美学的第一个观点,是相宜,即"夫房舍与人,欲其相称"。在这里,人处于被动地位,被要求合乎与建筑的比例。李果所叙园林:"喝月坪有古松一本,在轩之隅,盘龙虬枝,苍翠如盖";"轩曰如是,取孟子语有本之义也";"山多松、栝、枫、榆、细竹生石罅,望之蔚如。石之名有龙门、卧龙、头陀、钓鱼、蟾蜍不一,各肖所称";"又有大小石屋,其穿山洞,君易为穿云,摩崖以书。凡此皆循白云亭以度,而诸景可尽得"。而《红楼梦》中描述的大观园景色的功能,主要为塑造人物性格、揭示人物命运服务。

到清代中期,随着园林建设的发展,一方面传统的园林构筑理念得到延续,另一方面人的主体地位得到发现与发掘,更加重视园主在园林建设与思想中的中心作用,表现着"文人士大夫们更为自由的艺术观念和审美理想"。高凤翰认为构建园林倚仗人才。其《人境园腹稿记》载:园林构造"各以出奇争新,勿使雷同为要";而四时之景,"亦必变换,勿生厌观";"是在园翁主人矣"。《原麓山庄记》云:因为"唯其人才能领悟山水之乐"。"然非特其人,则山水之胜不出,而乐亦不极,而其人要惟贤而有力,旷逸而无竞于世者,为能有之,故山水之胜与人相济而能成其乐,为最难"。"嘻!丘壑之缘,兴与事偕,倘所谓贤而有力,相济而能成其乐者是耶!"王源一方面高度欣赏幽深错落、曲折盘绕、变幻多姿的美学意境,另一方面称赞"立身廊庙,栖志岩壑,故能静以御物,量广而识明,遇事凝然,一言而群疑坐定。每佳晨令节,偕群从诸子,或宾朋饮宴,赋诗度曲,登山临池,景物清美,楼台平畴,西山天寿,迤逦拱兆"。沈德潜《复园记》强调继承先人,不仅在园林方面,而且应该在道德文章方面。"予尝思古来名园,如辟疆,如金谷,如铜池,如华林,如奉诚、平泉、履道、独

乐,一切擅胜寰中者,时叠见咏歌,形诸记载,然既废以后,无人焉起而新之";"主人高祖为兵宪雉园公,雉园文章风节,养晦树德,焯焯一时,后之子孙,故当思胎前光而扬清芬","奉世泽而继述之"。

四、园林一般概括与现实批判的糅合

传统园林审美观念立足于对园林艺术的领略、鉴赏与称颂的立场上,将园林作为园主休闲抒情、冶炼情操之地,文人雅士聚会的场所,乃至园主隐居避世处。朱彝尊称颂高人雅士的作为。《秀野草堂记》云:"思夫园林丘壑之美,恒为有力者所占,通宾客者盖寡。所狎或匪其人";"吴多名园,然芜没者何限!而沧浪之亭、乐圃之居、玉山之堂、耕渔之轩,至今名存不废。则以当日有敬业乐群之助,留题尚存也。"就是说,园林之美,是追逐利禄的在朝为官者无法领略的。黄中坚记述园中有编竹:"左旧有房两楹,房亦有庭,更通之,以编竹屏其中,若断若续,加曲折焉。"又有"叠石莳花,潇洒可意"。其左右两廊,"朱栏碧槛,交相映也。右廊微广,因结为斗室,可以调琴,可以坐月,所以为斋之助者不浅。是皆叶君之丘壑也"。其春风槛外,则有"桃树新栽","明月樽前,刘郎重到,浏览之次,既悦其结构之精,又不胜今昔之感"。其完全是欣赏的语气。面对如此景色,作者感叹:"呜呼!沧桑变易,人事何常,消息盈虚,天道不爽,世有览者,其亦可以为镜矣。"

到清代中期,随着社会矛盾的加剧,在园林审美领域出现了批判的观念。其代表人物就是刘大櫆。他在游记中揭露了统治者的骄奢淫逸,及其对百姓的巧取豪夺:"昔之人贵极富溢,则往往为别馆以自娱,穷极土木之工,而无所爱惜。既成,则不得久居其中,偶一至焉而已;有终身不得至焉者焉。而人之得久居其中者,力又不足为之。夫贤公卿勤劳王事,固将不暇于此,而卑庸者类欲以此震耀其乡里之愚";"人世富贵之光荣,其与时升降,盖略与此园等。然则士苟有以自得,宜其不外慕乎富贵。彼身在富贵之中者,方殷忧之不暇,又何必胘民之膏以为苑囿也哉!"

因此,清代中期的园林美学思想,一方面沿袭传统,另一方面又得以丰富,主要是吸收了若干独特的因素,具有多方面的交叉错综与糅合特征,比起前代显示出一定的推进与深入。

第二节 叶燮等的园林美学态度

三友园,在昆山马鞍山西麓,本葛氏业,后归叶氏。康熙十四年(1675年),由李良年与徐季重经营,太仓吴扶风助之,故名三友园。清代前期的李良年(1635—1694年),原名法远,又名兆潢,字武曾,浙江秀水人。年60岁诸生,有才名,与朱彝尊并称"朱李"。游踪遍天下,至京师举博学鸿儒科,不遇。徐乾学开志局于洞庭西山,聘主分修。工诗词,著有《秋锦山房集》。其《三友园记》,谓"其为园意不在山水,殆

各有所托耳"。在抒发园林之情的同时,突出人的主体地位:"玉峰之阳,其西有池,置屋数间,短垣环匝,户设而常开,叶征君九来为予言:'此乙卯之秋,与徐隐居季重经始卜筑。助吾事者,太仓吴子扶风。遂名三友园也。'""然征君从其少日,读先世遗编,友天下士,负经世之略,而未迄于用。隐君杜门着书,有裨掌故,不慕仕进者三十年。其为园意不在山水,殆各有所托耳。徐、叶自文庄公、太仆公以来,代有传人,至于今后贤益盛炳焉,为海内所归向。盖政事文章,二百年为一日,乃复有高不仕之节,抱未遇之才,兹放于山巅水涘,两家人文,何其不易尽也? 其人其园,自此名与兹山相敝矣。"

叶燮(1627—1703年),字星期、已畦,浙江嘉兴人,幼颖悟,年四岁能诵楚辞,及长,工文,又喜吟咏,康熙九年(1670年)进士,康熙十四年选任江苏宝应知县,翌年因忼直忤巡抚,解官落职,云游四方,后归隐苏州横山讲学,世称横山先生。构小园。著有《已畦集》(图6-1)等,并有诗论。他批判明代前七子"不读唐以后书"的复古主义,强调"夫唯前者启之,而后者承之而益之;前者创之,而后者因之而广大之"。论文以能自立言为主,论诗以杜、韩、苏三家为宗。王士禎称其诗古文"熔铸古昔,能自成一家"。沈㭊惠在《原诗跋》:"自有诗以来,求其尽一代之人,取古人之诗之气体声辞篇章字句,节节模仿而不容纤毫自致其性情";"国初诸老,尚多沿袭。独横山起而力破之,作《原诗》内外篇,尽扫古今盛衰正变之肤说"。有《滋园记》、《涉园记》、《假山说》、《二取亭记》等。他不但是清前期知名文学家,在园林美学方面亦多创见。

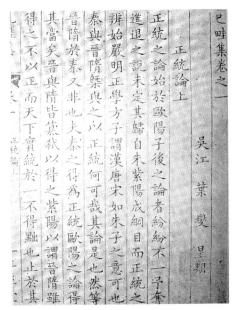

图6-1 《已畦集》(康熙刻本)

叶燮把现实现象及其外部联系和自身规律概括为"理"、"事"、"情"三个方面。"理"是事物发生、发展的规律性";"事"是天地万物的个别存在;"情"是事物各自的特殊性和个别性。一切事物都由理、事、情三者构成。他认为一切美的事物不仅有其存在的合理性(理)、形象性(事)和形象的个别性(情),而且事物的美首先依存于气的存在。人的神明是由所秉之气带来的,有神明才是有生命活力的存在,也才有美。①

就其创作而言,叶燮以"感兴"为其核心理念,其《原诗》和其他的诗论著作都贯

① 王世德主编《美学辞典》,知识出版社,1986,第174页。

穿着"有所触而兴起"的创作思想。感兴的含义是指外在物色对诗人的触发兴感，其主要特征在于偶然性和主客体的遇合。但是叶燮并非一般地论述诗人与外物的触遇兴感，而是在对主客体双方要素分析的基础上阐发其感性的创作论的。在主体方面是胸襟、才识与胆力，在客体方面则是理、事、情。从感性论的传统来看，叶燮的论述对审美主体的建构具有重要的理论意义。[1]

叶燮主张"美本乎天"、"必待人之神明才慧而见"、"孤芳独美不如集众芳以为美"等观点。美学思想集中反映在其《滋园记》。

叶燮所谓的"本乎天"，就是"本乎天自有之美"，也就是自然之美。他指出，事物的审美价值，并不在于其外在形式，而取决于对象自身的内在本质。例如"苍老"之美，"其凌云盘石之姿"职能产生松柏的"遒劲之质"，苟无松柏之"劲质"，而百卉非材，"彼苍老何所凭藉以见乎？必不然矣！"同样，"波澜之美"，"有江湖池沼之水以为之地，而后波澜为美也"。水有"空虚明净"、"坎止流行"的质地，微风拂动"，其所生的波澜才是美的。[2]《假山说》云："今夫山者，天地之山也，天地之为是山也。天地之前，吾不知其何所仿。自有天地，即有此山为天地自然之真山而已"；"今之垒石为山者，不求之天地之真，而求之画家之假，固已惑矣，而又不能自然以吻合乎画之假也"；"吾之为山也，非能学天地之山也，学夫天地之山之自然之理也"。叶燮关于"美本乎天者也，本乎天自有之美也"的思想，使我们想到他在文学方面有类似思想，他认为天下文学作品都是随所感而触发，勾勒人的自然感情。他在《原诗·内篇下》中说："盖天地有自然之文章，随我之所触而发宣之，必有克肖其自然者，为至文以立极。我之命意发言，自当求其至极者。"[3]他的园林美学与文艺美学，在这一点上可谓异曲同工。

在叶燮看来，疏密有致，蜿蜒曲折，山水相映，就是园林之美。前面写道"入门西北行，石径阔三尺，两旁皆高崖，缘崖箐筱密布，高六七八尺不等。从筱中高梧老梅，夹路倚崖，如垣如屏，崖外缭以石墙"；"路逐坂上下，坂下澄潭涟漪，杜芷藿蘼，高木荫不见天"；"濠濮馆"一带，"池面八分，以北一为馆，其余七"，"峰壑岩顶坡坪桥濑溪涧"。他写山冈"盘蹬连栈，如群马奔槽"；并有"居园中央"、"周约千步"的"希白池"，以及"濠濮馆"。崇尚"冈下有溪，微流自竹间逶迤出，三十步过"丛桂桥"下，横经桂林梅海中"，"诸溪涧池水从石梁下琤琮"。

叶燮赞扬挺拔高耸的树干："干霄拔地，俯地纷披"；榆树七株"高可十丈，荫五六亩，虬枝霜干"，"亏蔽阴森"；赞扬竹林，"绿竹万竿，如千叠云，清荫滴沥"，或"灌木蓊郁，清籁戞戞"；称赞巨石的奇异形状："一石高八尺余，径五尺余，屹然立"；又有"横石丈余补朱栏南面缺，玲珑而平，可施坐"。石或如"台"，或"蹲踞嵌空"，或如

---

① 张晶、孟丽：《叶燮感兴论的审美主体建构》，《河北学刊》2015年第2期。

② 张永昊：《叶燮美学思想述论》，《临沂师专学报（社会科学版）》1987年第3期。

③ 董就雄：《叶燮与岭南三家诗论比较研究》，中华书局，2010，第139页。

"黦",似"虎豹",或似"卧龙"。有的石头纹理"旋纹洄澓,奇骇不可名",有的"文理诡谲,复作臃肿支离状"。

邵长蘅(1637—1704年),一名衡,字子湘,号青门山人,武进(今属江苏)人,诸生,能诗文,寄情山水,与陈维崧、朱彝尊等过从甚密,客于江苏巡抚宋荦幕,选王士禛及宋荦诗,编为《二家诗钞》,古文与侯方域等齐名。慧山,亦名惠山,在今江苏无锡市西。邵长蘅《游慧山秦园记》写园林景色,表达对自然的向往与热爱。在其笔下,首先展示清新之美:游秦园,"时宿雨初霁,落英委砌,新禽弄声,龙山爽气扑人,眉睫间,苍翠欲滴";"池广袤可百尺,虹桥蜿蜿,塔影动摇,儵鱼跳波"。其次写兼具山水、平原之美:"余尝谓:探山水之胜者,必梯巉岩,缅幽壑,嗜奇者快焉,而或病其劳;去而休乎园林,展足见平池小丘,鱼鸟亲人,而乏岩壑高深之趣。兹游遂兼得之,意甚适。"再次写泉石之美:"泉瀺灂石罅中,鸣声乍咽乍舒,咽者幽然,舒者淙然;坠于池,潦然溜然";"轩阁以十数,不为厂丽,而整洁靓深,竹榻湘帘、石屏鬏几之设,在在不乏"。

潘耒(1646—1708年),字次耕,又字稼堂,吴江人,师事顾炎武,博涉经史声韵,工诗文。康熙时举博学鸿词,受翰林院检讨,参与修《明史》,后充日讲起居注官,修《实录》,因谏言而降职,嗜山水,登高赋咏,名流折服。有《遂初堂文集》等。纵棹园,在江苏宝应县城东北隅,康熙时曾任内阁中书、官至侍读的乔莱所筑。园内外皆水,水中植莲藕,并反山为土,山上下杂莳松、栝、桐、柳、桂等数百株,桃李无数,有竹深荷净之堂,洗身亭、蒻淞阁等。潘耒《纵棹园记》谓该园"水之潴者,因以为陂;流者,因以为渠;平者为潭,曲者为涧;激而奔者为泉,渟而演迤者为沼";"不叠石,不种鱼,不多架屋,凡雕组藻绘之习皆去之,全乎天真,返乎太朴,而临眺之美具焉"。

王士禛(1634—1711年),字子真,一字贻上,号阮亭,又号渔洋山人,山东新城(今桓台)人。顺治十五年(1658)进士,选授扬州推官,曾任户部郎中、国子监祭酒,官至刑部尚书。论诗创神韵说,诗为一代宗匠,与朱彝尊并称"北王南朱";亦能词。所作山水小品,语言含蓄隽永,意境淡远。著有《带经堂集》、《池北偶谈》等。其作品以"神韵"为标志,论诗以"不着一字,尽得风流"为尚,王士禛继承中晚唐以来关于韵味的美学思想,形成他的神韵说。崇尚"自然"、"含蓄"、"妙语"、"兴趣"与"神韵",人谓"神韵"派。王士禛《红桥游记》中的红桥,在扬州西郊,横跨瘦西湖上,建于明末,清时改为石拱桥,又称大虹桥。"出镇淮门,循小秦淮折而北,陂岸起伏多姿,竹木荟郁,清流映带。人家多因水为园亭树石,溪塘幽窈而明瑟,颇尽四时之美。拿小艇,循河西北行。林木尽处,有桥宛然,如垂虹下饮于涧,又如丽人靓妆袨服流照明镜中,所谓红桥也。"

平山堂在瘦西湖畔蜀冈中峰上,宋庆历八年(1048年)郡守欧阳修所建,因坐在堂内远眺南面诸山,似与堂平,故名。《红桥游记》记凭吊怀古:"游人登平山堂,率至法海寺,舍舟而陆径,必出红桥下。桥四面皆人家荷塘,六七月间,菡萏作花,香闻数里,青帘白舫,络绎如织,良谓胜游矣。予数往来北郭,必过红桥,顾而乐之。

登桥四望,忽复徘徊感叹。当哀乐之交乘于中,往往不能自喻其故。王谢冶城之语,景晏牛山之悲,今之视昔,亦有怨耶!"接着,王士禛从园林感悟人生:"嗟乎! 丝竹陶写,何必中年,山水清音,自成佳话。予与诸子聚散不恒,良会未易遘,而红桥之名,或反因诸子而得传于后世,增怀古凭吊者之徘徊感叹如予今日,未可知也。"清音,指山水自然清亮之音。文中反映各自对人生的理解,王士禛的感悟则是与自然融为一体,享受山水自然洗涤,在返璞归真的宁静中找到生命活力,显示豁达开朗的人生态度。

晋祠,在山西太原西南悬瓮山下晋水发源处,始建于北魏或更早,为纪念周武王次子、最早封晋的唐叔而建,宋、金、明等历代都有增建。祠内古建筑和其他古迹甚多,圣母殿、献殿、鱼沼飞梁皆为宋、金时旧物,古木参天,松柏环绕,兼有私家园林的婉转清雅和皇家园林的庄重宏阔。康熙五年(1666 年)二月,朱彝尊游晋祠。他在《游晋祠记》描述了园中景象:"草香泉冽,灌木森沉,儵鱼群游,鸣鸟不已。故乡山水之胜,若或睹之。"接着又追溯自己一路行程的艰难:"盖予之为客久矣。自云中历太原七百里而遥,黄沙从风,眼眯不辨川谷,桑干、滹沱,乱水如沸汤。无浮桥、舟楫可渡。马行深淖,左右不相顾。雁门勾注,坡陀厄隘。向之所谓山水之胜者,适足以增其忧愁怫郁、悲愤无聊之思已焉"。来到晋祠,"始欣然乐其乐也";"由唐叔迄今三千年,而台骀(汾水之神,有祠)者,金天氏(少昊,黄帝子,崇尚金德)之裔,历岁更远。盖山川清淑之境,匪直游人过而乐之,虽神灵窟宅,亦冯依焉而不去,岂非理有固然者欤!"

万柳堂,位于北京城东南广渠门内,为康熙间文华殿大学士冯溥别业,出自华亭张然之手,面积三十亩。园无杂树,唯有柳树,故仿元代右丞相廉希宪"万柳堂"之名而名制。后归侍郎石文桂,康熙曾幸临并赐御书额,后为寺。朱彝尊《万柳堂记》中论述园林与理政的关系:"古大臣秉国政,往往治园囿于都下。盖身任天下之重,则虑无不周,虑周则劳,劳则宜有以佚之,缓其心,葆其力,以应事机之无穷,非仅资游览燕嬉之适而已。"这是指出了园林对于逸乐身心方面的作用。

高士奇(1645—1704 年),字澹人,号竹窗,又号江村。少落魄卖文,后以才华敏赡受宠于康熙,初供奉内廷,迁内阁中书,屡擢至少詹事。曾因结党揽权被劾。后擢礼部侍郎,未赴。著有《清吟堂全集》、《北墅抱瓮录》等。

江村草堂,园名,在浙江平湖北门外,旧址为明代冯洪业之耘庐,入清先属陆氏,康熙间归高士奇,筑为别业,一称北墅,而取名江村,则示不忘老家姚江(今浙江余姚)。园内连山复林,植梅三千株。园内有江村草堂建筑,以及兰渚、瀛山馆、红雨山房、花南北水之亭等三十二景。高士奇《江村草堂记》记述篁竹幽静之美:"草堂之西,疑无径路,忽由小室婉转而入,有堂爽朗";"堂前瘦石数拳,凤尾竹三、五丛,如管道升横卷(赵孟頫妻管道升善画竹石)";"墅中处处皆竹,自'金粟径'折而东上,修篁蒙密,高下皆林。梅雨后、新梢解箨,绿粉生香,弥覆川坞,所谓'非亭午夜分,不见曦月'。每一独往,幽啸忘归";"竹木丛荫,阒若幽溪。梅雨涨时,泛小舟行游其间,浅翠娇青,笼烟惹雾,仰瞩俯映,弥习弥佳";"若雪压寒梢,云迷野径,荒凉苍莽,尤深人情。"并将其拟人:"秋来花绽,如幽人韵士,虽寂寥荒寒,味道之腴,不改其乐,可谓岁寒矣。"

邋园,在江苏嘉定南翔鹤槎山西,晚明张崇儒构创,有老桂树四十株,间有梅杏,花时一林黄雪,香闻数里,并筑招隐亭,为程嘉燧、李流芳等名士觞咏处。至清乾隆时已废。

康熙间杨世清《邋园耆英诗序》首先写花卉:溪北三里,张氏邋园在焉,真幽人之居也。"五十年来,园屡易主,为主人者,且未必朝夕于斯,宜乎游躅罕至。意昔之供人茂对者,渐芜没于寒烟灌莽中矣。乃物不瞩于耳目,反得谢喧嚣而养天和。所谓数十株者,固已干霄合抱,偃蹇连蜷。花时一林黄雪,香闻数里。予时一寓目,窃叹前辈燕游,未遘此盛;今盛矣,而不逢骚人墨士为之婆娑吟眺,虽咫尺红尘,与寂寞空山等耳。若其树之古,花之繁,林之密,恐邓尉砚石亦当逊此。"

接着写人:"噫!人生少而壮,壮而衰,迨乎鬓霜髭雪,幡然愆矣,卒未有以自异于侪伍,视此桂之老而益荣,久而弥芳,令人乐就而不敢昵,其相去何如哉!虽然,是花也,避艳阳而迎秋爽,小山丛桂、淮南招隐之所为作也,则夫游赏自与老人为宜。予屡欲偕耆年过之,每届花候,辄以他阻。"于是邀诸老"舣舟北郊,载酒挈榼,席于树下,绿阴为幕,深沉高敞,花未全放,而香风满襟,顾而乐之,献酬交错,分韵啸歌,盖坐而忘归焉。昔香山洛社,彼皆名位与齿德齐,故千秋传为盛事。"

涉园,当时有二。一在海盐县城南三里乌夜村,为清初张惟赤所创。张惟赤,顺治进士,累官礼科、刑科给事中。三藩之乱,廷议加赋,他不赞成,去官归,筑涉园。园毁于太平天国时期。另一在苏州娄门新桥巷东,清顺治年间保宁太守陆锦所筑。园广约十一亩,三面临流,有得月台、畅叙亭等,朴素自然。后为崇明祝氏别墅。光绪间归曾任安徽巡抚的湖州人沈秉成,加以增筑,其中间为住宅,其东西两面为花园,改名耦园(耦与偶通)。耦园以小见大,建筑和园林布置精到。布局上吸收常见的以山水为中心的小园手法,又有创意。

张英(1637—1708年),字敦复,号乐圃,安徽桐城人,康熙六年(1667年)中进士,累迁礼部尚书,历充国史总裁官,授文华殿大学士兼礼部尚书,以老病乞休,平生好看山种树。著有《笃素堂诗集》等。其《涉园图记》所述为海盐涉园,第一论述园中山石泉水之美:"希白池淳泓涵蓄,其源来自山岩间,琤琤曲折,为滩为渚为桥为涧,穿林度壑,随处可赏,则水泉胜也。翠照流波,诸峰备极奇诡,高者触云,低者临水,苍藓绣涩,紫苔斑斓,则石胜也。"第二记载园中树木之美:"松杉柽柏,皆可合围,海棠可荫广庭,老梅修桐,随地皆有,美箭十亩,古桂百丛,翠色干云,苍烟蔽日,则林木胜也。"第三述园中建筑之美:"然后为深堂邃阁,曲磴长廊,以襟带乎其间。"第四述海景之美:"又且地临渤海,望接沧溟,登台遥瞩,紫澜万状,沐日浴月,番樯海舶,出没于几席之间,岛屿沙湾,隐现于帘棂之际,此又涉园之所独,而非他园之所能兼有者也。"第五述人物:"皓亭官于朝,不能朝夕居此园,而绘图置诸左右,不忘先德也,不忘山林也,不忘故乡也。"接着,作者笔锋一转,表达自己的思念:"予有田一区,茅屋数间,在龙眠山中,薄有溪光山色,手种松桂,皆不及拱把,而犹念念不能释;况皓亭之于涉园哉!其绘藻为图,形诸吟咏,以纾其欲见之忱,固其宜也。"

尤其值得注意的是,张英在《涉园图记》中评价了园林美学要素:"自昔论园林之胜不能兼者六事:务宏敞者少幽邃;人力胜者罕苍古;具丘壑者艰眺望。欲兼此数者则又有三:一曰水泉,一曰石,一曰林木。而台榭堂室不与焉。"这是他的园林美学评判标准。他认为兼有以上诸要素,才算得上园林美。但是要兼具上述因素十分难得:"洪波清流,容与浩渺,澄潭曲沼,萦回映带,最为增胜;然城郭之间,非可力致。波非有源,易涸易淤,则水泉难。奇峰崒嵂,怪石嵚崟,龙蟠虎攫,鸾翔鹤骞,空庭曲径,林下水边,最为宜称;然千里求之不易,百夫运致为劳,则石难。乔柯古木,臃肿轮囷,干挺十寻,阴笼数亩,园林得此,如端人正士,垂绅正笏于岩廊之上,又如古君子仙人相与晤言寝处,可瞻仰而不可亵玩,风雨寒暑,皆作异态,洵园林之宝也;然非养之百年,贻之奕世,则不可猝得,东坡有'仓皇求买万金无'之叹,则林木为尤难。能兼此三者,然后六事不谋而集,吾仅见之涉园图耳。"

第三节　杭州湖光山色的诗画意境

杭州为中国著名古都,尤其是西湖景色名闻遐迩。古代西湖曾与钱塘江相通,是一个浅水湾,后被泥沙淤塞而成为湖。西湖以山峦为背景,经过历代美化和疏浚治理,成为中外驰名的山水胜景。早在唐朝,白居易就留有诗篇:"未能抛得杭州去,一半勾留是此湖。"北宋苏轼两度在杭州为官,更有名句:"若把西湖比西子,淡妆浓抹总相宜。"西湖一泓碧水,波光粼粼;群山环抱,苍翠浓郁,加上围绕西湖的众多的古迹名胜、诗文书画、名人传说,更把西湖妆点得神奇秀丽。清代对西湖屡经疏浚整治,尤其是康熙与乾隆多次南下江南到杭州,康熙到杭州5次,为西湖题写十景;乾隆到杭州6次。杭州园林围绕在西湖四周,与西湖山水连成整体,地域平坦开阔,芳草绿茵,绚丽多彩。都给西湖增添了人文景观。西湖一带的湖光山色,也成为江南特色明显的园林景色。目前,西湖山水名胜园林范围可达五十余平方公里,湖上及环湖一带山水间景点荟萃,分布主要景点及风景区四十余处。

杭州的湖光山色之美,用"诗情画意"四个字来表述是最恰当不过的了。而杭州的园林,又大多分布在西湖周边,以自然山水为背景,与自然及历代人文有着特别密切的关系。和前代一样,清代文人留下许多诗文作品。他们充分发挥想象力,使用最奇特与浪漫的文句,从不同侧面鉴赏西湖,评说西湖周边的园林景色,充分展示了西湖园林的魅力。

综述西湖景色的如厉鹗(1692—1752年),字太鸿,号樊榭,浙江钱塘(今杭州)人,喜游山水,为浙西词派重要作家。著有《房榭山房集》、《西湖诗词丛话》等,曾受聘为《西湖志》分修等。其《谒金门(七月既望,湖上雨后作)》描述西湖景色:"凭画槛,雨洗秋浓人淡,隔水残云明冉冉,小山三四点。艇子几时同泛,待折荷花临鉴。日日绿盘疏粉艳,西风无处减。"秦保寅,生卒年不详,字乐天,无锡人。家富藏书,好宾客,工诗,能医。其《西湖竹枝词》:"西湖湖水映虚空,一幅鲛绡烫贴工。纵有微风吹不乱,青山织在浪花中。"以上诗篇,简直就是风景画。

朱纲,生卒不详,字子聪,山东高唐人,贡生,曾任湖南布政使、云南巡抚等,有诗名,著有《苍雪山房稿》等。其《春暮泛西湖》写湖岸:"岸柳拖新绿,湖波漾晓晴。山从云外合,舟向镜中行。密树藏僧坞,轻烟绕郡城。傍人指古迹,到处欲题名。"梁绍壬(1792—?),字应来,别号晋竹,钱塘县人,道光举人,曾任内阁中书,有《两般秋雨庵随笔》。有文写西湖暮色曰:"余尝暮游湖上,水色山光,深浅一碧,红霞如火,岸桃俱作白色。欲写之,苦无好句。偶读孙子潇太史诗,云'水含山色难为翠,花近霞光不敢红',适与景合,真诗中画也。又尝夜登吴山,风月清皎,烟雾空蒙,颇惬游骋。"所谓"适与景合,真诗中画也",正好表达了作者对西湖的审美准则。沈金生,道光间在世,字云波,浙江仁和(今杭州)人,其《夜泛西湖》则写西湖夜景:"飞飞小艇欲凌空,花港西头柳浪东。消受水晶宫世界,三更明月五更风。"

湖心亭位于外西湖中央,小瀛洲北面。湖心亭是湖中三岛中最早营建的,明初称湖心寺,嘉靖、万历年间先后加以改建,称湖心亭,为一座宫殿式楼阁。陈璨,生活于清乾隆年间,泰州(今属江苏)人,其《湖心平眺》从苏轼的"淡妆浓抹总相宜"化出,写湖心亭:"西湖只说雨晴宜,何事偏忘看月时。夜静湖心亭上望,水晶盘涌碧玻璃。"周起渭(1665—1714年),字渔璜,又字载公,号桐野,贵阳人。清时在杭州为官。其《西湖夜泛》鉴赏西湖夜色,充分发挥了想象力:"天边明月光难并,人世西湖景不同。若把西湖比明月,湖心亭是广寒宫。"王纬《同人集湖心亭》说:"环绕玻璃色,湖光似镜开。一亭含万象,四面绝纤埃。暑向波心散,风从水上来。虚中无障碍,神会独徘徊。"

著名的西湖十景有:南屏晚钟、柳浪闻莺、曲院风荷、平湖秋月、三潭印月、苏堤春晓、花港观鱼、双峰插云、雷峰夕照、断桥残雪。

(一)南屏晚钟,指南屏山净慈寺傍晚的钟声,南屏山在杭州西湖南岸、玉皇山北,九曜山东。主峰高百米,林木繁茂,石壁如屏,北麓山脚下是净慈寺,傍晚钟声清越悠扬。北宋画家张择端曾经画过《南屏晚钟图》。历代多次兴废。全祖望(1705—1755年),字绍衣,号谢山、双韭,浙江鄞县人,雍正七年(1729年)贡生,乾隆元年(1736年)举博学鸿词,进士,选庶吉士,以知县候选,不复出,主讲蕺山、端溪书院,为士林仰重。上承黄宗羲之学,为浙东史家,贫病而著述不辍,记明末遗民志士事迹,尤有价值。著《鲒埼亭集》等。其《小有天园记》云:"杭之佳丽以西湖,西湖之胜,莫如南屏,南屏之列峰环峙,而慧日为之尤。陟欢喜岩,至琴台,有司马公磨崖之隶书,怪石嘉植不可以名状也。登其巅,重湖风景了然在目。相传百年以前,诸老之园亭池榭尽在其闲,今不可复问。而日新而未艾者,曰汪氏之小有天园。"

（二）柳浪闻莺（图6-2），位于西湖东南连绵一公里多的濒湖地带，园地面积达二十多万平方米，以柳枝摇曳、莺啼婉转为特色，故名。李卫（1686—1738年），表字又玠，砀山（今属安徽）人，曾任浙江巡抚，主编过《西湖志》。《杭州西湖十景图咏》[1]载李卫《柳浪闻莺》："建亭构舫，平临湖曲架石梁于堤上，柳丝跐地，轻风摇飏，如翠浪翻空。春时黄鸟睍睆，流连倾听，与画舫笙歌相应答焉。"

图6-2　柳浪闻莺（清代董诰绘）

（三）曲院风荷，位于西湖东北侧湖岸，原称"麹院荷风"，因宋代当地有一家酿造官酒的曲院而得名，仅一碑一亭半亩地。清康熙时，改"麹院"为曲院，改荷风为风荷，并立碑建亭。许承祖，生卒年不详，号复斋，浙江海宁人，旅居杭州，清代诗人，喜游西湖山水，有《西湖渔歌》三百余首。其《曲院》诗："绿盖红妆锦绣乡，虚亭面面纳湖光。白云一篇忽酿雨，泻入波心水亦香。"陈璨《曲院风荷》诗："六月荷花香满湖，红衣绿扇映清波，木兰舟上如花女，采得莲房爱子多。"又说，当时在宋代旧址上，"平临湖面，环植芙蕖，引流叠石，为盘曲之势"；"并构亭于跨虹桥之西，轩槛玲珑，池亭窈窕。花时香风四起，水波不兴，绿盖红衣，纷披掩映，穆然如见南风解愠时也"。

（四）平湖秋月（图6-3），位于白堤西端，背倚孤山，面临外湖。南宋时被列为西湖十景之三，元代又称之为"西湖夜月"而列入钱塘十景。因每当清秋气爽，西湖湖面平静如镜，皓洁的秋月当空，月光与湖水交相辉映，颇有"一色湖光万顷秋"之感，故名。南宋时平湖秋月并无固定景址，而以泛舟湖上流览秋夜月景为胜。康熙三十八年（1699年），巡幸西湖，御书"平湖秋月"匾额，从此，景点固定。李卫《平湖秋月》云："西湖十景，首平湖秋月。盖湖际秋而益澄，月至秋而愈洁，合水、月以观，而

---

① 高晋等辑：《钦定南巡盛典》卷一〇二，乾隆三十五年（1770）刻本。

全湖之精神始出也";"前为石台,三面临水。旁构水轩,曲栏画槛。每当秋清气爽,水痕初收,皓魄中天,千顷一碧,恍置身琼楼玉宇,不复知为人间世矣"。

图 6-3 平湖秋月

　　(五)三潭印月,为石塔倒映月光形成,在西湖小瀛洲我心相印亭前。北宋苏轼疏浚西湖,在湖面上建立三石塔为标志。后毁。明天启元年(1621年)补建。塔高约两米,塔身中空,球面有五个圆孔。每当皓月当空,塔里点上蜡烛,其圆形亮光倒映水面,与天空明月相映,故名。《杭州西湖十景图咏》称:"旧湖心亭外,三塔鼎立,相传湖中有三潭,深不可测,故建浮屠以镇之。塔影如瓶,浮漾水中,月光映潭,影分为三。绕潭作埂,为放生池,内置高轩杰阁,度平桥,三折而入,空明宦映,俨然湖中之湖。"许承祖《三潭》:"离心湖心鼎足立,水天合璧影团圆。月前雨后凭谁写,雪色波光卵色天。"

　　(六)苏堤春晓,位于西湖西侧,全长二点八公里。北宋元佑四年(1089年),苏轼任杭州知州时组织民工疏浚西湖,利用淤泥葑草垒筑而成,南起南屏山麓,北到栖霞岭下,全长近三公里,长堤卧波,堤有六桥,给西湖增添了一道妩媚的风景线。后人为纪念苏轼功绩而名。南宋时,苏堤春晓被列为西湖十景之首,元代又称之为"六桥烟柳"而列入钱塘十景。"苏堤春晓"景观是指寒冬一过,苏堤便犹如一位翩翩而来的报春使者,杨柳夹岸,艳桃灼灼,更有湖波如镜,映照倩影,无限柔情。《杭州西湖十景图咏》将苏堤春晓列为十景之首,称:"春时晨光初启,宿雾未散,杂花生树,飞英蘸波,纷披掩映,如列景谱秀。览胜者,咸谓四时皆宜而春晓为最。"

　　(七)花港观鱼,是由花、港、鱼为特色的风景点,地处花家山前,苏堤南段西侧。原有溪流在此注入西湖,因名花港。宋时,内侍卢允升在此建有卢园。南宋时已有花港观鱼之名。经扩建,全园分为红鱼池、牡丹园、花港、大草坪、密林地五个景区。与雷峰塔、净慈寺隔苏堤相望。红鱼池位于园中部偏南处,是全园游赏的中心区域。池岸曲折自然,池中堆土成岛,池上架设曲桥,倚桥栏俯看,数千尾金鳞红鱼结队往来,泼刺戏水。《杭州西湖十景图咏》:"水通花家山,故名花港。因宋时废园凿池甃石,引湖水注其中,畜异鱼数十种,并建楼于花港之南,飞甍倒水,重檐接霄,方池一斧,清可见底。扬鬐鼓鬣之状,鳞萃毕陈,虽濠濮之间,无以踰此。"

(八)双峰插云,巍巍天目山东走,其余脉的一支,遇西湖而分弛南山、北山,形成环抱状的名胜景区,两山之巅即南高峰和北高峰。流云霞鹤,气象万千,古时均为僧人所占。山巅建佛塔,遥相对峙,迥然高于群峰之上。春秋佳日,岚翠雾白,塔尖入云,时隐时现,远望若仙境一般。自西湖舟中远观,景观独标一格。南宋时,两峰插云成名并跻身西湖十景之列。《杭州西湖十景图咏》谓双峰插云:"在九里松行春桥湖上,诸山层峦叠嶂,蜿蜒蟠结,列峙争雄,而两峰独高出众山,为会城之巨镇。每当云气荡郁,时露双尖,望之如插,故称两峰插云";"春秋佳日,凭栏四眺,俨如天门双阙,拔地插霄,暧霼祥云,随风舒卷,益微太平云物之瑞应云"。陈璨《双峰插云》诗:"南北高峰高插天,两峰相对不相连。晚来新雨湖中过,一片痴云锁二尖"。

(九)雷峰夕照,在静慈寺北峰,自九曜山,逶迤起伏,为南屏支脉,相传曾有雷姓在此筑庵居住,故名"雷峰"。五代时钱弘俶建塔于此。1924年雷峰塔倾倒,近年重建。山上万树葱茏,塔影横空,为西湖胜景。《杭州西湖十景图咏》谓其景:"每当日轮西映,亭台金碧,与山光互耀,如宝鉴初开,火珠半坠,虽赤城霞不是过也。"许承祖《雷峰塔》:"黄妃古塔势穹窿,苍翠藤萝兀倚空。奇景那知缘劫火,孤峰斜映夕阳红。"

(十)断桥残雪,西湖上著名的景色,以冬雪时远观桥面若隐若现于湖面而称著。属于西湖十景之一。断桥的石桥拱面无遮无拦,在阳光下冰雪消融,露出了斑驳的桥栏,而桥的两端还在皑皑白雪的覆盖下。依稀可辨的石桥身似隐似现,而涵洞中的白雪奕奕生光,桥面灰褐形成反差,远望去似断非断,故称断桥。《杭州西湖十景图咏》:"凡探梅孤山,蜡展过此。每当六出飞霙,葛岭东西,悉琼林瑶树,晶莹朗澈,不啻玉山上行。"袁枚《月夜断桥独坐》诗:"一轮月,一个我,半夜断桥相对坐。湖光明月月增清,月色当湖湖更大。满湖烟起将山蒸,山容若睡唤不应。我亦下桥觅归路,紧认僧庵一点灯。"

除了东面以外,西湖其他三面都有山峦,山间幽深,竹木阴翳,溪水淙淙。王文治(1730—1802),字禹卿,号梦楼,丹徒(今镇江)人,乾隆二十五年(1760)进士。曾任云南临安(今建水)知府,书法家、文学家,曾任杭州西湖崇文书院掌教,居湖上,自号"西湖长"。有《梦楼诗集》《赏雨轩题跋》等。其《凤篁岭竹》谓"龙泓(指龙井)南与虎跑邻,三面青山绝点尘。记度凤篁千尺岭,绿荫竟日不逢人。"王纬《雨中赴天竺》:"三竺空蒙里,四围烟霭中。湿添山树碧,润滴水花红。扐滑行幽径,迎凉坐梵宫。灵峰知我意,一雨快农功。许承祖《十八涧》:"苦径弯环拥帝青,涧中流水碧冷冷。四山清响因风急,远送林钟空外听。"吴锡麟(1746—1818),字圣徵,号榖人,钱塘(今杭州)人,工诗词。晚年归里。其词《春从天上来(初阳台观日出)》极力渲染登高远眺的晨景:"台古山空,暮唱起天鸡,烟散蒙蒙,光生远岫,影入长空,扶桑万里霞红。早一轮端正,和海色飞出天东。隔前林,听鸦声才动,樵语旋通。苍茫俯看尘世,正梦绕行云,晓睡都浓。露洗凉衣,风欲欹帽,何人画我支筇?尽染成秋意,休更数冷淡江枫。荡心胸,现群峰璀璨,金碧芙蓉。"

清代以不同形式、不同角度描述西湖的诗文很多,表达了人们对西湖的湖光山色、历史人文的迷恋与赞颂之情。

第四节　刘大櫆对"朘民膏以为苑囿"的批判

美的本质是什么?"美是客观的也就是指自然界和社会中一切事物的美是不依赖于主体、不依赖于人、不依赖于人类的客观存在的性质,是美的感受和美的创造的根源。自然美在于客观存在的自然事物自身,社会美在于客观存在的社会事物自身,艺术美同样在于作为客观现实存在的艺术作品本身。作为不依赖于人的意识、不依赖于鉴赏者而独立的客观实在,它们只能是客观的。"[①]

天真自然,纯以拙胜,是传统园林美学思想家的追求。无论是李渔的"宜自然不宜雕琢",还是《红楼梦》的"有自然之理,得自然之气",或者是沈德潜的"萧然泊然"、"闲旷"及"山林之性",都是说的园林艺术必须效法自然规律,符合自然逻辑,体现淳朴稚拙的自然之气。

作为传统园林的审美,清代中期的其他一些园林人物,包括陈元龙、高凤翰等的美学思想,都体现了这个特色。

陈元龙(1652—1736年),字广陵,号干斋,浙江海宁人,康熙二十四年(1759年)进士,授编修,累擢广西巡抚,官至文渊阁大学士兼礼部尚书,工诗,著有《爱日堂诗》等。海宁城西北隅多陂池,昔有隅园。岁久荒废,陈元龙曾就其故址为之补植竹木,重葺馆舍,冀退休归老。康熙十一年(1733年)春,因衰病且笃,具疏请致仕获允,因其"初心之获遂也",故名其园曰"遂初园"。

其《遂初园诗序》写该园风光。

迤东有楼,四面曲折,曰十二楼,与城隅花墅相接。园之西,尚有隙地为鱼池,为菜圃,可供朝夕之需。此遂初园之大概也。园无雕绘,无粉饰,无名花奇石,而池水竹木,幽雅古朴,悠然尘外。老人随意所之,游览既毕,良辰佳夕,可以觞咏,可以寢歌,因各系以诗焉。

---

① 蔡仪:《美学原理》,湖南人民出版社,1985,第30页。

"水光澄澈",呈现清澄。"阶前文石,有流觞曲水之致。东曰浮槎,跨水如舟,临岸多蔷薇屏、葡萄架。西曰澄兰馆,西池宽广,水光澄澈;池中有一亭曰烟波风月之亭,凌空凭眺,晴雨皆宜。中间有楼五间,曰逍遥楼。前俯平冈,种牡丹数十本。北槛倚清流,对面梅花满山麓间。"

"林木郁葱",呈现浓荫。山冈之南有环桥,桥南"皆种桃杏,花开时仿佛武陵溪畔。桃山之南,桂树数百株,高下茂密,中有亭,曰天香坞,极小山丛桂之胜。旁有小阁曰群芳阁。登阁,则梅、杏、桃、李、桂花,皆在目前。从山根折而东,曲桥宛转如长虹,可通于环碧堂。再折而南,有曲涧,夹岸石壁,松柏交荫。由环碧堂以通于南池,中隔高阜,林木郁葱,俨然峻岭";"池南修竹之中,有亭曰南涧亭,北望林烟山翠,如列屏障"。

"回廊绕之",呈现曲折。"园本近市,经曲巷,忽见茂林修竹,即园门也。入门,屋三楹,曰'城隅花墅'。有长廊曰'引胜',旁倚修陂,皆种梅花。循廊而西,有一大池,望见亭宇在水中央,平桥横亘,曰'小石梁'。过桥,有古藤小树临水,回廊绕之,中峙一堂,曰'环碧堂'。广庭面沼,水色林峦,回环左右。堂之右曰清映轩。"

高凤翰(1683—1749 年),字西园,自号南阜山人,胶州人,工书画,博学术,早为王士禛所称。以诸生举贤良,历任县丞、县令,有政声,后罢归,贫病而卒。著有《南阜山人诗集》《原麓山庄记》《人境园腹稿记》等。

高凤翰写山水之乐。"人世百有之乐无如山水,不丝竹而音,不藻采而色,不盐梅修脯茗醴薰饮而味,一仰一俯,拾而取之,有余乐矣。"尤其是"修篁古木,幽泉怪石,络绎相属,目不给赏。而所居草堂,尤据其最,堂奥而广,护以眉廊,廊壁外延,长松亘岭,公则可壁凿窗,横连如卷,每一庋启,万绿森列,萦朝霞,拂夕翠,金碧之精,沁人心目";"出庄不数武,即涧壑岸,径纷垄,蜿蜒四走,水竹交荫,与天混碧,苍雪夏寒,温泉冬燠,奥如旷如,两绝人境"。

高凤翰强调园林构成的多样和适应实际需要。"大略园中之物,各有所宜。如墙则外之东西巷宜薜荔,南宜荼蘼。内西墙宜砖花砌。内北墙宜编竹。其桥则有宜石版、木版、略彴、蜂腰,或用槛,或不用槛。其石则或宜巧或宜拙,宜块宜片,宜色宜素,又或直矗,或偃卧,或欹斜而婆娑,或整齐而端重";"又尝于村边得小阜,廉隅正方,四周如削,古松虬盘,纵拏横攫距其上。公则置亭翼槛,使可凭眺,以收异境。其诸设施,类非寻常识趣所能营度"。

高凤翰同时认为人是园林的主体,构建园林应该倚仗人才。园林构造"各以出奇争新,勿使雷同为要。而四时之景,与其方隅,亦须先有全算,始足以备观览;举此遗彼,缺略荒陋,未善也。至其中所用栏楯、窗槅、几榻器具,亦必变换,勿生厌观";"是在园翁主人矣"。因为"唯其人才能领悟山水之乐"。"然非特其人,则山水之胜不出,而乐亦不极,而其人要惟贤而有力、旷逸而无竞于世者,为能有之,故山水之胜与人相济而能成其乐,为最难"。"噫!丘壑之缘,兴与事偕,倘所谓贤而有力,相济而能成其乐者是耶!"

而刘大櫆的园林思想则是另一个类型。

刘大櫆(1697—1779年),字才甫,一字耕南,号海峰,又因通晓医术,自号医林丈人,安徽桐城人。早年在家乡设馆授徒,二十九岁进京应试,拜谒方苞,方苞对其文章惊叹不已,呼为当代韩欧。然科场屡试不第,穷愁潦倒,六十岁以后被荐为安徽黟县教谕,不久便告老还乡,提倡古文,为桐城派重要作家。善古文,上承方苞,下启姚鼐。其游记散文,多为山水长卷,色彩斑斓,才雄气肆;山水小品,着墨不多,气韵自胜,境界独出,别树一帜。他强调天威"浑然无知"者,天地日月、山川人物的形成窦不受"天"的主宰,世间万物有其自身发展规律,从而质疑封建传统观念。著有《海峰文集》等。

刘大櫆的《游百门泉记》重点描述泉水的清澈:"辉县之西北七里许,有山曰苏门山,盖即太行之支麓。而山之西南,有泉百道,自平地石窦中涌而上出,累累若珠然,《卫风》所谓泉源者也。汇为巨浸,方广殆数百亩。"接着,刘大櫆笔锋一转,写水之灵动。他赞颂自然界的灵气和馈赠:其卫泉神祠西有百泉书院,"其水清澈,见其下藻荇交横蒙密,而水上无之。小鱼虾蟹无数,游泳于其中;狎鸥驯鹭,好音之鸟,翔集于其上。有舟舣其旁,可棹"。这是一幅多么生动的水墨画。接着又写:"亭前为石桥。过而东南,为屋三间者二,皆夹窗玲珑,石户障其南。"尤其令人称奇的是,"水自户下出,其流乃驶,溉民田数百顷,世俗谓之卫河"。山间泉水浇灌了林木,为人们提供生活水源:"其东北岸上有佛寺,甚宏丽。寺西有卫泉神祠。祠西有百泉书院。明万历时县令纪云鹤筑亭于水之中央。其亭三室,室重屋,可远眺望。亭外,廊四周。廊之内,老柏十数株蔽日,长夏坐其内,不知有暑也。"

《左传·昭公元年》说:"先王之乐,所以节百事也。"《国语·楚语上》说:"夫美也者,上下、内外、小大、远近皆无害焉,故曰美。若于目观则美,缩于财用则匮,是聚民利以自封而瘠民也,胡美之为?"汪琬曾经批评"吴中园居相望,大抵涂饰土木,以贮歌舞,而夸财力之有余,彼皆鹿鹿妄庸人之所尚耳,行且荡为冷风,化为蔓草矣。何足道哉"式的奢靡庸俗。和一般的园林美学思想家不同,刘大櫆把论述园林之美引导至揭示当时普遍存在的社会矛盾与社会对立,借园林建造批判统治者横征暴敛,穷奢极欲。他曾揭露"乘时窃位者,怙宠立威,贪婪无厌"。就其贪而言,"在国则掊其国之所有,以归于一家";就其酷而言,"见稍异于己者则黜之,甚至夷灭其宗族"。官场上"以豁刻为能","以相媚悦为能",于是"世俗日益偷,竞为美软"。[①]

刘大櫆进而在《游万柳堂记》中说:"昔之人贵极富溢,则往往为别馆以自娱,穷极土木之工,而无所爱惜。既成,则不得久居其中,偶一至焉而已;有终身不得至者焉。而人之得久居其中者,力又不足以为之。夫贤公卿勤劳王事,固将不暇于此,而卑庸者类欲以此震耀其乡里之愚";"人世富贵之光荣,其与时升降,盖略与此园等。然则士苟有以自得,宜其不外慕乎富贵。彼身在富贵之中者,方殷忧之不暇,

① 刘大櫆:《刘大櫆集》,上海古籍出版社,1990,第4～5页。

又何必朘民之膏以为苑囿也哉!"他的批判锋芒,直指统治阶级。

刘大櫆还着力写人生靡常,感叹怀才不遇。《游百门泉记》云:"昔孙登尝隐此山,阮籍诣之,不言而啸。呜呼! 使余不幸而生于登之时,其践履亦将与登同焉? 登谓嵇康曰:'子才多识寡。'而其后康果见杀。虽然,使登不幸而与余同,欲买山而无其力,孰使之长居此土焉? 然则隐者之生于世,而又有幸不幸邪? 余自幼读《诗》,知卫有泉源,稍长又知泉上有苏门山,思一见之无由。今老矣,乃得终日憩息于此,是则余之幸也已。"

刘大櫆揭露和批判统治者暴政及由此造成的社会不平等的论述,虽然在当时的条件下,尚未触及社会的本质问题,但已经是其园林美学思想的主要意义和亮点所在。它深化了清代园林美学思想的内涵,为其注入新的活动,拓展了园林美学思想的领域。

第五节　赵昱、王源与管同的审美理念

赵昱、王源与管同,都是清代中期园林美学思想的中坚人物。他们的审美思想均源于苏州园林派,而又各弘其旨,显示不同的侧重。

赵昱(1689—1747 年),原名殿昂,字功千,号谷林,浙江仁和(今杭州)人,贡生。乾隆元年(1736 年)荐试博学鸿词不成。家有小山堂,藏书甚富,与扬州马曰管丛书楼齐名;筑春草园,与名流觞咏。全祖望称其所作"其气穆然以清,其神游然以莹,其取材浩乎莫穷,其别裁盖一师一家之可名叶"。著有《爱日堂吟稿》、《小山堂唱酬集》。所撰《春草园小记》反映其园林美学思想。

春草园,在杭州褚家塘东北,为赵昱兄弟先人庐屋,相与栖息,供奉老母。子妇孙曾,聚处一门,以守素业。居之西偏,有小园约五亩余,由其先人昔年创构,养疴其中,由赵昱兄弟少加修葺,名春草园,取"寸草撷春晖"之意。园中小山堂以藏书之富而闻名;园内另有二林吟屋、倚楼、染春源、三十六鸥亭等。赵昱子赵一清则有《春草园小记跋》。

赵昱父子从春草园获得的美的感受,可以用一个"雅"字概括。

(一) 池塘清澈的佳趣雅。"春水方生,碧色如染,文鱼可数,佳趣殊绝";"西池:池可三亩余,又凿其阴,令屈曲围绕,环植杨柳、芙蓉、芦苇,春风骀荡,秋雨扶疏,月落水平,荷香四起";"水底如铺锦罽焉。赤鲤径尺,晚波拨剌,响震幽谷";"池沿芦叶、荷花、荇藻交横,文鱼游泳。"

(二) 萧闲旷荡的闲散雅。"园中池馆台榭,竹屏药圃,因地位置,即物寄意,分记如左,披览一过。迹虽近市,而朝烟夕月、朋展琴尊,放佛尘外之趣。散带负手,意行独来,萧闲旷荡,不烦遐索;而色养友于之乐,又借天之所俾,不吾菲薄,缘日涉以记之"。

（三）林泉色养的花卉雅。"先君子雅意林泉，暮年色养无违，杜门却扫。屋舍西偏，有小筑，曰春草园，丘壑具焉。庭前列植古梅、桂树数十本，杂以栝、柏、梧桐、安榴、棕、笋，复数十株，竹竿千个，绕池疏柳依依"；"小草如白海棠、翠云草、黄蔷薇、白丁香之属，并皆佳品。落伽雪藕之栽，素心蜜梅之气，时时见于篇咏。烟扉雨砌，薙草抉花，与园丁共挽溉"。

（四）位置天成的自然雅。如南华堂"庭前古梅数十本，后植桂树，水周堂下，一丘一壑，位置天成"；"松石间。山有栝子松二株，青苍幽翳，谡谡风涛，恍如隔水笙簧"；"水边林下，置小亭于山巅，梅花开放，下浮如雪，清池环碧，园中绝胜处也"；"小一洞天。石洞幽邃，仿佛飞来龙泓"。

（五）登高望远的疏朗雅。"天月楼即于'山楼'更上一层，杰阁凭虚，倚阑四眺，南则吴山，丛树可数，隔江诸峰，列如画障。其西，两山耸秀，宝石浮图，直几案间物耳。值天高朗霁，或雨过遥青，迤北层峦叠嶂，飘渺天际，乃东、西天目也。目欲以穷，而境藏无尽"；"东则江、海环汇，旷远杳冥，海门一角，孤撑霞外，时隐时见"。

（六）最后是煮茶饮醪的清谈雅。"性乐友朋，二三选言稽古之士，往还杂说故事、征字类，聊与嬉娱。倘田畯相过，亦剧谈稼穑。每好煮茶论文，有饷遗五渚、七闽，泛湖越峤，裹箬而至者，贮以筊筒，承以石粉，虽久，色香不改。客来，涤器勺泉，领略清味，以故谢人惠茶之什最伙。饮少辄醉，过羡饮大户，出醇醪，赌胜负、藏钩射覆，袖手旁观。灯昏瓶卧之余，更不屑以公荣自处也。"春草园里，胜流苍至，翰藻流芬，寄托遐思，评骘人物，正是文人雅士聚会的理想之地。

王源(1648—1710年)字昆绳，号或庵，顺天大兴(今属北京)人，康熙三十二年(1693年)举人，五十六岁拜师颜元，为颜李学派重要成员。游京师，与公爵交。徐乾学开书院于洞庭山，聘之往。尝与修《明史》、《一统志》，著《兵法要略》等，皆佚，另著有《怡园记》、《涛园记》、《东园记》等篇。

王源园林美学思想的特色，在于从自然归结到人事，表达隐居岩壑的志向。

王源高度欣赏幽深错落的美学意境。怡园，在北京宣武门外菜市口南，园域范围广阔。初为明代权臣严嵩别业。清初归礼部尚书王崇简父子所有。园中有江南华亭造园家张然入京叠砌的假山石。园中主要建筑有席庞堂、摘星岩等。《怡园记》描述其雅洁幽静，"磊石为山，巉岩透邃，路盘回，窅然而深，层台飞楼，错峙亭榭，隐见辉映"。

涛园，在福建省福州城内乌石山南麓，建于明末，为许豸所构别墅，原名石林，其子许友继建而成，以可闻松岭涛声，取名涛园。清初毁，经许遇重修，恢复园林原貌。后再毁。

王源《涛园记》记述了该园的曲折：第一，曲折盘绕。亭之东，蛇旋螺折，林筱幽霞窅窱，留霞坞也。两石屹向，灵岩窦也。第二，翁郁。飑空蠹翳，高距东北，霹雳岩也；孤松矫然，盘拏碧空，独树坡也；朱栏裹斜出云表，清冷台也。而瞻云堂北直上，旧曰松岭，今种竹万个，曰竹路。经石廊石梯，达清冷霹雳诸胜。第三，崎岖。亭前西上,复东折为栈道,傍崖凌空,北入巢云洞;园周回四五里,峰壑隐嶙郁垒,岩陁巇碕,古昔名贤题刻,俱图画不能尽。

曲折盘绕,是园林美学的基本要求。刘勰《世说新语·言语》说:"若使阡陌条畅,则一览而尽,故纡余委曲,若不可测。"王源说:"斋后曰鹤涧。红白老梅二。红者据石台覆涧上,曰嫁梅,友人赠以白梅媲也。蹬道西北纡转,不知其几千尺,夹道丛梅欐偲,一亭峙其巅,颜曰天光云影,朱晦翁笔也。亭前广石,巍巍山峣屼,乃真意斋西壁,绝顶曰吞江石。"

变幻多姿,为园林增添了一抹亮丽的色彩。王源描述上元张灯,"观者如登碧落,繁星烂漫,层霄无际,玻璃水碧,悬黎夜光,云堆霞涌,争辉吐焰,而烟火幻为重楼、复阁、山川、仙佛、灵怪;或悬灯珠贯,千百日月愈出,或浮图、鸟兽、人物、琪花、瑶石,五色变化,恢奇眩怪,不可方物。而火树盘旋喷薄,龙腾凤矫,爆震如雷,碧火起空,团团如明月,与直上千尺,赤裹裹爆裂,如天葩乱落者,俱以百数。要皆一线所引,不假再然,其巧合天工如此。"

王源继承了清初归庄以来的文人传统,毫不掩饰地表达自己在园林隐居的志向:"余寓园曰'霜皋'。水木孤淡,烟冥云蔚。每月夜,携手长桥堤畔,徘徊歌哭,睥睨一世,志小天地";"呜呼,大丈夫不能垂功名万世,当筑室深山,修明经世之学,为帝师王佐法;乃皆不得,不徒录录与俗俯仰,虽终日读书,与乡里小儿何以异?"他称赞"立身廊庙,栖志岩壑,故能静以御物,量广而识明,遇事凝然,一言而群疑悉定。每佳晨令节,偕群从诸子,或宾朋饮宴,赋诗度曲,登山临池,景物清美,楼台平瞰,西山天寿,逶迤拱兆";"噫! 予怀山之志久矣,每思结庐名胜,读书尚志以终身,顾蹇产数奇莫能遂。兹园为月溪(作者友人)故有,又在城市,则其归隐甚易";"余稍稍得自活,亦将奉老亲,挈妻子,从子于'东园'之侧矣!"

管同(1780—1831 年),字异之,上元(今南京)人,幼孤家贫,受业姚鼐,与梅曾亮等并称"姚门四弟子",为桐城派后期重要作家。道光五年(1825 年)中举,曾在同学、安徽巡抚邓廷桢幕中教书。其文简洁明畅,条理清晰。有《因寄轩文集》《七经纪闻》《文中子考》等。其《游西陂记》《余霞阁记》抒写园林美学观点。

管同的园林美学,主要从园林的兴衰联系到园的主人,感慨世事沧桑,寄托生平志向。

其述栋宇"极幽",古木"茂翳"。"府之胜萃于城西,由四望矶迤逦而稍南,有冈隆然而复起,俗名曰钵山。钵山者,江山环翼之区也。而朱氏始居之。无轩亭可憩息。山之侧有庵,曰四松,其后有栋宇,极幽。其前有古木丛筸,极茂翳。憩息之佳所也。而其境止于山椒,又不得登陟而见江山之美。"

管同又述园景变迁,有如浮云苍狗,白驹过隙。吏部尚书宋荦殁后,"至于今逾百年矣,又尝值黄河之患,所谓芰梁、松庵诸名胜,无一存者。独近陂巨木数百株,翁然青葱,望之者若云烟帷幕然。路人指言曰:'此宋尚书手植树也'"。"嗟夫! 当牧仲尚书(即宋荦)以诗文风雅倾动海内,一时文士景从响应,宾客园林之胜,可谓壮哉！今始百年，乃令来游者徒慨叹于荒烟蔓草之外，盖富贵固无常矣，而文辞亦何裨于是也？士亦舍是而图其大且远者，其可已。"

管同又述"儒者立志，视天下若吾家"；"钵山与四松，各擅一美，不可兼并。自余霞之阁成而登陟憩息者始两得而无遗憾。凡人多为私谋，今陶君(指作者友人陶子静)筑室不于家，而置诸僧舍，示其可共诸人，而己之不欲专据也。而或者疑其非计。是府也，六代之故都也，专据者安在哉！儒者立志，视天下若吾家，一楼内也，愲愲然必专据而无同人之志，彼其读书亦可以睹矣，而岂达陶君之志也哉！"

第六节　李调元、麟庆与戈裕良的造园说

李调元(1734—1802年)，字雨村，又字羹堂，号童山、墨庄，四川罗江人，乾隆二十八年(1763年)进士，改庶吉士，提督广东学正，擢通永兵备道，以事罢官，遣戍伊犁，归不复出，以著述自娱，肆力于学，博览群书，兼工诗文，引进并校订川剧剧本，名家或称其为明代杨慎后四川无与伦比者。李调元父李化楠在祖居地建有醒园，为巴蜀名园，李调元曾加以扩建。乾隆五十年(1785年)，李调元赎归故里，居醒园，"笑对青山曲未终，倚楼闲看打鱼翁。归来只在梨园座，看破繁华总是空"。[1] 与此同时，李调元在距醒园八里的南村祖遗旧屋旁买地十亩，建楼一座，名"万卷楼"，翌年楼成，藏书于其中。以后李调元将醒园让与其弟，自己移居万卷楼所在之祖屋，并加以扩建，其楼四周"风景擅平泉之胜，背山临水，烟霞绘辋川之图，手栽竹木渐成林"，取名困园。[2]

李调元是清代中期西南园林美学思想的代表人物，著有《醒园图记》。

他与苏州派园林思想的联系，在于他同样把园林之美概括为"天然图画"，亦即强调自然美，他说游园即入图画，园图合一："其东南金顶鹊鸰诸山，若屏障，若几案，盖天然图画也"；"子颖亦尝至余家见先君，曾游醒园者，故能一一详悉如此。使见此画者，不啻身在园中，而他日入园中者，亦不啻身在画中。则观图何必见园，观园亦何必见图乎！"

在这样的自然美意境中，作者具体叙述的醒园的美学包括以下五个要素。

(一) 花香的要素。"出蓬莱门以北，曰木香亭，与醡醸架相对。每花时，芳气袭人。"

(二) 鱼池的要素。"下即鱼池，有两亭，南曰纳凉，北曰非鱼。每五六月之交，绿柳含风，坐卧终日，可以忘暑。稍下又为清溪草堂，春时啼鸟绕屋，桃花三两枝，

---

①　李调元:《醒园遣兴》二首。

②　四川省民族学会、罗江县人民政府:《李调元研究》，巴蜀书社，2007，第54、340等页。万卷楼至嘉庆五年(1800年)被毁。

令人移情。”

（三）山色的要素。唐代王维《山水论》：“山头不得一样，树头不得一般。山藉树而为衣，树藉山而为骨。”李调元则说：“醒园者，先君之别业也。其园在罗江，今改绵州治之北二十里云龙山家茔之旁。据象山之麓，背西向东，磬溪抱其北，潺亭绕其南，下即罗江之上游”；“其在山之最高者，为望江亭，所谓‘一览众山小’也；其下为万松岭，每风戛戛而起，仿佛澎湃之声，西山之阴为放鹤亭，可一望云龙诸山”。

（四）叠翠的要素。“下一层有二船房，左曰贮风，右曰延月，叠翠重岚，最为幽折。其中为大观台，一园之景皆萃焉。”

（五）天然的要素。“其最北又有临江阁，阁后有树根亭，盖先君安置天然床处也。天然床者，本东山柏树根，高五尺，广一丈，可坐可卧，以不假雕刻，而水草虫鱼皆备焉，故曰天然也。余尝作歌铭以纪其事。”此外如随地布置，不事粉饰。“以上大率随地布置，不事粉饰，而药栏花榭，在在皆有野趣。有园如此，宜乎为湖山作主人矣。”

麟庆(1791—1846年)，姓完颜，字伯余，别字振祥，号见亭，满洲镶黄旗人。嘉庆进士，授中书，道光间累官江南河道总督，在任十年，功最多，以河决革职，旋再起，官四品京堂。著有《黄运河口古今图说》、《河工器具图说》、《凝香室集》等。

其名作《鸿雪因缘图记》，共三集，每集分上、下两卷，一事一图，一图一记，凡二百四十图，记二百四十篇，汪春泉等绘图，为作者记述身世与亲历见闻之作。麟庆曾经宦游大江南北，加以性好山水，所至之地皆不废登临，留心考察，见闻宏广，并将自己所历所闻所见一一详加记录，复请当时著名画家汪英福(春泉)、陈鉴(朗斋)、汪圻(甸卿)等人按题绘成游历图，以期使生平雪泥鸿爪之印痕借以长久保留。是书以图文相副相成的形式，实录其所至所闻的各地山川、古迹、风土、民俗、河防、水利、盐务等等，保存和反映了道光年间广阔的社会风貌。有道光刻本。

麟庆是当时的满族才子官僚，《鸿雪因缘图记》记叙述园林美学意境。

（一）山水花木。藏园在河南开封，“轩前有池，跨以石梁，旁列亭二，清水一泓，怀烟受月。轩后叠石为山，虽非艮岳所遗，如臬署之岳生、府署之栖鸾、绣云等峰，而亦有致”。又记南京随园：乾隆间，袁子才太史辟而新之，改名曰随，音同字异，先后曾撰六记。“琉璃嵌窗，目有雪而坐无风，宜于冬。梅百枝，桂十余丛，月来影明，风来香闻，宜于春秋。长廊相续，雷电以风，无庸止足，则又与风雨宜。”

（二）曲折幽深。《左传·成公十四年》云：“《春秋》之称：微而显，志而晦，婉而成章，尽而不汙，惩恶而劝善。非圣人谁能修之？”《鸿雪因缘图记》云：“寻径抵园，则见因山为垣，临水结屋，亭藏深谷，桥压短堤，虽无奇伟之观，自得曲折之妙，正与小仓山房诗文体格相仿。”其园“奥如旷如，一房毕，一房复生，杂以镜光，晶莹澄澈，迷于往复，宜行宜坐，高楼障西，清流洄洑，竹万竿如绿海，蕴隆宛暍之勿虞，宜于夏”。

（三）句奇而法与园景合。“轩曰拜石，廊曰曝画，阁曰近光，斋曰退思，亭曰赏春，室曰凝香，此外有娜嬛妙境，海棠吟社，玲珑池馆，潇湘小影，云容石态，庵秀山房诸额,均倩师友书之";其楹联"句奇而法与园景合,因同悬之"。

戈裕良(1764—1830年),江苏武进人。清中期园林建筑家。工于堆筑假山石,其堆法胜于当时诸家。在长期实践中创叠石钩带联络等技法。洪亮吉称誉戈裕良作品"饶有奇趣",又描述其绝技"奇石胸中百万堆,时时出手见心裁。错疑未判鸿濛日,五岳经君位置来"。在叠山艺术实践中,戈裕良把绘画、诗词、工艺美术等规律灵活地运用到叠山创作中,把自己对自然山水的认识融入叠山之中,使书画艺术与叠山艺术相互渗透,并由此创造出园林假山艺术精品。他筑的假山,别具风格,浑然一体,不需借助于牵罗攀藤,掩饰点缀,而逼肖真山,人称"花园子"。

自南北朝以来,自然山水园得到了发展。园林造景,常以模山范水为基础。造景方法主要有挖湖堆山、构筑楼台亭阁、用石块砌叠假山、按地形设浅水小池,使之具有各种形态。石涛(1642—1707年),广西全州人,明朝靖江王后代,明亡后削发为僧,居扬州,工叠石,筑有余氏万石园。清代前期是园林大发展的阶段。钱泳《履园丛话》卷十二《艺能》篇记载堆假山者:"国初以张南垣为最。康熙中则有石涛和尚";"近时有戈裕良者,常州人,其堆法尤胜于诸家。如仪征朴园、如皋之文园、江宁之五松园、虎丘之一榭园,又孙古云家书厅前山子一座,皆其手笔"。一次,钱泳与戈裕良论及苏州狮子林石洞皆界以条石,戈裕良说此不算名手。钱问:"不用条石,易于倾颓奈何?"戈裕良说:"只得大小石钩带联络,如造环桥法,就可以千年不坏。要如真山洞壑一般,然后方称能事。"钱泳听了,非常佩服。

戈裕良一生造园叠山艺术的实践,主要是在嘉庆和道光年间。有人认为戈裕良师承张南垣的造园叠山之真传。从张南垣到戈裕良这一段时间,正是我国古典造园叠山艺术发展到最后成熟,后来又随着封建社会一起走向衰落的时期。戈裕良好钻研,师造化,能融泰、华、衡、雁诸峰于胸中,所置假山,使人恍若登泰岱、履华岳,入山洞疑置身粤桂,浑然一体,既逼肖真山,又可坚固千年不败,驰誉大江南北。戈裕良叠假山用的是太湖石,太湖石是长在咸水湖边的石灰岩,经历了几万年岁月的风化和波浪的冲洗,风化和冲洗是日积月累的精雕细刻,也是地久天长的漫不经心。这样的精雕细刻和漫不经心,使平常生活超凡脱俗,使石灰岩成长为太湖石。张南垣一生所造名园甚多,有明确记载的就有十三四处之多,可惜是一处也没有留下来。戈裕良一生所造名园和假山,有记载可考的,迄今已知有八处共十个子项,其中苏州环秀山庄和常熟燕园两处,保留至今基本完好。

环秀山庄(图6-4),位于苏州城西今景德路。其建造最早可追溯到晋代王珣、王珉兄弟舍宅建景德寺,后成为五代时期吴越王钱镠之子钱元璙的金谷园。宋代为文学家朱长文的药圃,其后屡有兴废。明嘉靖年间先后改为学道书院、督粮道署。万历年间为大学士申时行住宅。明末清初裔孙申继揆筑蘧园。清乾隆年间为刑部员外郎蒋楫宅,蒋氏建有"求自楼",并于楼后叠石为山,掘地三尺,有清泉流溢汇为池,名泉为"飞雪",并造屋筑亭于其间。其后相继为尚书毕沅宅、大学士孙士毅宅。

图 6-4　环秀山庄

　　嘉庆十二年(1807年),孙氏后人邀请戈裕良重构此园。戈裕良在半亩之地所叠假山有尺幅千里之势,其运用"大斧劈法",简练道劲、结构严谨、错落有致、浑若天成。从此该园以假山名扬天下。环秀山庄假山面积占全园之三分之一,位置偏向园之东,其尾部伸向东北方向。山有危径、洞穴、幽谷、石崖、飞梁、绝壁,境界多变,一如天然。其主峰突兀于东南,次峰拱揖于西北。园内以山景为主,水景为辅,由一主山和围于周围的三座次峰组成,故名。假山叠垒,山径盘旋,洞壑幽深,花木扶疏,移步换景,有"独步江南"之誉。山庄中一块块平凡的石头堆在一起,而山就是不露"假"的痕迹。画家来此看过,说是有"斧劈皴"的味道。戈裕良以少量之石,在极有限的空间,把自然山水中的峰峦洞壑概括提炼,使之变化万端,崖峦耸翠、池水相映,深山幽壑,势若天成。有"咫尺山水,城市山林"之妙。

　　戈裕良作品小盘谷位于扬州市丁家湾大树巷内。小盘谷始建于清乾隆、嘉庆间,为光绪三十年(1904年)两江总督周馥的私人宅院。因为园内假山峰危路险、苍岩探水、溪谷幽深、石径盘旋,故名小盘谷。扬州意园小盘谷也为戈裕良所造。据《小盘谷题跋》叙述,系出自常州叠石名家戈裕良之手笔,史望之为书额。园内旧有五筩仙馆、享帚精含、知足不知足轩、石砚斋、居竹轩与听雪廊诸胜迹,后毁于火。同治年间,秦氏后人于园址随地补栽竹石,广植花木,并筑草堂数间,为春秋佳日盘桓或筵宴之所。今时惟有意园东北墙上尚嵌有史望之书题的小盘谷石额,残存一个"谷"字,就别无其他的遗留了。

　　小盘谷在扬州园林中有独到之处,与个园、何园相比,小盘谷占地很小,建筑物和山石也不多,但妙在集中紧凑、以少胜多、即小见大。水池、山石和楼阁之间,或幽深,或开朗,或高峻,或低平,对比鲜明、节奏多变,在有限的空间里,因地制宜,随形造景,产生深山大泽的气势,咫尺天涯,耐人寻味,这是其他园子所不能相比的。小盘谷大厅右为一火巷,巷东即花园。花园分东西两部分,进园门,即为西园。园中有湖山颓石，旧名为“九狮图山”，因其山石外形如群狮探鱼而得名。山下有洞，洞出西口，有池水一泓，池上架石梁三折。整个园林是以小见大之手法中最杰出者。

戈裕良作品还有常熟燕园、如皋文园、仪征朴园、江宁五松园、虎丘一榭园等。

清代中期的园林美学思想家还有其他一些。

黄廷鉴(1762—1842 年)《梅皋别墅图记》：有佳石曲水：右有一门，曰离波。由离波而入，佳石奇木错置，引人入胜。“其尤胜者，曰春水船，磴路纡回，曲水环之。凭槛俯临，如泛春江。别有带水一泓，广逾丈，有石梁横其上。蹑梁而前，正中有堂，曰四时皆春阁。”又有花香弥漫，姹紫嫣红：“园之中，春初梅花百本，香雪漫空；二三月红桃绿柳，百卉争妍。入夏红蕖的皪，荡漾清漪，竹风袭人，翛然忘暑。于秋则岩桂早黄，畦菊晚艳，岚翠霏霏，与香气错落几牖。冬则霜枫烂漫，参差掩映，一望无际，加以朝晖夕阴，气象百变，四时之景，无不可爱。谓之皆春，谁曰不宜？”

方履篯(1790—1831 年)，字彦闻，又字术民，顺天大兴(今属北京)人，嘉庆二十三年(1818 年)举人，后署永定、闽县，卒于官。号读经史百家之书，能贯其源流，善为骈体文，亦工诗词，著有《万善花室文稿》等。其《春暮游陶园序》写竹木碧流：晋陵多陂池竹木之胜，而西南之滨，尤饶逸致。碧流三尺，红芷百寻。“曲沼引岫，通于回溪”。写稼穑：郭穑接天，檐牙隐树，早畦未剪，菜香袭衣，远陇相环，麦秀成浪。写花木：时值春寒，芳桃满枝，忽闻鸟声，落蕊盈陌，十里五里，飞花有台，朝阳夕阳，游丝亘路。修叶栉比，中通广桥，循桥而行，乃得名迹，是曰陶园。“虬壁当户，椒墀为径，广不百步，邃止十丈。重篱拂云，皆成乔木”；“藤阴蟠空，全敝日月；苍筱鸣籁，杂以风雨。”写奇石：“崇埊如掌，分泰岱之一隅，礅石若拳，郁蛟龙之万变。是则竟日而往，莫测其幽，极目而观，未究其胜者矣”；“顾盼亭皋之外，偃泊虹霞之中，疏苔列衵，畹兰障袂，高论布响，泉嘶于山，狂歌乍兴，室忘其主，盖自若木之旭，迨乎玉绳之低。渚禽求宿，宛娈群呼；潜鳞戢游，晻映争彩，于是析轸旧辙，停策还途。惟舒啸之既穷，亦栖薄之所怅也。”

王灼(1752—1819 年)，字明甫，安徽桐城人，少从刘大櫆游，为所称赏，古文雅洁。乾隆举人，官县教谕。著有《悔生诗文钞》等。徐氏园，位于徽州歙县城西，约建于清代中叶，为私家花园，占地数十亩。园中有池沼山石，亭台楼阁，植柏、梅、竹、桂及牡丹等。园外，田塍相错，烟墟远树，历历如画，黄山峰峦历历在目。今不存。王灼《游歙西徐氏园记》从堂写到花，再写到树，再写到峰：“由堂左折，循墙入重门，中敞以广庭，前缭以曲榭，繁蕤翳生，而牡丹数十百本，环币栏楹，花时尤绝盛。由庭东入，其间重阿曲房，周回复壁，窅然而深，洞然而明。墙阴古桂，交柯连阴，风动影碧，浮映衣袂”；园之外，而天都、云门、灵、金、黄、罗诸峰，浮青散紫，皆在几席。“盖池亭之胜，东西数州之圮，未有若斯园者。”

园林由人建造，由人游赏，承载者深厚的人文，尤其是与著名政治家、文人等相联系，使园林的内涵得到很大充实，即所谓园以人重。

阮元(1764—1849 年)，字伯元，号芸台，江苏仪征人，乾隆五十四年(1789 年)进士,道光时官至体仁阁大学士,加太傅,所至以提倡学术自任,又校勘《十三经注疏》,著有《广陵诗事》《定香亭笔谈》等。其《蝶梦园记》写北京蝶梦园:"有通沟自北而南,至冈折而东,冈临沟上,门多古槐,屋后小园,不足十亩,而亭馆花木之盛,在城中有佳境矣。松柏桑榆槐柳棠梨桃杏枣柰丁香荼蘼藤萝之属,交柯接荫,玲峰石井,嵚崎其间。有一轩二亭一台,花晨月夕,不知门外有缁尘也。"

　　安澜园在浙江海宁盐官镇。原为宋代王沆故园。明代曾为陈与郊"隅园"。清雍正十一年(1733年),其从孙元龙辞官归里,就隅园扩建,名遂初园。其子孙增饰池台,日见华丽,占地百亩,重楼复阁,古木浓荫。乾隆六次南巡,四次驻跸其中,"以朴素当上意",赐名安澜园。道咸以后荒凉。现尚存遗址。陈璛卿,字石眉,海宁人,嘉庆间作《安澜园记》谓园"制崇简古,不事刻镂";"因地借景,点缀闲闲,皆有可观"。特别是表达士大夫心态:"养志林泉,平居不即于宅而于园。""骚人文士,佳冶窈窕,听莺而携酒,坐花而醉月,览时乐物,咏歌肆好,日落欢阑,流连不去,何其胜也!"

第七章　清君臣鉴赏的宫殿苑囿的端庄美

北京是清王朝的都城。辽代在北京建立南京城,以后又经过金代营建中都,元代重新规划大都。自从元大都以来,北京基本上是全国的政治中心。历代统治者为了实施其统治,维护其统治地位与奢华生活,在北京城内外修建了规模巨大的皇宫和许多园林。清代定都北京后,宫殿内继续保留明制,除进行改建、扩建外,重点逐渐转向行宫御苑的建设。在西北郊改建、扩建、新建了一批皇家园林,新建承德避暑山庄。乾隆时期,新建、扩建园林面积一千五百多公顷,分布在宫城、皇城、近郊、远郊、畿辅等地。在此过程中,大量吸收江南园林精华,引进欧洲和其他地方建筑风格。乾隆、嘉庆是西北郊皇家园林的全盛时期,形成以"三山五园"为主的皇家园林主体,代表了中国园林艺术的精华。此外还在承德建造了避暑山庄。清代皇家园林无论在数量上或者规模上都超过明代,清代也成为中国造园史上最兴旺发达的时期。宫殿、园林、寺庙、城垣等的建筑或雄伟庄严,或富丽典雅,彩绘藻饰,庭院草木,错落有致,总体呈现出与江南私家园林有别的端庄美。历代君臣通过诗文鉴赏皇家苑囿,描述自己在其中的生活与游览情景,表达出其园林美学思想。[①]

第一节　皇宫西苑的华美雍容

北京皇城,是由皇城墙围成的区域,以皇宫(紫禁城)为核心,护卫其并为之提供各种服务和生活保障。主要由明清两代建构。周长二十二里,面积约六点八平方公里,有天安门、地安门、东安门、西安门等城门。

皇城居中为明清两代的皇宫,周长八里,占地七十二平方米,建筑面积十五万多平方米,四座城门为午门、西华门、东华门与神武门,有宫殿七十多座,房屋九千余间。

红墙黄瓦、巍峨矗立的皇城、皇宫,是天下权力中心所在,均处于北京城的中轴线上,显示皇帝位居蕐兀、皇权至高无上,并严格遵循左右相应的原则与等级体制,呈现君主统治天下的威严与雍容庄重的气派。

宫殿苑囿与苏州等地私家园林是完全不同的园林类型,皇帝及其侍臣宫廷体诗文作品所表达的,主要传递君权至上的观念,渲染庄重肃穆的气氛,当然也少不了炫耀皇帝本人文采风流的成分,这是与私家园林思想家诗文不同的审美意识。

康熙(1654—1711年),名玄烨,顺治子。早年即位,计擒专断跋扈的辅政大臣鳌拜。在位期间平定三藩之乱,统一台湾,注意河工、漕运,实行赋税改革;曾六次南巡江浙,观风问俗,联络汉族上层与士人;与俄国签约划定东段边界;三次亲征平定准噶尔部噶尔丹,加强了对边疆的统治,重视理学,屡兴文字狱,加强思想控制,

---

① 赵兴华:《北京园林史话》,中国林业出版社,2000,第110页。

重视西方传教士带来的自然科学。庙号圣祖。

康熙二十五年(1686年)，朱彝尊编有《日下旧闻》一书，记载北京皇宫。乾隆三十九年(1774年)，乾隆帝命窦光鼐、朱筠等侍臣对其加以增补、考证而成《日下旧闻考》一书，由于敏中、英廉任总裁，乾隆五十年(1785年)起刻版出书，是全面记载当时北京历史、地理、城坊、宫殿、名胜等的诗文等资料。吴长元，字太初，浙江仁和人，生平事迹不详，乾隆年间久居北京，为公卿雠校文艺，著有《宸垣识略》一书，系根据《日下旧闻》和《日下旧闻考》两书增删重写，提要钩玄，去芜存菁，内容包括苑囿、皇城、内城、外城等。

金碧辉煌的太和殿，又名金銮殿，初建于明永乐十八年(1420年)，现存为清康熙三十四年(1695年)重建，位于三层汉白玉台基上，重檐庑殿黄琉璃瓦殿。殿内共有七十二根楠木柱，其中六根支撑蟠龙衔珠藻井的为金漆，其余为红漆。殿正中端放象征皇权的金漆雕龙宝座。太和殿是朝政大典的活动中心，皇帝即位、寿辰、大婚、册立皇后、接见藩属使团和外国使臣等典礼、仪式均在此举行。殿前广场面积达三万平方米。乾隆三十六年(1771年)《太和殿视朝》诗："曈昽晓阙启芙蓉，香拥金炉露气浓。礼具以时临黼座，乐鸣应月奏林钟(六月以林钟为宫，镈钟击以起乐，编钟从之)。敢云会极还归极? 唯奉天宗与地宗。三十六年斯一志，遑因日久懈虔恭。"

乾清门，紫禁城内乾清宫、交泰宫、坤宁宫等后三宫的正门。清代在门中设有一宝座，皇帝坐此听取各衙门主管大臣依次奏事。"广宇五楹，中门三陛三出，各九级，前列金狮二。皇帝御门听政，则于门下设御座黼扆。"康熙有诗："中书天下本，六官庶寮首。丝纶委寄隆，分职慎所守。上相列天阶，喉舌笃北斗，乾象方昭垂，古来讵虚受"；"广业惟克勤，励精期永久。"

乾清宫，位于故宫北部，乾清门北，故宫内廷三宫之一，始建于明永乐十八年(1420年)，清嘉庆三年(1798年)重修，系明清皇帝寝宫及日常办公处。面阔九间，进深五间，重檐庑殿顶，正中设宝座，正上方是顺治御书"正大光明"匾。雍正皇帝起移居养心殿，但仍在此批阅奏章、召见大臣等。

雍正(1678—1735年)，名胤禛，康熙第四子，1722年即位。在位期间严厉打击政敌，屡兴文字狱，并且实行赋税与财政改革，惩治贪官，建立军机处，在西南地区推行改土归流，巩固了中央集权，庙号世宗。其《恭侍乾清宫》诗："殿阁参差际碧天，玉阶秋色静芊绵。云开北阙祥光满，雨过西山霁色鲜。宝座金炉香霭霭，彤墀仙掌露涓涓。承颜频荷温颜接，凛惕趋跄绣宸前。"

乾隆(1711—1799年)，姓爱新觉罗，讳弘历，雍正帝第四子，雍正十三年(1735年)即位，年号乾隆。在位期间，平定准格尔部，消灭大小和卓木势力，加强中央对西部地区的控制，开博学鸿词科，修《四库全书》，完成《明史》、《续文献通考》等书籍的编纂，有许多关于皇家园林的题咏诗和诗序。其主持修建的皇家园林，几乎吸取所有江南名园特色，并多有见地的园林评论。

养心殿，坐落于故宫后三宫西侧，始建于明代，清雍正间改建，自雍正起为历代皇帝寝宫，亦为皇帝处理政务、召见军机大臣、批阅奏章处。最西一间名三希堂，乾隆藏有《快雪时晴帖》、《中秋帖》及《伯远帖》。东暖阁为晚清慈安、慈禧两宫太后垂帘听政处。乾隆四年(1739年)《养心殿古干梅》诗："为报阳和到九重，一枝红绽暗香浓。亚盆漫忆辞东峤，作友何须倩老松？鼻观参来谙断续，心机忘处对春容。林椿妙笔林逋句，却喜今朝次第逢。"

御花园(图7-1)，位于宫城正北神武门内，坤宁宫北，为宫殿后苑。园东西长一百三十米，南北宽九十米，占地十八亩，有钦安殿为首的二十余座建筑，为以建筑物为主的宫廷式花园。园内布局对称，古木参天，青竹遍植，间有花池盆景和五色石子甬道，并有用太湖石叠起的假山"堆秀"，上筑御景亭，每年重阳节帝后在此登高。乾隆九年(1744年)《仲春御花园》诗："秋春何处归来早，堆秀山前绛雪轩。已许游蜂依蕊簇，未教新燕傍枝翻。周阿玉树斜临榭，放溜金波曲抱源。渴望甘膏疏宴赏，休言树背有丛萱。"乾隆十一年(1755年)《咏御花园藤萝》诗："禁松三百余年久，女萝施之因亦寿。每携春色见薰风，似顾杏桃开笑口。或苍或艳虽不伦，齐年恰比列仙真。窥户小儿发已雪，双成绰约犹娇嫔。"[1]

图7-1 御花园

"太液秋风，紫光赐宴。"皇城内、宫城西的皇家园林。最早开发于辽代。元代太液池旧址，明代加以改建，逐渐形成北、中、南三海，又陆续在水面之间增加一些新的建筑，开辟新的景点。清朝初年在明代基础上改建。乾隆时再次进行改建。

---

① 于敏中等：《日下旧闻考》卷十三《国朝宫室》。

太液池,旧名西海子,上跨石梁,约广二寻,修数百步。两崖阑楯,皆白石镌镂。万善门西行抵水埠,有亭出水中,曰水云榭,有御书"太液秋风"碑,为燕京八景之一。乾隆十二年(1747年)《太液池》诗专写太液春景:"玉蝀桥头驻六骢,溶溶太液一舟通。苑花堤柳添烟景,弱苇新蒲苗露丛";"烟中楼阁座中移,雨后风光慰后思";"潆沆澄波叠翠涵,天光云影适来参。独春依苇氄氄白,远嶂疏眉淡淡岚"。

北海(图7-2)位于故宫西北,始辟于金代,在三海中面积最大,沿用历代相沿的海岛仙山模式,以琼华、瀛洲、犀山三个岛屿象征海上仙山。其中琼华岛四面临水,多叠奇石,有桥与陆地相连。清顺治八年(1651年)在山顶建有白塔,因此又名白塔山,乾隆时又在北岸、西岸等加以建造,其四面因地制宜而创为各不相同的景观,波光塔影,景色宜人,亭阁楼榭隐现于幽邃的山石之间。乾隆《琼岛春阴》:"艮岳移来石㟧峨,千秋遗迹感怀多。倚岩松翠龙鳞蔚,入牖篁新凤尾娑。乐志讵因逢胜赏,悦心端为得嘉禾。当春最是耕犁急,每较阴晴发浩歌。"

图7-2　北海

中海与南海林苑区总面积约一千五百亩,其中近一半为水面,湖面周围和岛上分布着不少建筑。清代中南海经过整修扩建,是皇帝休憩并处理政务、亲演农耕、检阅校武、接见使节之处。

蕉园,位于中海东北岸,为明代崇智殿旧址。清康熙年间在此造有一组佛殿。每年农历七月十五日在此举行盂兰盆节。届时有河灯点点,与天上群星相映争辉。《宸垣识略》:"明时崇智殿后药阑花圃,有牡丹数十株,又名椒园。"[1]康熙《中元日蕉

①　吴长元:《宸垣识略》卷四《皇城二》。

园诗》：“中元来太乙，新爽下林端。水槛临流入，风窗卷幔看。鱼游迷藻荇，鸥戏悦沙滩。宇宙无尘翳，凉生月一团。”

南海中有岛瀛台，一曰趯台坡，明代为南台，位于南海中，林木深茂，有殿曰昭和。清顺治、康熙间两度重修，皆易黄瓦。其三面临水，有奇石花树，层岩幽壑，蓼渚芦湾，并有涵元殿、迎熏亭等，为帝王、后妃避暑、游览之地。前有亭曰澄渊，南有村舍水田，于此观稼。乾隆七年(1742年)，《夏日题瀛台》载：“文轩梧竹倍凄清，座拥琳琅爽自生。高处近天无暑气，人间此地是蓬瀛。水涵银海月为镜，苔点瑶阶石作枰。草木敷荣鱼鸟适，由来物物遂生成。”文轩二句，在梧桐丛竹环绕中读书，感觉阵阵爽快。“由来”一句，取《易经》“生生之谓易”之意，谓生生不已。

画舫斋，位于北海东岸，濠濮间北，又称水殿，形似彩船，为三进院落的殿堂，其正殿与回廊环抱一院碧水，布局紧凑，建筑精巧，雕梁画栋。原为皇帝行宫，曾为嫔妃、宫女习画之处。建于乾隆二十二年(1757年)。乾隆二十五年(1760年)，《画舫斋》载：“画舫予所喜，云舟不是舟。雅宜风澹荡，那共水沉浮。荷净初过雨，竹凉飒似秋。分明太液上，借与米家游。”其中，“那共”一句，画舫不能与水波沉浮。米家，米芾、米友仁父子常载书画泛游江湖，称米家书画船。

春藕斋，位于中海景区，有建于山岩之上的房屋，名植秀轩。斋前叠山仿苏州狮子林，黝然深邃，竹木叠翠。《宸垣识略》卷四《皇城二》载：“德昌门西循山径而南，为春藕斋、植秀轩、听鸿楼。植秀轩西为石池。度池穿石洞出为虚白室、竹洲亭、爱翠楼。春藕斋循西岸而北为紫光阁，每科于阁前殿试武进士骑射，新岁常宴外藩于此。”乾隆二十八年(1763年)春藕斋诗：“片刻传餐去，畅春将问安。‘农务唯心廑，春光举眼看。行当试耕候，咨尔上林宫。’”

紫光阁，位于中海西北岸，原名平台，为明武宗观看跑马射箭之处，台高数丈，上建黄顶小殿，取名紫光阁。左右各四间，覆盖黄瓦。康熙时每年仲秋常召集上三旗(八旗中的正黄旗、镶黄旗、正白旗)侍卫大臣在阁前广场演习比武，骑马射箭。乾隆二十五年(1760年)重修。乾隆三十五年(1770年)，《紫光阁赐宴外藩叠去年题句韵》(写于初三日大雪纷飞)载：“正节欣逢天泽行，池冰铺雪闪光晶。筵开紫阁诸藩侍，乐奏彤墀万舞呈。巡酒都遵令仪什，听歌敢忘救几情。”

“凤翥中天，龙蟠北极。”景山位于紫禁城之北，皇城中轴线上，中有人工堆筑的土山万岁山，为大内之镇山。高八十八米，“用以镇前朝之遗风，立本朝之基业”。山上嘉树荟郁。绮望楼在景山前北上门内，后即景山，有五峰，上各有亭。林木阴翳，周围多植奇果。相传皇宫曾在山下堆存煤炭，俗名煤山。明朝末年，李自成率义军攻入北京，崇祯帝仓皇出逃，在煤山自缢而死。清顺治时改名景山。乾隆时建有寿皇殿、观德殿。康熙十九年(1780年)，《景山春望》载：“云霄千尽倚丹丘，辇下山河一望收。凤翥中天连紫阙，龙蟠北极壮皇州。烟生沉澹春初丽，露湿芙蓉翠欲流。却向闾阎看蔀屋,崇高还瘝庙堂忧。"①从景山看皇城景致,忧虑百姓。

第二节　圆明园的中西合璧

清康熙年间,皇家园林建设重点逐渐转向北京西北郊营造行宫御苑和离宫御苑。北京西北郊地势开阔,山水相连,风景秀美,辽、金代即为帝王游豫之地,明代此地出现许多私家园林。清康熙年间开始扩建行宫、园林,以后在雍正、乾隆间也一再增建、改建,形成了以"三山五园"(香山、玉泉山、万寿山、圆明园、畅春园、清漪园、静明园、静宜园)为中心、包括其他许多私家园林的皇家园林集群。

西郊诸园中,规模以圆明园为最大。圆明园原为明代一座私家园林,清初收归内务府,康熙四十八年(1709年)为皇四子胤禛(以后的雍正帝)的赐园,后经重修扩建,至乾隆三十五年(1770年)基本建成。这是北京西北郊的第二座离宫御苑,面积约三百五十万平方米,与附园长春、绮春(后称万春)合称"圆明三园",周长约十余公里。当时的西方人称之为"夏宫"、"万园之园"。

圆明园前部为朝房。入大宫门过石桥,进"出入贤良门",迎面为"正大光明殿"。该殿既不雕饰,又不彩画,是采用"松轩"、"茅殿"的意匠,以朴素自然为主。殿前有宽阔的广场。殿左有"勤政亲贤殿"和"保合太和殿",自此以北,峭石林立。再北为"前湖",湖北岸正对"九洲清宴"——全园建筑的重心。后面是后湖。后湖四周,环绕着许多池沼小山,错落地散布于全园,都是依照地形经人工处理而成。配合着土山的形势,又巧妙地安排了许多叠石假山。叠石有一二块单摆着,也有几百块垒砌而成的。叠石尽量模仿自然,但又不是自然主义的一味抄袭自然,而是把大自然中幽美的奇景收缩在一个相对来说很小的空间里。

园内建有楼台殿阁,亭榭轩馆一百四十余处,并挖湖造山,种植奇花异木,搜罗名贵山石,移山缩石,建成一百余景。其中有上朝听政的正大光明殿,宴会用的九洲清晏殿,仿桃花源的武陵春色,仿西湖的平湖秋月、三潭印月等。建筑物的设计,一般是根据地形布置,或是模仿江南名园,或是按照前人诗画的意境制作而成。它们组成了各种不同类型、不同情调的风景组群,号称为四十景。长春园,本圆明园东垣隙地,旧名水磨村,依长春仙馆命名。园内诸河之水,东出七空闸,灌溉稻田。"园后河北岸为思永斋,北为山色湖光共一楼。"②

乾隆有《圆明园四十景图咏》,反映了清代帝王皇家苑囿的美学思想。

其中,《正大光明》载:胜地同灵囿,遗规继畅春。"洞达心常豁,清凉境绝尘";

---

① 丹丘,楚辞中神仙住处,指紫禁城。辇下,指京城。烟生句,春气萌动,河沼中水气上升。沆瀣,夜间水气。蔀屋:简陋房屋。瘝:劣陋。

② 吴长元:《宸垣识略》卷十一《苑囿》。

"生意荣芳树，天机跃锦鳞"。

《九州岛清晏》载："昔我皇考，宅是广居。旰食宵衣，左图右书。园林游观，以适几余。岂繄庙廊，泉石是娱"；"六膳八珍，牣乎御厨。念彼沟壑，曷其饱诸？水榭山亭，天然画图。瞻彼茅檐。痌瘝切肤"。图7-3为九州岛清晏图。

图7-3　九州岛清晏图（唐岱、沈源乾隆九年《圆明园四十景图》）

模仿杭州西湖精致特点的如《平湖秋月》："不辨天光与水光，结璘池馆庆霄凉，蓼烟荷露正苍茫。白傅苏公风雅客，一杯相劝舞霓裳，此时谁不道钱塘。"《曲院风荷》："香远风清谁解图，亭亭花底睡双凫。停桡堤畔饶真赏，那数余杭西子湖。"

按照陶渊明《桃花源记》意境建造的"武陵春色"："复岫回环一水通，春深片片贴波红。钞锣溪不离繁围，只在轻烟淡霭中。"

圆明园中的园林和建筑互相映衬，可以说处处是园林，处处是建筑。不论是山巅、山腰、山麓、山谷，平野、湖畔、水上，都安置有建筑。山野园林的景色，用亭台殿阁来点缀。而置身亭台殿阁，抚窗凭栏，极目所见的，则又是山清水秀的天然图画。这便是所谓"建筑中有园林，园林中有建筑"。

《天然图画》载："松栋连云俯碧澜，下有修篁戛幽籁。双桐荟蔚蠹烟梢，朝阳疑有灵禽哕。优游竹素夙有年，峻宇雕墙古所戒。讵无乐地资胜赏，湖山矧可供清快。岿然西峰列屏障，眺吟底用劳行迈。时掇芝兰念秀英，或抚松筠怀耿介。"

园中几乎一半面积是水面，所以桥梁甚多，在全园的结构上占据了重要比重。为了避免重复单调，创造出了形形色色的桥梁。同时，在东部有广大的水面——福海，其中的蓬莱瑶台。这组建筑坐落在三个相连的小岛上，岛是用嶙峋巨石堆砌而成的。岛上面积虽然不大，房屋却有百余间之多，华丽精美。福海四周湖岸的景象又各不相同,有的用整齐的花岗石砌成平直的湖岸,有的堆砌成层层高阶,有的花团锦簇。当皇帝游幸的时候,水面上龙舟凤舫。在燃放焰火的夜晚,更是灯火齐明,五彩缤纷。

《蓬岛瑶台》载:"名葩绰约草葳蕤,隐映仙家白玉墀。天上画图悬日月,水中楼阁浸玻璃。鹭拳净沼波翻雪,燕贺新巢栋有芝"。而《水木明瑟》描写山间溪水:"林瑟瑟,水泠泠。溪风群籁动,山鸟一声鸣。斯时斯景谁图得,非色非空吟不得。"《映水兰香》与《北远山村》都是乡野景色:"园居岂为事游观,早晚农功倚槛看。数顷黄云黍雨润,千畦绿水稻风寒。心田喜色良胜玉,鼻观真香不数兰。日在豳风图画里,敢忘周颂命田官";"矮屋几楹渔舍,疏篱一带农家。独速畦边秧马,更番岸上水车。牧童牛背村笛,馌妇钗梁野花。辋川图昔曾见,摩诘信不我遐"。

《西峰秀色》展现了红枫叶秋色:"垲地高轩架木为,朱明飒爽如秋时。不雕不斫太古意,讵惟其丽惟其宜。西窗正对西山启,遥接岹峰等尺咫。霜辰红叶诗思杜,雨夕绿螺画看米。亦有童童盘盖松,重基特立孰与同。三冬百卉凋零尽,依然郁翠惟此翁。山腰兰若云遮半,一声清磬风吹断";"斋外水田凡数顷,较晴量雨咨农夫"。

长春园是乾隆在扩建圆明园的同时建设,占地面积约一千亩,相当于圆明三园总面积的五分之一:乾隆十四年(1749年)《秋日澹怀堂诗》:"玉宇畅霁光,松轩俯阆井。山水既清佳,结构更宽整。土阶每觉惭,绣柱无须逞。神心适可达,纷营于以屏。斐然翰墨香,谧尔希夷境。岂惟容膝安,寄怀斯良水。"乾隆十八年(1754年)《蒨园八景》诗:"一亭一沼,爱静神游之乡;非墅非林,自足天成之趣。""银塘横半亩,万顷烟波意(朗润斋)。楼临内外湖,地高望斯远。湛然虚且明,絜矩出治本(湛景楼)。风前度弥静,雨后香益清。仿佛吴兴岸,菱歌唱晚晴(菱香沜)。"

长春园中尤其值得注意的一事,是引进西方园林建筑因素。乾隆年间,西方传教士多有以绘画技艺而供职内廷如意馆者。相传乾隆帝一次偶然机会见到一幅欧洲人工喷泉图样。这种利用水的压力而喷射水柱的处理水的方法在当时的中国园林内是从未有过的,乾隆对此深感兴趣,决定在长春园建造一处包括人工喷泉在内的欧式宫苑,于是任命法国人蒋友仁负责喷泉设计,意大利人郎世宁等负责建筑设计,共同筹划西洋宫苑。这几位传教士既精于绘画,也略懂得一些建筑和造园术。经过他们精心规划设计和中国工匠的辛勤劳作,欧式宫苑西洋楼于乾隆二十四年(1759年)大致完工,全部占地面积约百亩。

在乾隆六十年(1795年),乾隆帝曾回忆西洋楼建设过程和建成后向外国使臣展示的情况,语句之中,流露出欣然与得意的神态。

乾隆十八年西洋博尔都噶里雅国来京朝贡,闻彼处以水法为奇观,因念中国地大物博,水法不过工巧之一端,遂命住京之西洋人郎世宁造为此法,俾来使至此瞻仰。前岁英吉利使臣等至京朝贡,亦令阅看,深为叹服。昨冬广东督臣长麟、抚臣

123

朱珪奏,荷兰国使臣等以今岁为朕御极六十年大庆,恳请来京朝贺。鉴其数万里外,慕化悃诚,因允其请,已即于腊月到京,新正并与朝贺宴赏,节间令于是处观看水法,使知朕所嘉者远人向化之诚,若其任土作贡,则中国之大何奇不有,初不以为贵也。

西洋楼主要包括六幢建筑物,即:谐奇趣、蓄水楼、养雀笼、方外观、海晏堂和远瀛观,都是欧洲十八世纪中叶盛行的巴洛克风格宫殿样式,全部为承重墙结构,立面上的柱式、檐口、基座、门窗,以及栏杆扶手均为欧洲古典做法。其中谐奇趣位于西洋楼景区最西端,为最早建设,主体建筑平面呈现长方形,两翼自山墙向南伸出弧形抄手游廊,游廊端以八角亭结束。海晏堂高两层,平面分成五段宽窄不等的长方形,西向主要立面十分宏伟,当中作三开间,向前突出,开一门二窗,前有大楼梯,环抱水池。方外观在海晏堂以西,为长方形三开间两层楼建筑。远瀛观则是西洋楼景区西部建成二十多年后才建设的景点,规模较大,为坐落于台基上的五开间大殿。殿前有宽大月台,台前便是大水法。

人工喷泉当时叫做泰西水法或水法,共三组,第一组在谐奇趣的石阶前,由蓄水楼供水;第二组在海晏堂的西南大门前,由堂内的蓄水箱供水,并将水经门外两旁的水阶梯下注于地面的水池,池两侧分别排列六只铜铸的喷水动物象征十二生肖,每隔一时辰依次按时喷水;第三处在远瀛观的南面,是最大的一处喷泉,又名大水法,其依节奏地喷水至半空,景色颇为壮观。

乾隆五十八年(1792年),英国特使马嘎尔尼来华觐见乾隆帝,军机处并"奉谕旨令于圆明园万寿山等处瞻仰并观玩水法"。[①]

这些园林建筑是西式建筑第一次集中出现在中国,正如乾隆帝所称:"使知朕所嘉者远人向化之诚,若其任土作贡,则中国之大何奇不有,初不以为贵也"。显然,这些欧式建筑并非圆明园的主体,而只是为了满足帝王的猎奇心理与君临天下、万邦来朝的自我感觉。因此,清代君主的这种审美观属于一种并非正常的审美心理状态。

与此同时,清廷中一些宿侍旅寝的大臣也有写宫苑审美的作品,而其主旨则往往在称颂"皇恩"。如张廷玉(1672—1755年),安徽桐城人,字衡臣,号砚斋,康熙进士,雍正间官至保和殿大学士,军机大臣,加少保。总裁《明史》,前后三朝,居官五十年。著有《传经堂集》。其《赐园纪事八首诗序》:"雍正三年(1725年)八月,銮舆驻跸圆明园,臣廷玉等叨扈从之末,蒙以戚畹旧园,赐臣廷玉暨大学士朱轼";"八人同居之。园在御苑之东半里许,奇石如林,清溪若带,兰桡桂楫,婉转皆通。而曲榭长廊,凉台燠馆,位置结构,极天然之趣。苍藤嘉木,皆种植于数十年前,轮囷扶疏,饶有古致,尤负郭诸名园所未有也"。

---

① 蔡申之:《圆明园景物记略》,转引自舒牧等编《圆明园资料集》,书目文献出版社,1984,第35~36页。

圆明园以其宏大的规模,绚丽的景色以及所搜集的巨量的书画作品,成为中国历史文化的宝藏。咸丰十年(1860)十月,在第二次鸦片战争中,英法侵略军闯入圆明园。当联军司令部下达抢劫令后,官兵们涌向园内各个角落,奔向宫殿、楼阁、宝塔,贪婪而疯狂地抢劫。英军的一个头目戈登中尉事后称,他们劫走圆明园殿宇中的精美瓷器、丝绸、地毯,鎏金佛像等10余万件,每个人都发了劫财。当英军离开圆明园时,车子和驮马足足排了两公里长,每个士兵都腰囊鼓鼓。法军满载而归的车队足足走了一个小时,连弹药箱和炮车里也塞满了宝物。为了便于大炮和车辆通行,士兵们不惜把许多珍贵的艺术品填到车辆要经过的沟里,大量的绸缎、衣料、玉器和瓷器被毁坏。联军离开时,又纵火焚烧,将圆明园烧得只剩废墟。①

图 7-4　圆明园遗址

侵略者的强盗行径,已经将自己钉在历史的耻辱柱上。法国作家雨果在1861年11月的一封信中说:"在地球上的一个角落里,有一个神奇的世界,这个世界就叫做夏宫(邓圆明园)。奠定艺术基础的是这两种因素,即产生出欧洲艺术的理性与产生出东方艺术的想象";"凡几乎是神奇的人民的想象所能创造出来的一切,都在夏宫得到体现";"即使把我们的圣母院的全部宝物加在一起,也不能同这个规模宏大而富丽堂皇的东方博物馆媲美"。"这个神奇的世界现在已经不见了。有一次,两个强盗撞入了夏宫,一个动手抢劫,一个把它付诸一炬","胜利者盗窃了夏宫的全部财富,然后彼此分赃"。"我们欧洲人总认为自己是文明人,在我们眼里,中国人——是野蛮人。然而,文明却竟是这样对待野蛮的";"在将来交付理事审判的时候,有一个强盗就被人们叫做法兰西;另一个,叫做英吉利"。②

①　刘霆昭:《北京名片之圆明园》,首都师范大学出版社,2014,第52～54页。
②　舒牧等《圆明园资料集》,书目文献出版社1984年,第303～304页。

第三节　西北诸园的奇秀瑰丽

北京城西北的"三山五园"中,除了圆明园外,还有其他著名苑囿。

清漪园在今北京市西北,圆明园遗址之西、玉泉之东北。金贞元元年(1153年)完颜亮在此建行宫,元时称瓮山,湖名瓮山泊。科学家郭守敬引瓮山诸泉注入大都。明时形成西湖风景区,弘治时建圆静寺。清乾隆十五年(1750)改名清漪园。乾隆二十九年(1764年)完工。"清漪园在万寿山麓,圆明园西二里许,临昆明湖。宫门东向,两石梁下为溪河";"昆明湖。即西湖,景为玉泉龙泉所潴。此地最洼,受诸泉之委,汇为巨浸。土名大泊湖";"又三里为功德寺,洪波衔其东,幽林出其南。路尽丛薄,始达于野,乃由玉泉出于山下,喷薄转激,散为溪池"。①

咸丰十年(1860年)遭英法联军破坏,光绪十四年(1888年)慈禧挪用海军经费重建,改名颐和园,作为避暑游乐地。颐和园由万寿山、昆明湖等组成,占地约290万平方米,山清水秀,风光旖旎,有各种形式的宫殿园林建筑3 000余间,在我国园林史上占有重要地位。

颐和园的布局,继承了我国传统的园林布局方法,利用自然曲折变化,而主体建筑如智慧园、佛香阁、排云殿等则又宾主分明,主题突出,显示了宏伟的气魄。园中还效法江南诸处园林的长处,如谐趣园仿效无锡惠山园,玲珑秀丽;在昆明湖的西岸仿效杭州西湖苏堤、白堤之意,建筑了西堤六桥,并在后山仿苏州街市,建筑了苏州街,有商店市井。除了园内布置外,设计者还把周围环境考虑在内,颐和园西面的玉泉、西山诸峰,也被借入园的景中。从东岸望去,只见长堤翠柳,后面隐隐现出玉泉山的宝塔和西山起伏的峰峦。②

乾隆二十年(1755年)《养云轩》:"名山多奇境,平陵构疏轩。轩中何所有?朝暮饶云烟。"乾隆二十五年(1760年)《雨后昆明湖泛舟骋望》:"半夜嘉霖晓快晴,敕机暇偶泛昆明。稳同天上坐春水,爽学秋风动石鲸。出绿柳荫知岸远,入红莲路荡舟轻。玉峰真似蓬莱岛,只许遥遥镜里呈。"稳同二句,化用杜甫诗句:"春水船如天上坐","石鲸鳞甲动秋风"。前句写泛舟的恬逸,后句状微风的清爽。《西京杂记》曾载,汉武帝时凿昆明湖,刻玉石为鲸,每至雷雨,常鸣吼,鳍尾皆动。末两句,写玉泉山真如蓬莱仙境。颐和园采用借景,把园外西山群峰、玉泉宝塔组织到园内。乾隆三十四年(1769年),《畅观堂》载:"回廊曲转处,向北有书堂。远揖山峭蒨,近披湖渺茫。诗聊说情性,图以阅耕桑(是堂北对耕织图)。便是畅观所,敬勤敢暂忘!"

畅春园在今北京市西北海淀。明代为武清侯李伟所建清华园,清康熙间改为

---

① 吴长元:《宸垣识略》卷十一《苑囿》。

② 罗哲文:《园林谈往——罗哲文古典园林文集》,中国建筑工业出版社,2014,第15页。

图 7-5　颐和园(清漪园旧址)

畅春园,康熙二十六年(1687年)竣工,因在圆明园南,亦名前园。为清代所建第一座离宫御苑。建成后,康熙常居于此。乾隆时有局部增建。面积约六十公顷。康熙畅春园记:都城西直门外十二里曰海淀,淀有南有北。自万泉庄平地涌泉,奔流瀺灂,汇于丹陵沜。沜之大,以百顷,沃野平畴,澄波远岫,绮合绣错,盖神皋之胜区也。"唯弥望涟漪,水势加胜耳。当夫重峦极浦,朝烟夕霏,芳荂发于四序,珍禽喧于百族。禾稼丰稔,满野铺芬。寓景无方,会心斯远。"

西花园在畅春园西,为畅春园附园,康熙时原为未成年诸皇子所居,乾隆奉皇太后居住。康熙《畅春园西新园观花》诗:"春光尽季月,花信露群芳。细草沿阶绿,奇葩扑户香。寸心惜鬓短,尺影逐时长。心向诗书奥,精研莫可荒。"《宸垣识略》载,西花园在畅春园西,前临河,正殿为讨源书屋,后敞宇为观德处。有诗云:"玉泉山色满林园,硐水依然夹道奔。花亚雕栏红破萼,苔侵钿砌绿添痕。"

玉泉山,以泉名。泉出石罅,潴为池,广三丈许。水清而碧,细石流沙,绿藻紫荇,一一可辨,沙痕石隙,随地皆泉。山阳有巨穴,泉喷而上,淙淙有声,或名之喷雪泉。有御书"玉泉趵突"四字,为燕京八景之一。"宫门内有小河环绕,中未九经三事殿。殿后二宫门,中为春晖堂,后为垂花门,内殿曰寿萱春永,后倒座殿为嘉荫。""兰藻斋东北山后西宇为疏峰,循岸而西临湖为太朴轩。""无逸斋北郭门外,南为菜园数十亩,北则稻田数顷。斋后稍东有关帝庙。"

静明园(图7-6)今北京市海淀区玉泉山之南。辽建玉泉山行宫,金建芙蓉殿行宫,元建昭化寺,明英宗建上下华严寺。康熙十九年(1680年)改名澄心园,三十一年(1692年)改静明园,康熙、雍正曾在此阅兵。《宸垣识略》有记载:静明园,在玉泉山下。有湖,湖中为芙蓉晴照。乾隆十八年(1753年),《芙蓉晴照》载:"秋水南华趣,春光六月红。羞称张氏面,不断卓家风。无意峰光落,恰看晴照同。更传称别殿,旧迹仰晞中。"同年《采香径》载:"松径招提出,兰衢宛转通。植援防鹿逸,学圃望鱼丰。是药文殊采,非云八伯丛。欲因知野趣,匪事慕莼菘。"

图7-6　静宜园见心斋

静宜园在今北京市香山公园,康熙十六年(1677年)于此建行宫,乾隆十年(1745年)增建,改名静宜园。园内有二十八景。在咸丰十年(1860年)、光绪二十六年(1900年)两次战乱中大部分毁,建国后辟为香山公园。《宸垣识略》载:静宜园在香山前,为城关。丽瞩楼迤南为虚朗斋,前为石渠,为流觞曲水,为画禅室。[①] 乾隆十一年(1746年)御制《虚朗斋》诗序:"由丽瞩楼而南,度石桥,为北宫门。沿涧东行,折而南,为东宫门。中为广宇回轩,曲廊洞房,密者宜燠,敞者宜凉,柰桷不雕,楹槛不饰。砻石周庑之壁,书兹山旧作,与摹古帖参半。南为曲水,藤花垂蔓覆其上。向南一斋曰虚朗。虚则公,公则明,朗之为义,高明有融。"同年《绚秋林》序及诗:"山中之树,嘉者有松,有桧,有柏,有槐,有榆,最大者有银杏,有枫,深秋霜老,丹黄朱翠,幻色炫采。朝旭初射,夕阳返照,绮缬不足拟其丽,巧匠设色不能穷其工。嶂叶经霜染,迎晖紫翠纷。绚秋堪入画,开锦恰过云。"乾隆二十年(1755年),《香山静宜园六韵》载:"山以仁为德,秋唯静与宜。树犹张翠色,风自富凉时。久别如初遇,澄怀更起思。岚光窗里纳,松影座间移。参画真无尽,过驹有若斯。轻舆问前景,欲去且迟迟。"

嘉庆(1760—1820年),名颙琰,乾隆第十五子。乾隆禅位后,他于1796年即

---

① 吴长元:《宸垣识略》卷十一《苑囿》。

位。亲政后赐死权臣和珅,镇压白莲教起义。由于国势渐衰,经费支绌,虽图振作而无起色。著有《御制诗文集》。其《绮春园记》载:是园"皇考定名绮春。遂开通门径,西达秀清村,东接茜园,豁然贯通矣。顾年久荒废,殿宇间有倾圮,湖泊亦多淤垫,丹艧剥落,基址湫湿。爰自嘉庆六年驻跸御园之后,暇时临莅弗适于怀,每岁修理一二处。屏绝藻绘,惟尚朴淳。花木遂其地产之茂蒨,溪山趁其天成之幽秀。园境较圆明园仅十分之三,而别有结构自然之妙趣。虽荆关大手笔未能窥其津涯而云林小景亦颇有可观之道也";"西为清夏斋,殿宇宏敞,池水澄洁,有修竹数竿,苍松百尺,熏风南来,悠然自得";"北有小岛,结构层楼,远仿嘉兴,近规塞苑,额题烟雨。叶时若之休征,窗对峰峦,览周原之胜概;几暇登临,抒怀抱而寄吟思,信可乐也";"园北平湖百顷,碧浪涵空,远印西山,近连太液,洲屿掩映,花木回环,殿宇五楹,高深明达"。

孙承泽(1592—1676年),字耳伯,号北海,又号退谷,山东益都(今青州)人,自幼力学,不附魏党,明崇祯四年(1631年)进士,曾任知县。入清,孙承泽为吏部侍郎,加太子少保、都察院右都御史衔,年六十引退,闭门著述。潜研经学,能吟咏,著有《天府广记》、《九州岛山水考》、《春明梦余录》等。其采用夸张的手法,极力描绘北京海淀李戚畹园之景,"方广十余里,中建挹海堂,堂北有亭,亭悬清雅二字,明肃太后手书也。亭一望尽牡丹,石之间,芍药间之,濒于水则已。飞桥而汀,桥下金鲫,长者五尺。汀而北,一望皆荷,望尽,而山婉转起伏,殆如真山。山畔有楼,楼上有台,西山秀色,出手可挹。园中水程十数里,屿石百座,灵璧、太湖、锦川百计,乔木千计,竹万计,花亿万计。"[①]

昭梿(1776—1829年),号汲修主人,清太祖努尔哈赤次子代善第八代孙,袭礼亲王爵号。一度被革去王爵,圈禁三年,后复出,任宗人府候补知事,著有《啸亭杂录》。其卷九《京师园亭》:"京师西北隅近海淀,有勺园,为明米万钟所造,结构幽雅";"其地多诸王公所筑,以和相十笏园为最";"又右安门外有尺五庄,为祖氏园亭,近为某部曹所售。一泓清池,茅檐数椽,水木明瑟,地颇雅洁,又名小有余芳,春夏间多为游人宴赏。其南王氏园亭,向颇爽垲,多池馆林木之盛。"

第四节　避暑山庄的塞外风光

避暑山庄(图7-6),康熙四十二年(1703年)在承德兴建的离宫御苑,或称热河行宫,在承德市区北部,群山环抱,气候宜人。建筑物达一百一十余处,占地五百六十四公顷,蜿蜒起伏的宫墙达十公里,是我国现存占地最大的古代帝王宫苑。有峰峦、山谷、原野,溪流与湖泊。山庄内建筑大多集中于湖区及其附近,其景点散布其

---

① 　孙承泽:《春明梦余录》卷六十五《名迹二》。

中,集中南北方建筑布局特点。园地选择于承德,与当时皇帝的重要政治活动"北巡"有关,当然也与当地优越的风景、水源与气候条件有关。

避暑山庄作为皇家园林苑囿,具有多方面的美学实用与欣赏价值。

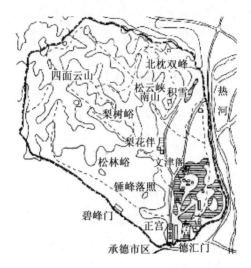

图 7-7　避暑山庄平面图

首先,是建筑在避暑山庄审美中的作用。

清朝皇帝在避暑山庄居住、游乐、批阅奏章、接见王公大臣与前来朝觐的少数民族首领及外国使臣,需要在某些特定的宫殿厅堂内进行,其建筑具有特殊的实用功能。如澹泊敬诚殿和勤政殿是皇帝从事政务活动的地方。烟波致爽在避暑山庄正殿澹泊敬诚殿之后,为清帝寝宫,建于康熙四十九年(1710年),面阔七间,进深三间。正殿东西两侧各有一小跨院,为后妃居住处:热河地势高敞,气亦清朗,无蒙雾霾氛。柳宗元所记"旷如也"。四围秀岭,十里澄湖,致有爽气。云山胜地之南,有屋七楹,遂以"烟波致爽"颜其额焉。康熙《避暑山庄三十六景图咏》写烟波致爽,首先是"静默":"山庄频避暑,静默少喧哗。北控远烟息,南临近墅嘉。"而云山胜地在避暑山庄烟波致爽殿后。康熙四十九年(1710年)建。楼高两层,不设楼梯,而以假山为自然磴道。因其居高临下而得名。《云山胜地》:"万壑松风之西,高楼北向。凭窗远眺,林峦烟水,一望无极,气象万千,洵登临大观也。万顷园林达远阡,湖光山色入诗笺。披云见水平清理,未识无愆守节宣。"

建筑也是避暑山庄风景构图的重要因素。山庄的"七十二景"的每一景,都含有建筑;而且各处建筑一般都是该处风景的构图中心。如水心榭是三个形式各不相同的亭子为风景构图中心的,金山岛的风景构图中心是上帝阁。其他如烟雨楼、万壑松风、碧峰寺等,无不是以建筑为中心组织风景构图的。在某些具体的景观中,建筑还经常起到灵魂的作用,如游人站在万壑松风北眺,湖光山色,绚丽如画,但最引人注目的还是南山积雪亭。游人在湖区或平原区的视野开阔处,都会看到南山积雪亭,常常将其作为游览的目标。① 又如"无暑清凉"为避暑山庄如意洲的门殿,面阔五间,进深一间,四面皆水,景色秀丽。循芝径北行,折而少东,过小山下,红莲满渚,绿树缘堤。面南夏屋轩敞,长廊联络,为无暑清凉。山爽朝来,水风微度,泠然善也。"延熏山馆"则是:入无暑清凉,转西,为延熏山馆,楹宇守朴,不腰不雕,得山居雅致。启北户,引清风,几忘六月。

建筑还是欣赏景致的场所。避暑山庄的一些风景绝佳处,往往要在一些特定场所的特定建筑之内通过窗户栏杆,或者在建筑顶上极目远眺才得以领略。如"万壑松风"在避暑山庄松鹤斋之北,建于清康熙四十七年(1708 年),是宫殿区最早的一组建筑,具有南方园林特色。该建筑为康熙批阅奏章、召见百官和眺望湖光山色之处。在无暑清凉之南,据高阜,临深流。长松环翠,壑虚风度,如笙镛迭奏声,不数西湖万松岭也。又如"四面云山",在避暑山庄西北高峰之巅,为清帝每岁重阳节登高处。从亭中四望,群山罗列,诸峰拱揖,有高入云际之感。澄泉绕石,迤西,过泉源,盘冈纡岭,有亭翼然,出众山之巅,诸峰罗列,若揖若拱。天气晴朗,数百里外,峦光云影,皆可远瞩。亭中长风四达,伏暑时,萧爽如秋。殊状崔嵬里,兰衢入好诗。远岑如竞秀,近岭似争奇。雨过风来紧,山寒花落迟。亭遥先得月,树密显高枝。潮平无涌浪,雾净少多岐。脉脉金明液,溶溶积翠池。《西岭晨霞》载:"杰阁凌波,轩窗四出,朝霞初焕,林影错绣,西山丽景,入几案间。始登阁,若履平地,忽缘梯而降,方知上下楼也。雨歇更阑斗柄中,成霞聚散四方风。时光岂在凌云句,寡过清谈宜守中。"张玉书《赐游热河后苑记》载:"直行里许,至驻跸之地。"正门额曰"澄波叠翠"。门外居中设御榻。眺览旷远,千岩万壑,俱在指顾间。"转至御座,正殿前鲜花列植,极多异种。绣球五本,分五色,目中所未见也。"

在避暑山庄的建筑中,有一类虽然不那么引人注目,却小巧精致,起着连接或者点缀景色的作用,是美学欣赏不可缺少的组成要素。

如"濠濮间想",在避暑山庄澄湖北岸,为六角攒尖顶式重檐敞亭,取"亭前水木明瑟,鱼鸟因依于濠梁之间"的意境。清流素练,绿岫长林,好鸟枝头,游鱼波际,无非天适,会心处在南华秋水矣。茂林临止水,间想托身安。飞跃禽鱼静,神情欲状难。"天宇咸畅":湖中一山突兀,顶有平台,架屋三楹,北即上帝阁也。仰接层霄,俯临碧水,如登妙高峰上,北固烟云,海门风月,皆归一览。通阁断霞应卜居,人烟不到丽晴虚。云叶淡巧万峰明,雁过初,宾鸿侣,鸥雨秋花遍洲屿。"香远益清":曲水之东,开凉轩,前后临池,中植重台、千叶诸名种,翠盖凌波,朱房含露,流风冉冉,芳气竟谷。出水涟漪,香远益清,不染偏奇。沙漠龙堆,青湖芳草,疑是谁知。移根各地,参差何处? 那分公私。楼起千层,荷占数层,炎景相宜。"云帆月舫":临水仿舟形为阁,广义室,袤数倍之,周以石阑。疏窗掩映,宛如驾轻云浮明月。上有楼可登眺,亦如舵楼也。

① 张羽新:《避暑山庄的造园艺术》,文物出版社,1991,第 49~50 页。

其次,是峰峦起伏叠嶂,构成避暑山庄的背景。避暑山庄以峰峦岩壑为背景,整个山庄巧于因借自然地势和周围环境,烘托主要的建筑,所谓"凡所营构,皆因岩壑天然之妙"。①

《锤峰落照》载:"平台之上,敞亭东向,诸峰横列于前。夕阳西映,红紫万状,似展黄公望《浮岚暖翠图》。有山矗然倚天,特作金碧色者,磬锤峰也。纵目湖山千载留,白云枕涧报深秋。巉岩自有争佳处,未若此峰景最幽。"《北枕双峰》载:"环山庄皆山也。山形至北尤高。亭之西北,一峰峻出,势陂陀而逶迤者,金山也。其东北一峰拔起,势雄伟而崒嵂者,黑山也。两峰翼抱,与兹亭相鼎峙焉。"《南山积雪》:"山庄之南,复岭环拱,岭上积雪,经时不消。于北亭遥望,皓洁凝映,晴日朝鲜,琼瑶失素。峨眉明月,西昆阆风,差足别拟。图画难成丘壑容,浓妆淡抹耐寒松。水心山骨依然在,不改冰霜积雪冬。"

再次,湖光涟漪,溪流泉飞。避暑山庄水面现存五百亩,约占全园总面积的十分之一。康熙曾评价避暑山庄是"水心山骨";而康熙、乾隆所题七十二景,有三十来个以水为主题。

湖面涟漪之景。《芝径云堤》:在避暑山庄万壑松风之北。建于康熙四十二年(1703年),仿杭州西湖苏堤形式而建,长堤逶迤,并分为三支。堤岸垂柳成荫,湖光涟漪。康熙疏导湖区时,曾亲自设计度量。"夹水为堤,逶迤曲折,径分三枝,列大小洲三,形若芝英,若云朵,复若如意。有二桥通舟楫。万几少凉出丹阙,乐水乐山好难歇。"《镜水云岑》载:"后楹依岭,三面临湖,廊庑周遮,随山高下,波光岚影,变化烟云。佳景无边,令人应接不暇。层崖千尺危嶂,涵绿几重碧潭。狮径盘旋道北,松枝宛转山南。沉吟力尽难得,悬像俯察仰参。至理莫求别伎,经书自有包函。"

清幽澹荡之景。雍正《避暑山庄》载:"馆宇清幽晓气凉,更宜澹荡对烟光。湖平水色涵天色,风过荷香带叶香。戏泳金鳞依密荇,低飞银练贴芳塘。兰桡折取怜双蒂,殊胜陈隋巧样妆。"张玉书《赐游热河后苑记》载:"及午宴罢,群起谢恩出,遂登舟泛湖。湖之极空旷处,与西湖仿佛,其清幽澄洁之胜,则西湖不及也";"舟中遥望,胜概不可殚述。有远岸萦流,极其浩淼者;有岸回川抱,极其明秀者。万树攒绿,丹楼如霞,谓之画境可,谓之诗境亦可,而诗与画逊真境远矣。湖东岸一闸,温泉水从此入。登岸则有荷池数亩。池上有凉殿,殿右有亭,为曲水流觞之地,额曰苹草沜";"远近泉声,皆随地势曲折疏导而得之。循湖水数折,复至初乘舟处登岸,渡桥由旧道而出,此苑中东北一路胜概也";"登舟过藏舟坞,对望隔一堤,湖光空明无际,所谓双湖夹镜者,于此地见之。湖西莲甚盛,内有一种,色至鲜丽者,从敖汉部落得其种,花与叶俱浮水面,倒影湖中,最称奇丽。其他或远或近,或数丛,或散布,清芬环匝,真奇观也。登岸,地势平衍,有田畴,有林木,有小桥数折,沿山趾而

① 揆叙,等:《御制避暑山庄三十六景诗跋》,载张羽新:《避暑山庄的造园艺术》,文物出版社,1991,第59页。

行。山巅苍藤古藓，不知几百年物"。《澄波叠翠》载："如意洲之后，小亭临湖，湖水清涟彻底。北面层峦重掩，云簇涛涌，特开屏障。扁舟过此，辄为流连，正如韦应物诗云：'碧泉交幽绝，赏爱未能去。'叠翠耸千仞，澄波属紫文。鉴开倒影列，返照共氤氲。"

泉水琤琮之景。《曲水荷香》："碧溪清浅，随石盘折，流为小池，藕花无数，绿叶高低。每新雨初过，平堤水足，落红波面，贴贴如泛杯，兰亭觞咏，无此天趣。荷气参差远益清，兰亭曲水亦虚名。八珍旨酒前贤戒，空设流觞金玉羹。"《暖溜暄波》："曲水之南，过小阜，有水自墙外流入，盖汤泉余波也。喷薄直下，层石齿齿，如漱玉液，飞珠溅沫，犹带云蒸霞蔚之势。水源暖溜辄蠲疴，涌出阴阳涤荡多。怀保分流无近远，穷檐尽诵自然歌。"《风泉清听》："两峰之间，流泉湁潗，微风披拂，滴石作琴筑音，与鹤鸣松韵相应。泉味甘馨，怡神养寿"。《芳渚临流》载："亭临曲渚，巨石枕流，湖水自长桥泻出，至此，折而南行。亭左右，岸石天成，亘二里许，苍苔紫藓，丰草灌木，极似范宽图画。堤柳汀沙翡翠茵，清溪芳渚跃凡鳞。数丛夹岸山花放，独坐临流惜谷神。"《澄泉绕石》载："亭前临石，池西二里许，为泉，源源自石罅出，截架鸣笐，依山引流，曲折而至。雨后溪壑奔注，各作石堰，以遏泥沙，故池水常澄澈可鉴。每存高静意，至此结衡茅。树密开行路，山长疑近郊。水泉绕旧石，雏雀乐新巢。晴夜荷珠滴，露凝众木梢。"《石矶观鱼》载："远近泉声而南渡石步，有亭东向。倚山临溪，溪水清澈，修鳞衔尾，荇藻交枝，历历可数。溪边有平石，可坐以垂钓。唱晚渔歌傍石矶，空中任鸟带云飞。羡鱼结网何须计，备有长竿坠钓肥。"

虹桥之景。《双湖夹镜》载："山中诸泉，从板桥流出，汇为一湖。在石桥之右，复从石桥下注，放为大湖。两湖相连，阻以长堤，犹西湖之里外湖也。连山隔水百泉齐，夹镜平流花雨堤。非是天然石岸起，何能人力作雕题。"《长虹饮练》载："湖光澄碧，一桥卧波，桥南种敖汉荷花万枝，间以内地白莲，锦错霞变，清芬袭人。苏舜钦《垂虹桥》诗谓'如玉宫银界'，徒虚语耳。长虹清径罗层崖，岸柳溪声月照阶。淑锦千林晴日出，禽鸟处处入音谐。"张玉书（1642—1711 年），字素存，号润甫，江南丹徒人。顺治进士。康熙时为翰林院学士，升刑部尚书，侍从南巡，任大学士二十年。著有《张文贞集》。其《赐游热河后苑记》载："历石磴数十层，迂折而下，右有八角亭，可垂钓。过桥，循长堤行，时上在亭中，顾谓臣等曰：此堤形势，有类灵芝。盖长堤绵亘蜿蜒，至中道别出一支，分为三沱，各踞胜境，实与芝相类也"。

再次，香草遍地，异花缀崖，虬松苍蔚，鸣鹤飞翔，构成避暑山庄的春夏景色。

《松鹤清越》载："进榛子峪，香草遍地，异花缀崖。夹岭虬松苍蔚，鸣鹤飞翔。登蓬瀛，临昆圃，神怡心旷，洵仙人所都，不老之庭也。"《梨花伴月》载："入梨树峪，过三岔口，循涧西行，可里许，依岩架屋，曲廊上下，层阁参差，翠岭作屏，梨花万树，微云淡月时，清景犹绝。云窗倚石壁，月宇伴梨花。四季风光丽，千岩土气嘉。萦情如白日，托志结丹霞。夜静无人语，朝来对客夸。"《莺啭乔木》载："甫田丛樾之西，夏木千章，依阴数里，晨曦始旭，宿露未晞。黄鸟好音，与熏风相和，流声逸韵，山中一部笙簧也。昨日闻莺鸣柳树，今朝阅马至崇杠。"《金莲映日》载："广庭数亩，植金莲花万本，枝叶高挺，花面圆径二寸余，日光照射，精彩焕目，登楼下视，直作黄金布地观。正色山川秀，金莲出五台。塞北无梅竹，炎天映日开。"

张玉书《赐游热河后苑记》载："岸有乔木数株，近侍云此皆奉上命所留。随树筑堤，苍翠交映，而古干更具屈蟠之势。舟中遥望，胜概不可殚述。有远岸萦流，极其浩淼者。"

纪昀(1724—1805年)，字晓岚，一字春帆，号石云，直隶献县(今属河北)人，乾隆进士，入翰林院，官至礼部尚书、协办大学士，曾任四库全书馆总纂官，纂定《四库全书总目提要》，能诗及骈文，作《阅微草堂笔记》等，著有《避暑山庄》。其云："余校勘秘籍，凡四至避暑山庄"；"每泛舟至文津阁，山容水意，皆出天然，树色泉声，都非尘境。阴晴朝暮，千态万状，虽一鸟一花，亦皆入画。其尤异者，细草沿坡带谷，皆茸茸如绿罽，高不数寸，齐如裁剪，无一茎参差长短者，苑丁谓之规矩草。出宫墙才数步，即鬖髿滋蔓矣。岂非天生嘉卉，以待宸游哉！"

清代宫殿，继承历代宫殿风格，以太和殿为中心，红墙黄瓦，在中轴线两旁展开；清代皇家苑囿，从根本上说，承袭历代上林苑等帝王苑囿风格，面积广袤，湖水涟漪，到处是垂杨宫柳，珍禽异卉。其建筑雕梁画栋，龙盘螭绕，华贵雍容，同时在一定程度上吸收了江南私家园林风格，并出现西洋风格建筑，显示了时代特征。清代皇家园林不仅供帝王后妃生活享乐，而且具有体现皇室威严、象征皇帝权力的作用。

第八章 《随园记》等阐释传统园林的自然美

沧桑变易,人事何常,应该从哪个角度发现美、认识美?庄子认为:第一,大美存在于天地之间:"天地有大美而不言";"圣人者,原天地之美而达万物之理。"第二,美的本质是"真":"真者,精诚之至也";"真在内者,神动于外,是所以贵真也";"真者,所以受于天也"。①因为美存在于天地,美是真的,所以庄子的这种说法可以概括为"美是自然"四个字。这种观点,贯穿于整个清代。如前所述,《红楼梦》就强调园林应该"有自然之理,得自然之气",追求人与自然的和谐与融合,尤其是苏州派园林所代表的江南园林思想发展中所遵循的一根红线。

如果说清代初期思想家包括李渔的《闲情偶寄》,对于清代园林的理论与实践有开拓意义,那么,到了清代中期,封建专制集权空前加强。统治者屡兴文字狱,土地兼并严重,高额地租和繁重赋税加紧盘剥农民,各地不断爆发民众包括边疆一些少数民族的反抗斗争。传统园林在这个阶段整体数量虽然依然众多,却逐步丧失内在活力,在此期间出现的《随园记》、《扬州画舫录》、《履园丛话》、《浮生六记》等园林美学的重要著作,重在介绍、总结清代园林发展概况和主要经验,为后人研究清代园林留下了宝贵资料。而上述这些著作,无不贯穿着"美是自然"的思想。

第一节 《随园记》的"以人功而仿天造"

袁枚(1716—1797年),字子才,号简斋,世称随园先生,晚年自号仓山居士,钱塘(杭州)人,少负才名,乾隆四年(1739年)进士,官翰林院庶吉士,曾任溧水、江浦、沭阳、江宁等地知县。袁枚是当时闻名遐迩的才子,乐于诗酒交游,乾隆十七年(1752年)辞官,定居南京小仓山,著有《小仓山房诗文集》,在小仓山筑别墅,经营二十年完成,名随园,曾叹曰:"使吾官于此,则月一至焉;使吾居于此,则日日至焉;二者不可得兼,舍官而取园者也。"后专事著述,授徒讲学。六十三岁以后,游历皖、赣、粤、桂、湘各地名山大川。擅长古文、骈体,尤工于诗。袁枚推崇爱国英雄,其《绝句》:"江山也要伟人扶,神化丹青即画图。赖有岳于双少保,人间始觉重西湖。"并对朴学有清醒认识,对"神韵"(王士禛)说、"格调"说(沈德潜)、"肌理"说(翁方纲)各有评论,而倡导"性灵"说,强调"作诗不可以无我","性情之外无诗"。这些观点都反映在其有关园林美学的论述中。《小仓山房诗文集》包括《随园记》、《随园后记》及其三记至六记等。

随园在小仓山北巅,据考证,其园址曾为东晋谢安住地,名"谢公墩"。唐代诗人李白心向往之,其《登金陵冶城西北谢公墩》诗:"冶城访古迹,犹有谢公墩。"清康熙间江宁织造曹寅又于此处造园,《红楼梦》中的大观园,袁枚认为"即余之随园"。②

① 《庄子》之《知北游》、《渔父》。

② 袁枚:《随园诗话》卷二。

后曹家被查抄,雍正将曹家园宅赏赐给曹寅后任隋赫德,隋氏名其园"隋织造园",①并"构堂皇,缭垣墉,树之荻干、章桂千畦,都人游者翕然盛一时,号曰随园。因其姓也"。隋赫德被革职发配,袁枚在江宁县令任上从其后人处买下隋园、准备做今后的归隐之处时,该园一片荒芜,"倾且颓弛,其室为酒肆,舆台嗢呕,禽鸟厌之不肯妪伏,百卉芜谢,春风不能花。余恻然而悲,问其值,曰三百金,购以月俸"。

袁枚于是着手清理随园,"茨墙剪阖,易檐改途"。在改建过程中,袁枚特别注意根据原来地势的条件,因地制宜,其高处,"随其高,为置江楼";其低处,"随其下,为置溪亭";其溪涧处,"随其夹涧,为之桥";其河流处,"随其湍流,为之舟";其地势隆起险要处,"随其地之隆中而欹侧也,为缀峰岫";其地势深邃旷远处,"随其蓊郁而旷也,为设宦窔(幽深)"。"或扶而起之,或挤而止之,皆随其丰杀繁瘠,就势取景,而莫之夭阏(阻隔)者,故仍名曰随园,同其音,易其义"。

经过两年多的苦心营造,随园变成了一座袁枚理想中的美如画卷、四季宜人的私家园林。改建完成,袁枚叹曰:"使吾官于此,则月一至焉;使吾居于此,则日日至焉。二者不可得兼,舍官而取园者也。"看惯了政治争斗与腐败黑暗、早已对官场失意厌倦的袁枚于是请了病假,居住随园。按照他的说法,"余竟以一官易此园,园之奇,可以见矣"。自此,他"朝夕常坐之处,则为夏凉冬燠所,在山房之左也。壁嵌玲珑木架,上置古铜炉百尊,冬温以火,旃檀馥郁,暖气盎然,举室生春焉。夏凉冬燠所之上有楼,曰绿晓阁,亦曰南楼,东南两面皆窗,开窗则一围新绿,万个琅玕,森然在目,宜于朝暾初上,众绿齐晓,觉青翠之气扑人眉宇间,子才每看诸姬晓妆于此"。②

围绕着随园,袁枚表现的是以自然为本、人力为辅,顺从、缀以人工雕琢的美学理念。而这种理念,又是与他落拓不羁、不肯终身与统治者为伍的性格联系在一起的。

袁枚后又复职,被分发到陕西任县令,但不久于乾隆十七年(1752年)年底就返回守制,这次"复出"就告结束了。"在万念俱灰之中,袁枚心中的及时行乐主义又重占上风";"自晚明以来士大夫中的淫荡奢靡的社会风气,既是外部世界政治经济使然,也是政治黑暗造成知识阶层内心对社会全面丧失理想使然。这种及时行乐主义,固然腐朽没落,但其中也包含了对腐朽没落的憎恨和反抗"。袁枚从陕西返回,"归山"意志坚定,此后再无"失节"事。③

他这时面对的,又是一个衰败不堪的随园:"所植花皆萎,瓦斜堕梅,灰脱于梁。"这样,"势不能无改作"。但他没有想到的是,尽管他亲自率领夫役修葺,"芟石留,觅土脉,增高明之丽","治之有年",费了"千金",仍然"功不竟",未能恢复原状。

① 王英志:《红粉青山伴歌吟》,东方出版社,1999,第100页。
② 徐珂:《清稗类钞》第一册《园林类·随园》,中华书局,1984,第199～200页。
③ 罗以民:《子才子——袁枚传》,浙江人民出版社,2007,第118页。

有客问他为何不干脆另买一园:"以子之费,易子之居,胡华屋之勿获,而俯顺荒余何耶?"

袁枚的回答是:"夫物虽佳,不手致者不爱也;味虽美,不亲尝者不甘也。子不见高阳池管、兰亭梓泽乎?苍然古迹,凭吊生悲,觉与吾之精神不相属者,何也?其中无我故也。公卿富豪,未始不召梓人营池囿,程巧致功,千力万气落成,主人张目受贺而已,问某树某名而不知也,何也?其中亦未尝有我故也"。他强调"惟夫文士之一水一石,一亭一台,皆得之于好学深思之余,有得则谋,不善则改。其荋如养民,其刈如除恶;其创建似开府,其浚渠篢山如区土宇版章。默而识之,神而明之。惜费故无妄作,独断故有定谋。及其成功也,不特便于己,快于意,而吾度材之功苦,构思之巧拙,皆于是征焉。今园之功虽未成,园之费虽不赀,然或缺而待周,或损而待修,固未尝有迫以期之者也?"

"惟夫文士之一水一石,一亭一台,皆得之于好学深思之余",体现了袁枚在规划与构造园林过程中的独立思考的态度。

经过乾隆十八年(1753年)、乾隆二十二年(1757年),以及乾隆三十三年(1768年)的三次修葺,随园终于定型。袁枚认为"园林之道,与学问通",具体而言是依据袁枚的哲学、美学思想改作随园的。他首先认为,治园与治学一样不能"荒于嬉"、"狃于便",要"为之勤,游之勤,恒若有所思念计划,即要勤快、认真,不断构思、改进。但治园又有其特殊性,即:'学之不足,精进可也;园之不足,则必伤于财而累于廉,乌可继乎?'""袁枚根据孟子所云'人有不为也,而后可以有为'的思想,提出治园之道为'人之无所弃者,业之无所成也',其中不为无与有、虚与实、疏与密等相辅相成的艺术辩证法精神。"[①]

袁枚的园林美学思想包括:

好学深思之余,随心所欲。袁枚通过治园中亲自规划"一水一石,一亭一台,皆得之于好学深思之余",自作主张,随心所欲,"未尝有制而掣肘者",表达了自己对于治园的独立意志,进而认为远远胜过自己当年之"腰笏磬折,里魁喧呶"、"仰息崇辕,请命大胥",从而通过园林的审美观,表达了自己不与统治者合作、追求独立人格的理想。

"以人功而仿天造"。袁枚主张"以人功而仿天造","居家如居湖,居他乡如故乡"。《随园五记》载:"余离西湖三十年,不能无首丘之思。每治园,戏仿其意,为堤为井,为里、外湖,为花港,为六桥,为南峰、北峰。当营构时,未尝不自计曰:以人功而仿天造,其难成乎?纵几于成,其果吾力之能支、吾年之能永否?今年幸而皆底于成。嘻!使吾居故乡,必不能终日离其家以游于湖也,而兹乃居家如居湖,居他乡如故乡,骤思之,若甚幸焉;徐思之,又若过贪焉。"

"亲见其萌芽拱把,以至于蔽牛而参天"。袁枚通过自己亲自种植、养护,见证

---

① 王英志:《袁枚评传》,南京大学出版社,2002,第150页。

了树木的生长,从而获得无尽的乐趣。"彼世之饰朱门涂白盛者,或为而不居,居而不久。而余二十年来,朝斯夕斯,不特亭台之事生生不穷,即所手植树,亲见其萌芽拱把,以至于蔽牛而参天;如子孙然,从乳哺而长成而壮而斑白,竟一一见之,皆人生志愿之所不及者也。何其幸也!虽然,草木如是,吾亦可知,吾既可知,则此后有不可知者在矣。"

注重本园与外部环境的相邻关系。至乾隆二十四年(1759年),随园基本定型。袁枚有《随园二十四咏》,主要建筑与景点包括仓山云舍、书仓、金石藏、小眠斋、绿小阁、柳谷、竹请客、因树为屋,渡鹤桥、悠然见南山等。其中,悠然见南山为楼名,高三层。"袁枚以一私家花园,居然造楼达三层,还有座造在山上的高高的天风阁,不是为了炫耀,而是为了观景。袁枚的造园艺术十分注重本园与外部自然环境的相邻关系,那就是'借景'";"袁枚造高楼,就是在家中寻找'一览众山小'的意思。"①

天籁人籁,合同而化。追求人与自然的和谐与融合,是袁枚审美观的重要内容。袁枚曾在《峡江寺飞泉亭记》(亭在广东峡山)中说:"登山大半,飞瀑雷震,从空而下。瀑旁有室,即飞泉亭也。纵横丈余,八窗明净,闭窗瀑闻,开窗瀑至,人可坐,可卧,可箕踞,可偃仰,可放笔砚,可瀹茗置饮。以人之逸,待水之劳,取九天银河置几席间作玩,当时建此亭者,其仙乎!""僧澄波善奕,余命霞裳(学生)与之对枰,于是水声、棋声、松声、鸟声,参差并奏。顷之,又有曳杖声从云中来者,则老僧怀远,抱诗集尺许,来索余序。于是吟咏之声,又复大作。天籁人籁,合同而化。不图观瀑之娱,一至于斯!亭之功大矣。"袁枚《戊子中秋记游》则说:"佳节也,胜境也,四方之名流也,三者合,非偶然也。以不偶然之事,而偶然得之,乐。乐过而虑其忘,则必假文字以存之,古之人皆然。"正所谓"峰岚纷布置,巧匠出新裁;曲折随人转,都缘假字来"。②

"园林之道,与学问通。"《随园三记》载:"园林之道,与学问通。藏焉修焉,不增高而继长者,荒于嬉也;息焉游焉,不日盛而月新者,狃于便也";"吾固不然,为之勤,游之勤;恒若有所思念计划,以故登登陾陾(筑城声),耳无绝音。虽然,学之不足,精进可也;园之不足,则必伤于财而累于廉,乌乎可继?乃恍然曰:人之无所弃者,业之无所成也。""吾于园则然。弃其南,一椽不施,让云烟居,为吾养空游所;弃其寝,跶剥不治,俾妻孥居,为吾闭目游所。山起伏不可以墙,吾露积不垣,如道州城,蒙贼哀怜而已;地隆陷不可以堂,吾平水置埶,如史公书,旁行斜上而已";"以短护长,以疏彰密,以豫畜材为富,以足其食,徐其兆而不趋,为犒工而恤夫,使吾力常沛然有余,而吾心且相引而不尽。此治园法也,亦学问道也。"

"园悦目者也,亦藏身者也。"《随园四记》载:"今视吾园,奥如环如,一房毕复一房生,杂以镜光,晶莹澄澈,迷乎往复,若是者于行宜";"高楼障西,清流洄洑,竹万

① 罗以民:《子才子——袁枚传》,浙江人民出版社,2007,第131页。
② 袁枚:《小仓山诗文集》卷三三《造假山》。

竿如绿海,唯蕴隆宛暍之勿虞,若是者与夏宜。琉璃嵌窗,目有雪而坐无风,若是者与冬宜。梅百枝,桂十余丛,月来影明,风来香闻,若是者与春秋宜"。①

第二节　马曰璐与《扬州画舫录》记园林

扬州地处大运河与长江的交汇点,擅舟楫之便,风光明媚,物产丰饶,人文发达,自古就有楚尾吴头、江淮名邑的美誉。扬州的美食、戏曲、画派等,都是其文化的组成部分。历史上,扬州园林兴起于汉代藩王宫苑,以后与盐业的兴衰密切相关;隋炀帝杨广在扬州大兴离宫林苑,建有"迷楼"。唐代的扬州,水陆交通发达,富庶繁华,为东南第一都会,时有"扬一益二"之称,楼台园林众多。宋至明代得以维持。晚明计成曾参与寤园和影园的设计及施工。

经过明末扬州十日,清代,随着盐、漕两运的恢复与兴盛,扬州经济日渐发达,扬州的造园活动形成了新的高潮。当时两淮是全国最大的产盐区,乾隆时,两淮每年的赋税占全国商业总税收的一半,其中主要是盐税。顺治年间,全国年盐税收入五十余万两,乾隆十八年(1753年)已达七百万两以上,其中两淮盐税占了很大比重。正因为如此,清政府对扬州盐务十分重视,派在这里的两淮巡盐御史、两淮盐运使,都选亲信要员担任。而盐商则由于垄断盐源,左右盐价,获利甚丰。扬州的盐商"富者以千万计";"百万以下者,皆谓之小商"。盐商的大量钱财,除了供自己挥霍消费,以及报效朝廷、谋求自己更好的地位以外,往往大造园林。如乾隆中有"四元宝"之称的黄晓峰四兄弟,各有自己的私家花园,老大为易园,老二为十四房花园,老四为容园等。连乾隆都惊叹:"扬州盐商,拥有厚资,其居室园囿,无不华丽崇焕。"②与此同时,扬州一带文化兴盛,名士云集。晚明至清代,史学家谈迁,诗人吴嘉纪、王士禛,小说家蒲松龄、吴敬梓,曹雪芹的祖父曹寅,学者汪中、焦循、阮元,戏剧家洪升、孔尚任,以及"扬州八怪"等,都是扬州当地人或者曾经寄寓扬州,与扬州有密切关系。

康熙五十五年(1716年)年开始建设的筱园,是扬州大规模新建园林的先行者。扬州城内有康山草堂、万石园、小方壶、休园、小玲珑山馆等;城外有乔氏东园、影园、倚园、大涤草堂等众多园林。作为南北园林艺术融合的结晶,"很明显,扬州的建筑是北方'官式'建筑与江南民间建筑两者之间的一种介体。这与清帝'南巡'、四商杂处、交通畅达等有关,但主要还是匠师技术的交流"。在叠山方面,扬州名家辈出,"他们有的是当地人,有的是客居扬州的外地人,在叠山技术方面,彼此互相

---

① 太平天国后,"城中名园胜迹,皆成丘墟,随园亦寸甓无存矣"。见[民国]徐珂:《清稗类钞》第一册《园林类·随园》,中华书局1984年版。

② 朱福烓:《扬州发展史话》,广陵书社,2014,第181~184页。

中国园林美学思想史——清代卷

交流,互相推敲,都各具有独特的成就,在扬州留下了许多艺术作品。"①

　　到乾隆年间,随着盐业、漕运的兴盛和商业的繁荣,加上乾隆六次巡幸,尤其是乾隆第三次南巡后,扬州园林建设爆发,私家园林大量出现,尤其是城北及瘦西湖一带,园林相邻,出北门一直到蜀冈平山堂下,瘦西湖沿岸私家园林成片(图8-2),蔚为大观,呈现"两岸花柳全依水,一路楼台直到山"的景象。② 尤其是管理盐业的生产、运输、管理的机构两淮盐运司设于扬州,盐商集结,财力雄厚,生活奢华,加上其为迎接乾隆南巡,大量造园,有的园林还得到皇帝的赐名。乾隆时期,瘦西湖园林在因袭历史的同时,扬弃以往对清旷、超逸意境的追求,更多注重新的创造,展示人的创造力,表现人对园林美追求的进取精神,充满着世俗的人情味。由于财力富足,园林注重形式美和精巧技术的运用。这与此时北方皇家园林的美学追求殊途同归,并有异曲同工之妙。"构成瘦西湖园林群组的园林,不再停留在明末清初那种淡泊、清旷的拙政、网师、寄畅的韵味上,而是更执着于创新、对自然的把握,以及突出自身的特征上,按主题分类,如'卷石洞天'以叠石停云、洞壑幽深取胜;九峰园以九块奇特的太湖石峰而御赐得名";"西园曲山"则为四支湖水汇合之处、水体回环弥漫而取胜。按地形特征分类,又分为水园、山园、岛园、湖畔园四大类型。③

图 8-1　瘦西湖熙春台

　　但是,扬州园林鼎盛的局面没有维持多久,随着皇帝停止南巡及海运的发展带来扬州城市地位下降,以及盐业改革带来扬州城市财富的下降,到嘉庆、道光年间

①　陈从周:《梓室余墨》,生活・读书・新知三联书店,1999,第470~471页。
②　许少飞:《扬州园林》,苏州大学出版社,2001,第25页。
③　吴肇钊:《扬州瘦西湖园林群图卷》,《园林风景》,2012年第5期。

随着盐商的散败,园林衰败,大约有四十年为园林建设的空白期。同治末年开始,扬州城内园林开始恢复发展,主要在城内新建了一些城市宅园,但是规模仍然偏小,一些有影响的园林,仍是旧园林的改建与发扬。到近代,由于运河阻塞和战乱,扬州园林进一步衰落。

扬州无山无水,所谓蜀冈、瘦西湖,也仅仅是假山假水而已。园的主人、造园者扬长避短地利用长江南移呈现的岸,冠以"蜀冈",造就以人文景观为主的蜀冈名胜,应用唐双重城之罗城和宋大城的护城河,蜀冈山水流向运河之排洪渠道,运用我国造园艺术手法,随形借景,互相因借,利用桥、岛、堤岸的划分,使狭长的湖面形成层次分明、曲折多变的湖光水色,同时又依山临水,面湖而筑,组成若干个小园。园中小园相套,自成体系,但又以瘦西湖为共同的空间,应用起伏冈峦,参错树木,院墙回廊分隔空间,造成小中见大、意境深远的效果。[①] 如扬州个园,位于东关街,原为两淮盐总黄应泰的寿芝园,清嘉庆二十三年(1818年),黄应泰在此基础上扩建。园主人高竹节虚心劲节,多与当地文人名士交游,故名个园。其园分住宅区和花园区两部分。花园区有宜雨轩、抱山楼、复道廊等。以水池和假山为中心,周边沿园墙建有各种楼阁,在水池和假山间又点缀各种小亭。个园欣赏重点为春夏四季假山。

清代前期,有王士禛的《红桥游记》。此外,还有汪懋麟(1639—1687年),字季角,号蛟门,江苏江都人。汪懋麟康熙六年(1667年)进士,授内阁中书,以徐乾学荐,以刑部主事入史馆,与修明史,旋罢归,杜门治经。著有诗名,《百尺梧桐阁集》。其《平山堂记》追述了北宋欧阳修主政扬州期间追踪前贤之事。"扬自六代以来,宫观楼阁,池亭台榭之名,盛称于郡籍者,莫可数计,而今罕有存者矣。地无高山深谷,足恣游眺;惟西北冈阜蜿蜒,陂塘环映。冈上有堂,欧阳文忠公守郡时所创。'噫嘻! 平山高不过寻丈,堂不过衡宇,非有江山奇丽,飞楼杰阁,为名岳神山之足以倾耳骇目,而第念为欧阳公作息之地,存则寓礼教,兴文章,废则荒荆败棘,典型凋落,则兹堂之所系何如哉! 余愿继此而来守者,尚其思金公之遗意,而吾郡人亦相与保护爱惜,则幸矣。'"

张云章(1648—1726年),字汉瞻,号倬庵,江苏嘉定人。其父履素以文名。康熙五十二年(1713年),云章由吏部侍郎汤右曾以孝廉方正荐至京师,国子监生,参与修撰《尚书汇纂》。后主掌潞河书院两年。殁后门人私谥"端文",清初嘉定六君子之一,有《朴村诗文集》等。像载《练川名人画像》。

东园,在扬州府江都县,清康熙四十八年(1709)由乔国桢建。次年,延请袁江绘制《东园图》。园中筑山以土堆成丘冈,有峡谷、陂陀、石矶等,并借园外文峰、三汊河两塔之景,融合园内外景观。后毁。张云章《扬州东园记》总论东园:"余往时客

① 韦金笙:《述评蜀冈—瘦西湖风景名胜区——兼论风景园林之秀美》,《中国园林》,1992年第3期。

仪真,仪真者,古之真州也。至则急求所谓东园者,由宋迄今七百余年矣。尝口咏
心维于欧阳子之文,则所谓拂云之亭、澄虚之阁、清咽之堂,仿佛如见其处焉。既而
得其遗址,往往于荒烟、蔓草、田落之间,低徊留之弗忍去,士人见者辄怪而笑之。
甚矣,名胜之迹、文字之美之溺人也。"其地去城以六里名村,盖已远嚣尘而就闲旷
矣。问园之列屋高下几何,则虚室之明,温室之奥,朝夕室之,左右俱宜,不可以悉
志。其佳处辄有会心,则孰为之名?"

其所述,竹:"堂后修竹千竿,绿净如洗。"山:"由堂绕廊而西,有楼曰几山,登其
上者,临瞰江南诸峰,若在几案,可俯而凭也。"池:"楼之前有轩临于陂池曰心听,听
之不以耳而以心,万籁之鸣,寥静者之所自得也。"屋舍:"由轩西北出,经楼下,折而
西,则葺茅为宇,不斫橡列墙,第阑槛其四旁,倦者思憩,可以坐卧,其宽广可觞咏数
十客,颜曰西池吟社。"当然,主要还是归结到自然:"其西农者数家,与渔人杂处。
其外旷若大野,视西墅增胜,若江水东来,潆回于园之前,环匝其四周,而委注于此,
故作庵以踞之。大抵此园之景,虽出于乔君之智所设施,寔天作而地成,以遗之者
多也。游者随其所至,皆有所得";"余与匠门挟其少长以来,浩浩乎,悠悠乎,其心
真与造物者为侣。计园之胜,非独城北诸家之所不能媲美,即当日真州之东园,未必
能尽游观之适如此也。余既不能为欧阳子之文,安能使后之想慕乎斯园者,如想慕
乎真州然。余深嘉乔君之能脱遗轩冕而弗居"。

小玲珑山馆(图8-2),又称街南书屋别墅,位于扬州东关街,为马曰管、马曰璐
兄弟所筑,被袁枚称呼为三大私家园林之一(另二为天津水西庄、杭州小山堂)。

马曰璐(1711—1799年),字佩兮,号半槎,安徽祁门人,徙居江苏江都,国学生。
乾隆元年(1736年)举博学鸿词,不就,家有小玲珑山馆,藏书甚富,常与诸名士作诗
酒之会。马曰璐的诗"写孤韵而抽清思","诗笔清削",著有《南斋集》,编刻有《小玲
珑山馆丛书》六种。马氏兄弟"小玲珑山馆"藏书之富,名著一时。好结交文人墨
客,与全祖望、金农、厉鹗等结为
"邗江吟社"。马氏藏书楼饮誉
东南,得全祖望之助颇多。兄弟
俩凡得秘籍异本,必出示请全祖
望鉴赏,若得全祖望鉴定为珍秘
之本,必备酒举杯相庆。

马曰璐在《小玲珑山馆图
记》一文中,自谓其家自新安迁
来,"房屋湫隘,尘市喧繁。予兄
弟拟卜筑别墅,以为扫榻留宾之
所。近于所居之街南,得隙地废
园,地虽近市,雅无尘俗之嚣,远
仅隔街,颇适往还之便";"西瞻

图8-2　小玲珑山馆

谢安宅之双槐犹存,华屋与山丘致嘅;南闻梵觉之晨钟,俗心俱净;北访梅林之荒戍,碧血永藏。以古今胜衰之迹,佐宾主杯酒之欢,予辈得此,亦贫儿暴富矣";"于是鸠工匠,兴土木,竹头木屑,几费经营,掘井引泉,不嫌琐碎,从事其间,三年有成"。

马曰璐的园林美学思想,大体上包括树荫、泉水和奇石三个要素。

葱倩深沉,醖醸蓊勃。"芟其丛荟,而菁华毕露;楼亭点缀,丽以花草,则景色胥妍。于是,东眺蕃观之层楼高耸,秋萤与磷火争光;敞者堂皇,俯者楼阁,缭者曲廊,静轩闲龛,邃窝深房,峙乃亭台,环乃垣墙,向背适宜,燠寒协序。隙地植梧、柳、榆、桧、桃、杏、来禽、芍药满畦,寒梅成林,藤萝交络,桂树成阴";"此南岸之胜概也。迤北,通以虹桥,沿以莎堤,突以高冈;冈杂松杉、乌柏、银杏之属,石级萦绕,虎络连缀,洗钵有池,翻经有台,窈窕萧疏,连绵鹤涧"。

乍舒乍咽,幽幽涔涔。"山水涧流。第三泉注白莲池,泻入涧中";"云垂烟接,睇视涵空,浩然天成,非由人功,此北岸之胜概也。园三面绕河,船自斟酌桥进,丛生芰荷,朋聚凫鸥,回塘纡余,沓淑分流,山遥青而点黛,水绕白而曳练,直溯长荡,疑闻棹歌,此园以外周遭之胜概也"。

奇石争雄。"固颜之曰觅句廊。将落成时,予方拟榜其门为街南书屋,适得太湖巨石,其秀美与真州之美人石相垺,其奇奥偕海宁之绉云石争雄,虽非娲皇炼补之遗,当亦宣和花纲之品,米老见之,当拜其下。巢民见之,必匿于庐。予不惜资财,不惮工力,运之而至。甫谋位置其中,藉作他山之助,遂定其名'小玲珑山馆'。"

最后,马曰璐将他自己置于景色之中,披襟纳凉,把酒顾影,人景合为一体。"中有楼二,一为看山远属之资,登之,则对江诸山,约略可数;一为藏书涉猎之所,登之,则历代丛书,勘校自娱。有轩二,一曰透风,披襟纳凉处也。一曰漏月,把酒顾影处也。一为红药阶,种芍药一畦,附之以浇药井,资灌溉也。一曰梅寮,具朱绿数种,䕂之以石屋,表洁清也。阁一,曰清响,周栽修竹以承露。庵一,曰藤花,中有老藤如怪虬。有草亭一,旁列峰石七,各擅其奇,故名之曰七峰草亭,其四隅相通处,绕之以长廊,暇时小步其间,搜索诗肠,从事吟咏者也。"

对于扬州园林的研究,目前存在着一些问题:第一,对于扬州园林的地位是否胜于苏州园林,有不同认识;第二,各家均认同扬州园林的高峰期在清代中期,但对其称谓,或对扬州北郊园林统称"瘦西湖",认为是一个放大后的传统园林,或认为是园林群落,或称其为"湖上园林胜区",反映对其理解不同;第三,研究侧重于现存的城市宅园。①

《扬州画舫录》,是叙述扬州园林的名著。作者李斗(? —1817 年),字艾塘、北有,在家排行第二,故又称李二,江苏仪征人,诸生,才情隽茂,通戏曲、诗文,虽工段营造、算术历法亦能兼通,一生好游山水,曾三至粤西,七游闽浙,一往豫楚,两上京师,与袁枚、汪中、阮元、焦循等往来。1764—1795 年,李斗在扬州住三十年,曾为阮

---

① 都铭:《扬州园林变迁研究》,同济大学出版社,2014,第 5 页和 16～17 页。

元幕僚,著有《永报堂诗》八卷、《艾塘乐府》一卷等。《扬州画舫录》成书于乾隆六十年(1795年),十八卷,花三十年心血写成。其著作《草河录》《城北录》等,描绘了扬州社会生活与乾隆盛世。以扬州园林为主要对象。山水园林,胜流佳话,多见其中。每一部分园林按其游览路线排列,每一处园林由总说与分景描写。此书不仅描述了扬州园林,而且反映了扬州的历史文化、社会风情。作为扬州人、时任浙江学政的阮元,对《扬州画舫录》的修订给予了支持,阮元自己也担负起最终审阅者一职,并在其社交圈中广泛推荐。①

《扬州画舫录》叙述水。"东园墙外东北角","凿深池,驱水工开闸注水为瀑布,入俯鉴室。太湖石蟠八、九折,折处多为深潭,雪溅雷怒,破崖而下,委曲曼延,与石争道,胜者冒出石上,澎湃有声;不胜者凸凹相受,旋濩萦洄,或伏流尾下,乍隐乍见,至池口乃喷薄直泻于其中";"门外双柏,立如人,盘如石,垂如柳,游人谓水、柳以是园为最"。②"'石壁流淙'以水石胜也。是园辇巧石,磊奇峰,潴泉水,飞出巅崖峻壁。而成壁淀红淙";"先是土山蜿蜒,由半山亭曲径逶迤至此,忽森然突怒而出,平如刀削,峭如剑利,襞绩缝纫,淙嵌狄岨,如新篁出箨,匹练悬空,挂岸盘溪,披苔裂石,激射柔滑,令湖水全活,故名曰淙"。③"'媚幽阁'三面临水,流水琤瑽。一面石壁,壁上多剔牙松,壁下石涧,以引池水入畦。涧旁皆大石怒立如斗,石隙俱五色梅,绕三面至水而穷;一石孤立水中,梅亦就之。"④临水之美。"是园胜概,在于近水,竹畦十余亩,去水只尺许,水大辄如入竹间";竹外桂露山房前,"有小屋三四间,半含树际,半出溪溇,开靠山门,仿舫屋式。不事雕饰,如寒塘废宅,横出水中,颜曰'春流画舫'"。⑤

《扬州画舫录》论古松怪石:"'涵碧楼'前怪石突兀,古松盘曲如盖。穿石而过,有崖崚嶒秀拔,近若咫尺。其右密孔泉出,迸流直下,水声泠泠,入于湖中。有石门划裂,风大不可逼视,两壁摇动欲摧。崖树交抱,聚石为步,宽者可通舟。下多尺二绣尾鱼,崖上有一二钓人,终年于是为业。⑥伏流既洄,万石乃出。崖洞盘郁,散作叠巘。"⑦"郧园以怪石老木为胜,今归洪氏。以旧制临水太湖石山,搜岩剔穴,为九

---

① 都铭:《扬州园林变迁研究》,同济大学出版社,2014,第169页。按,关于扬州园林的另两部资料,分别是《平山览胜志》和《平山堂图志》。自北宋欧阳修开创平山堂以来,平山堂即成为扬州的一方游览胜地,屡经废兴。清乾隆元年(1736年),扬州盐商汪应庚出资重建平山堂,以后,汪氏又亲自编纂《平山览胜志》十卷,于乾隆七年(1742年)刊印。书中搜集清代有关平山堂的诗词散文。清乾隆三十年(1765年),乾隆南巡,扬州盐商在北郊建卷石洞天、西园曲水、红桥揽胜等二十景,从而形成"两堤花柳全依水,一路楼台直到山"的园林景观。同年,担任两淮盐运使的赵之壁在南巡接驾后纂成《平山堂图志》十卷首一卷,对扬州北郊到平山堂的园林名胜分别加以叙述,并次以历代艺文。
② 《扬州画舫录》卷四《新城北录中》。
③ 《扬州画舫录》卷十四《冈东录》。
④ 《扬州画舫录》卷八《城西录》。
⑤ 《扬州画舫录》卷十五《冈西录》。
⑥ 《扬州画舫录》卷十《虹桥录》。
⑦ 《扬州画舫录》卷十四《冈东录》。

狮形,置之水中。""园自芍园便门过群玉山房长廊,入薜萝水榭。榭西循山路曲折入竹柏中,嵌黄石壁,高十余丈,中置屋数十间。""房竟多竹,竹砌石岸。设小栏,点太湖石。石隙老杏一株,横卧水上,夭矫屈曲,莫可名状。"①半浮阁三面临水,一面石壁,壁上多剔牙松,壁下石涧,以引池水入畦。涧旁皆大石怒立如斗,石隙俱五色梅,绕三面至水而穷。一石孤立水中,梅亦就之。②静照轩,"旁有小书橱,开之则门也。门中石径逶迤,小水清浅,短墙横绝,溪声遥闻,似墙外当有佳境,而莫自入也。"③树木幽邃,声如清瑟凉琴。"过云锦淙,壁立千仞,廊舍断绝,有角门可侧身入,潜通小圃,圃中多碧梧高柳,小屋三四楹,又西小室侧转一室,置两屏风";"从屏风后,出河边方塘,小亭供御扁'半亩塘'石刻"。④

《扬州画舫录》记曲折回廊。"过此又折入廊,廊西又折;折渐多,廊渐宽,前三间,后三间,中作小巷通之,覆脊如工字。廊竟又折,非楼非阁,罗幔绮窗,小有位次。过此又折入廊中,翠阁红亭,隐跃栏槛。忽一折入东南阁子,蹑步凌梯,数级而上。"⑤"由箓竹轩、清华阁,一路浓荫淡冶,曲折深邃,入笼烟筛月之轩,至是亭沼既适,梅花缤纷。"⑥"临水红霞":石隙小路横出,冈硗中断,盘行萦曲,继以木栈,倚石排空,周环而上,溪河绕其下,愈绕愈曲。⑦"薜萝水榭之后,石路未平,或凸或凹,若踶若啮,蜿蜒隐见,绵亘数十丈。石路一折一层至四五折。碧梧翠柳,水木明瑟,中构小庐,极幽邃窈窕之趣。"⑧入小廊,至翠玲珑馆,小池规月,矮竹引风,屋内结花篱,悉用赣州滩河小石子。黄园"阁西为竹间水际下,阁东为回环林翠,其中有小山逶迤,筑丛桂亭。下为四照轩,上为金粟庵。入涟漪阁,循小廊出,为澄碧堂"。⑨

《扬州画舫录》论树木幽深。"涵虚阁之北,树木幽邃,声如清瑟凉琴,半山槲叶当窗槛间,影碎动摇,斜晖静照。"⑩"天然桥西,汀草初丰,渚花乱作,大石屏立,疑无行路,度其下者,亦疑其必有殊胜。乃步浅岸,攀枯藤,寻绝径,猿鸟助忙,迎人来去,行人苦难,幽赏不倦,移时晃晃昱昱,自乱石出,长廊靓深,不数十步,金碧相映,如寒星垂地。由廊得一石洞,深黑不见人,持烛而入,中有白衣观音像。游人至此,迥非世间烟霞矣。"⑪"阁旁一折再折,清韵丁丁,自竹中来,而折愈深,室愈小,到处粗可起居,所如顺适,启窗视之,月延四面,风招八方,近郭溪山,空明一片,游其间

① 《扬州画舫录》卷六《城北录》。
② 《扬州画舫录》卷八《城西录》。
③ 《扬州画舫录》卷十四《冈东录》。
④ 《扬州画舫录》卷十二《桥东录》。
⑤ 《扬州画舫录》卷六《城北录》。
⑥ 《扬州画舫录》卷十四《冈东录》。
⑦ 《扬州画舫录》卷二《草河录下》。
⑧ 《扬州画舫录》卷六《城北录》。
⑨ 《扬州画舫录》卷十二《桥东录》。
⑩ 《扬州画舫录》卷十二《桥东录》。
⑪ 《扬州画舫录》卷十四《冈东录》。

者,如蚁穿九曲珠,又如琉璃屏风,曲曲引人入胜也。"①绿杨湾内上筑仙楼,"左靠山仿效西洋人制法,前设栏楯,构深屋,望之如数什百千层,一旋一折,目炫足惧,惟闻钟声,令人依声而转。盖室之中设自鸣钟,屋一折则钟一鸣,关捩与折相应。"②静照轩"设竹榻,榻旁一架古书,缥缃零乱,近视之,乃西洋画也。由画中入,步步幽邃,扉开月入,纸响风来。"③草木茂盛,芊芊莽莽。

《扬州画舫录》论有桥宛然,如"丽人靓妆照镜":"扬州园林以平曲桥为多。平曲桥之美,首先在于充分体现了中国园林"曲"的造园思想。园林中的平曲桥,还美在既显于水,又隐于水。所谓显于水,指它架于水上,一方面,对平的水面起了隔而不隔、蔽而不蔽的审美效果,拓宽和丰富了水景的层次和空间;另一方面,曲桥又由于自身的婉转、小巧,常称为水面造景、显景的一部分。如扬州何园通向水心亭的平曲桥,就是看景和被看景的绝佳处。所谓隐于水,是由于它低平贴水,又成了水面最好的装饰与点化。倘若把水面比喻成一张纸,那么平曲桥就是这纸上最动人的一条曲线。④ 虹桥即红桥,在保障湖中。《鼓吹词》序云:"在城西北二里,崇祯间形家设以锁水口者。朱阑数丈,远通两岸,彩虹卧波,丹蛟截水,不足以喻。而荷香柳色,曲槛雕楹,鳞次环绕,绵亘十余里。春夏之交,繁弦急管,金勒画船,掩映出没于其间,诚一郡之旧观也。文简游记云:出镇淮门,循小秦淮折而北,陂岸起伏,竹木蓊郁,人家多因水为园亭溪塘,幽窈明瑟,颇尽四时之美。挐小艇循河西北行,林下尽处,有桥宛然,如垂虹下饮于涧,又如丽人靓妆照明镜中,所谓红桥也。"⑤

《扬州画舫录》谓登高远眺之壮美:东园熙春堂"室外石笋迸起,溪泉横流,筑室四五折,愈折愈上,及出户外,乃知前历之石桥、熙春堂诸胜,尚在下一层。至此平台规矩更整,登高眺远,举江外诸山及南城外帆樯来往,皆环绕其下"。⑥"雨止,湖上浓阴,经雨如指,竹湿烟浮,轻纱嫌薄。东望倚虹园一带,云归别峰,水抱斜城。北望江雨又动,寒色生于木末。因移入楼,南临水方亭中待之,不觉秋思渐生也。"⑦

《扬州画舫录》论景之变幻:如意门内"构清妍室,室后壁中有瀑入内夹河。过天然桥,出湖口,壁中有观音洞,小廊嵌石隙,如草蛇云龙,忽现忽隐,蔚玉居藏其中。壁将竟,至阆风堂,壁复起折入丛壁山房,与霞外亭相上下,其下山路,尽为藤花占断矣。盖石壁之势,驰奔云矗,诡状变化,山榴海柏,以助其势,令游人攀跻弗知何从。⑧ 涵虚阁之北,"古木色变,春初时青,未几白,白者苍,绿者碧,碧者黄,黄

① 《扬州画舫录》卷六《城北录》。
② 《扬州画舫录》卷十二《桥东录》。
③ 《扬州画舫录》卷十四《冈东录》。
④ 李金宇:《扬州园林的低桥之美》,《园林》2003年第12期。
⑤ 《扬州画舫录》卷十《虹桥录上》。
⑥ 《扬州画舫录》卷四《新城北录中》。
⑦ 《扬州画舫录》卷十《虹桥录上》。
⑧ 《扬州画舫录》卷十四《冈东录》。

变赤,赤变紫,皆异艳奇彩不可殚记。"①

《扬州画舫录》承袭《花镜》等植物美学著作,详列各种花卉的形态,叙述了作者"遍履花畦,真如入众香国"的感受。其中包括:

桃花之美。由珊瑚林之末,疏桐高柳间,得曲尺房栊,名曰:"桃花池馆"。北郊上桃花,以此(江园)为最。"花在后山,游人多不见,每山溪水发,急趋保障湖,一片红霞,汩没波际,如挂帆分波,为湖上流水桃花,一胜也。"②

荷花之美。康熙间,翰林程梦星于园外临湖濬芹田十数亩,"尽植荷花,架水榭其上,隔岸邻田效之,亦植荷以相映";"芍山旁筑红药栏,栏外一篱界之。外垦湖田百顷,遍植芙蕖,朱华碧叶,水天相映。"③

芍药之美。园中芍药十余亩,"花时植木为棚,织苇为帘,编竹为篱,倚树为关。游人步畦町,路窄如线,纵横屈曲,时或迷失不知来去"。④

繁花之美。影园庭前多奇石,室隅作两岩,岩上植桂,岩下牡丹、垂丝海棠、玉兰、黄白大红宝珠山茶、磬口腊梅、千叶榴、青白紫薇、香橼,备四时之色。⑤

竹柳之美。窗拂垂柳,柳阑绕水曲,阁外设红板桥以通屿中人来往。桥外修竹断路,瀑泉吼喷,直穿岩腹,分流竹间,时或贮泥侵穴。薄暮渔艇,乘水而入,遥呼抽桥,相应答于绿树蓊郁之际。⑥ "楼西南角多柳,构廊穿树,长条短线,垂檐覆脊,春燕秋鸦,夕阳疏雨,无所不宜。"⑦篆竹轩"其地近水,宜于种竹,多者数十顷,少者四五畦。居人率用竹结屋";"背山临水,自成院落。盛夏不见日光,上有烟带其杪,下有水护其根。长廊雨后,劚笋人来,虚阁水腥,打鱼船过。佳构既适,陈设益精。竹窗竹槛,竹床竹灶,竹门竹联";"园之竹益修而有致"。⑧蜀冈朝旭之"万松叠翠"在微波峡西,"多竹。中有萧家桥,桥下乃炮山河分支由炮石桥来者。春夏水长,溪流可玩";"是园胜概,在于近水。竹畦十余亩,去水只尺许,水大辄入竹间"。⑨

第三节 《履园丛话》的造园原则

《履园丛话》是清代中期一部涉及园林构建与美学的理论著作。

钱泳(1759—1844年),原名鹤,字立群,号台仙、梅溪居士,江苏金匮(无锡)人,

① 《扬州画舫录》卷十二《桥东录》。
② 《扬州画舫录》卷十二《桥东录》。
③ 《扬州画舫录》卷十五《冈西录》。
④ 《扬州画舫录》卷十四《冈东录》。
⑤ 《扬州画舫录》卷八《城西录》。
⑥ 《扬州画舫录》卷十四《冈东录》。
⑦ 《扬州画舫录》卷六《城北录》。
⑧ 《扬州画舫录》卷十四《冈东录》。
⑨ 《扬州画舫录》卷十五《冈西录》。

出身望族，能诗工书，年方弱冠即离家远行，长期作幕僚，足迹遍及大江南北。晚年退隐归里，潜居履园，专心著述。《履园丛话》三十八万字，分为二十四目，二十四卷，涉及典章制度、天文地理，包罗万象。其中第二十卷是园林，包括澄怀园、惠园、万柳堂、随园、张侯府园、乐圃、狮子林、拙政园、归田园、息园等。由于大多是作者亲身游览，属于实地考察的记录，内容翔实，具有一定的研究价值。

陈从周说："清代钱泳在《履园丛话》中说：'造园如作诗文，必使曲折有法，前后呼应。最忌堆砌，最忌错杂，方称结构。'一言道破造园与诗文无异，从诗文中可悟造园法，而园林又能言游以成诗文，诗文与造园同样要通过构思，所以我说造园一名构思。"①

《履园丛话》卷十二《艺能》、卷二十《园林》，承袭李渔《闲情偶寄》中的观点，介绍了造园原则。

其中，关于营造程序，《履园丛话》指出：第一看方向位置。"凡造屋必先看方向之利不利，择吉既定，然后运土平基。基既平，当酌量该造屋几间，堂几进，弄几条，廊庑几处，然后定石脚，以夯石深，石脚平为主。"第二设计画图。"基址既平，方知丈尺方圆，而始画屋样，要使尺幅中绘出阔狭浅深，高低尺寸，贴签注明，谓之图说。然图说者仅居一面，难于领略，而又必以纸骨按画，仿制屋几间，堂几进，弄几条，廊庑几处，谓之烫样。苏、杭、扬人皆能为之，或烫样不合意，再为商改。"第三，动工。"然后令工依样放线，该用若干丈尺，若干高低，一目了然，始能断木料，动工作，则省许多经营，许多心力，许多钱财。余每见乡村富户，胸无成竹，不知造屋次序，但择日起工，一凭工匠随意建造，非高即低，非阔即狭。或主人之意不适，而又重拆，或工匠之见不定，而又添改，为主人者竟无一定主见。种种周章，比比皆是。至屋未成而囊钱已罄，或屋既造而木料尚多，此皆不画图不烫样之过也。"第四，装饰。"屋既成矣，必用装修，而门窗、扇最忌雕花。古者在墙为牖，在屋为窗，不过浑边净素而已，如此做法，最为坚固。"

关于营造原则，《履园丛话》提出的造园的总原则是无雷同，换言之，要有创意。

第一，"门窗轩豁，曲折得宜"。"试看宋、元人图画宫室，并无有人物、龙凤、花卉、翎毛诸花样者。又吾乡造屋，大厅前必有门楼，砖上雕刻人马戏文，玲珑剔透，尤为可笑，此皆主人无成见，听凭工匠所为，而受其愚耳。造屋之工，当以扬州为第一，如作文之有变换，无雷同，虽数间小筑，必使门窗轩豁，曲折得宜，此苏、杭工匠断断不能也。"

第二，兼有"台阁气象"与"园亭布置"。"厅堂要整齐如台阁气象，书房密室要参错如园亭布置，兼而有之，方称妙手。今苏、杭庸工皆不知此义，惟将砖瓦木料搭成空架子，千篇一律，既不明相题立局，亦不知随方逐圆，但以涂汰作生涯，雕花为能事，虽经主人指示，日日叫呼，而工匠自有一种老笔主意，总不能得心应手者也。"

---

① 陈从周：《陈从周散文》，花城出版社，1999，第70页。

第三，充分发挥才情。"装修非难，位置为难，各有才情，各有天分，其中款奥虽无定法，总要看主人之心思，工匠之巧妙，不必拘于一格也。修改旧屋，如改学生课艺，要将自己之心思而贯入彼之词句，俾得完善成篇，略无痕迹，较造新屋者似易而实难。然亦要看学生之笔下何如，有改得出，有改不出。如仅茅屋三间，梁杇栋折，虽有善手，吾末如之何也已矣。"

第四，曲折有法，前后呼应。"最忌堆砌，最忌错杂，方称佳构。园既成矣，而又要主人之相配，位置之得宜，不可使庸夫俗子驻足其中，方称名园。今常熟、吴江、昆山、嘉定、上海、无锡各县城隍庙俱有园亭，亦颇不俗。每当春秋令节，乡佣村妇，估客狂生，杂沓欢呼，说书弹唱，而亦可谓之名园乎？吾乡有浣香园者，在啸傲泾，江阴李氏世居。康熙末年，布衣李芥轩先生所构，仅有堂三楹，曰恕堂。堂下惟植桂树两三株而已，其前小室，即芥轩也。"

第五，"园亭不在宽广，不在华丽，总视主人以传"。"沈归愚尚书未第时，尝与吴门韩补瓢、李客山辈往来赋诗于此，有《浣香园唱和集》，乃知园亭不在宽广，不在华丽，总视主人以传。有友人购一园，经营构造，日夜不遑。余忽发议论曰：'园亭不必自造，凡人之园亭，有一花一石者，吾来啸歌其中，即吾之园亭矣，不亦便哉！'友人曰：'不然，譬如积赀巨万，买妾数人，吾自用之，岂可与他人同乐耶！'余驳之曰：'大凡人作事，往往但顾眼前，倘有不测，一切功名富贵、狗马玩好之具，皆非吾之所有，况园亭耶？又安知不与他人同乐也。'"吴石林癖好园亭，而家奇贫，未能构筑，因撰《无是园记》，有《桃花源记》《小园赋》风格，江片石题其后云："万想何难幻作真，区区丘壑岂堪论。那知心亦为形役，怜尔饥躯画饼人。写尽苍茫半壁天，烟云几叠上蛮笺。子孙翻得长相守，卖向人间不值钱"；"余见前人有所谓乌有园、心园、意园者，皆石林之流亚也"。

例如灵岩山馆。灵岩山馆在灵岩山之阳西施洞下，乾隆四十八年（1783年）年间，毕秋帆先生所筑菟裘也。营造之工，亭台之胜，凡四五载而始成。至乾隆五十四年（1789年）三月，始将扁额悬挂其门，曰灵岩山馆，先生自书，下有一联云："花草旧香溪，卜兆千年如待我；湖山新画障，卧游终古定何年。"二门曰钟秀灵峰，乃阿文成公书。又一联云："莲嶂千重，此日已成云出岫；松风十里，他年应待鹤归巢。"自此蟠曲而上，至御书楼，皆长松夹道，有一门甚宏敞，上题"丽烛层霄"四大字。楼上有楠木橱一具，"中奉御笔扁额福字及所赐书籍、字画、法帖诸件，楼下刻纪恩诗及谢表稿，凡八石。由楼后折而东，有九曲廊，过廊为张太夫人祠，由祠而上，有小亭曰澄怀，观道左有三楹曰'画船云壑，三面石壁，一削千仞'。其上即西施洞也。"

《履园丛话》重点论述水之灵动，并由此溯及仕途风险，人生命运。

前有一池水，甚清洌，游鱼出没可数，其中一联云："香水濯云根，奇石惯延采砚客；画廊垂月地，幽花曾照浣纱人。"池上有精舍曰砚石山房，则刘文清公书也。"其明年庚戌（1790年）二月十四日，余与张君止原尝邀王梦楼太守、潘榕皋农部暨其弟云浦参军及陆谨庭孝廉辈，载酒携琴，信宿其中者三日，极文酒之欢。至嘉庆四年

(1799年)九月,忽有旨查抄,以营兆地例不入官,此园尚无恙也。自是日渐颓圮,苍苔满径,至丙子(1816年)年间,为虞山蒋相国孙继焕所得,而先生自出镇陕西、河南、山东、两湖计二十余载,平泉草木,终未一见,可慨也。"道光甲申(1824年)八月,余偶过是园,回思庚戌之游,屈指已三十四年矣。为题四绝云:"卖去灵岩一角山,园门已付老僧关。林泉也自遭磨折,笑我重来鬓亦斑。""忆昔春游花正红,曾随杖履殿诸公。坐中最羡三松树,依旧掀髯倚碧空(谓榕皋先生)。""云壑巍然绝世奇,当年亭榭半参差。此中感慨谁能悉,试问墙间没字碑(旧时石刻俱已磨去)。""眼前富贵总堪哀,世事无如酒一杯。却喜今朝风日好,山灵应为故人来。"

《履园丛话》的《园林》部分,介绍了当时的一些典型园林。

张侯府园在江宁府城东,"国初为靖逆侯张勇所建,今为刘观察承书得之。园不甚广,大厅东偏,有赐书楼一座最高,可以望远,万家烟火,俱在目前,亦胜地也。其他如邢氏园、孙渊如观察所构之五松园,皆有可观。邢氏园以水胜,孙氏园以石胜也。"

长春园在芜湖北门外,"即宋张孝祥于湖旧址,本邑人陈氏废园,山阴陈岸亭先生圣修宰芜湖时,构为别业。园中有鸿雪堂、镜湖轩、紫藤阁、剥蕉亭、鱼乐涧、卓笔峰、狎鹭堤、拜石廊八景,赭山当牖,潭水潆洄,塔影钟声,不暇应接,绝似西湖胜概。曩余楚北往回,屡寓于此,时长君恒斋、次君默斋皆与余订兄弟之好,极文酒之欢。迨先生擢任云南,此园遂废矣,惜哉!后三十年而为邑中王子卿太守所购,故名希右园,有归去来堂、赐书楼、吴波亭、溪山好处亭、观一精庐、小罗浮仙馆诸胜,时黄左田尚书亦予告归来,日相过从,饮酒赋诗,为鸠江之名园焉。"

潜园在常熟张御史巷,其门北向,前仪征令屠琴坞得余姚杨孝廉别业,增筑之。园中湖石甚多,清池中立一峰,尤灵峭,名曰鹭君。道光壬辰岁,嘉兴范吾山观察得之,自徐州迁居于此,赋诗云:"窗前有石何亭亭,频伽铭之曰鹭君。当时得者潜园叟,太息主客伤人琴。此石之高高丈五,四面玲珑洞藏府。峭然独立波中央,但见群峰皆伏俯。瘦骨棱嶒莫傲人,羽毛为累失秋林。何日出山飞到此,不辞万里同归云。石乎!石乎!何不油然作云沛霖雨,空老荒山吾与汝。安心且作信天翁,莫羡穷鸱衔腐鼠。"

壶隐园在常熟县西门内致道观西南,"明左都御史陈察旧第。嘉庆十年(1805年),吴竹桥礼部长君曼堂得之,筑为亭台,颇有旨趣,其后即虞山也。越数年复得彭家场空地,亦明时邑人钱允辉南皋别业旧址,造为小筑,田园种竹养鱼,亦清幽可想。"

锦春园在瓜州城北,"前临运河,余往来南北五十余年,必由是园经过。园甚宽广,中有一池,水甚清浅,皆种荷花,登楼一望,云树苍茫,帆樯满目,真绝景也"。乾隆帝六次南巡,"俱驻跸于此。成亲王(永瑆)有诗云:'锦春园里万花荣,媚景熙阳照眼明。百里蜀冈遥挹翠,一渠邗水近涵清。独怜废砌横今古,颇见幽篁记姓名。来日江船须早放,倚阑愁绝莫风生。'"

中国园林美学思想史——清代卷

右倪园在松江府城北门外，"沈绮云司马恕所居，今谓之北仓，即姚平山拘倪氏旧园而重葺者也。相传元末倪云林避乱尝寓于此，恐亦附会。园中湖石甚多，清水一泓，丛桂百本，当为云间园林第一。"

嘉兴府城西门内有倦圃，即岳珂故宅，"圃甚宽广，俨若山林"，至嘉庆间，"圃中荒废久矣。近为陈氏所购，葺而新之"。据朱彝尊《曝书亭集》所载，有丛菊径、积翠池、浮岚、范湖草堂、静春轩、圆谷、采山楼、狷溪、金陀别馆、听雨斋、橘田、芳树亭、溪山真意轩、容与桥、漱研泉、潜山、锦淙洞、留真馆、澄怀阁、春水宅诸胜，俱仍旧题，为当地胜景"。

南园。李元孚名原，嘉兴王店人，通申、韩之学。所居南园，在曝书亭后。园中有延青阁、听月廊、藕溪、草堂、凉舫、玉兰迳、见山亭、梅花岭、桂屏、片云轩、虚舟息机处、镜香桥、知乐亭凡十三景，元孚俱有诗，命曰《南园杂咏》，诸前辈亦多和作，为一时之盛。元孚殁后，竟成弃地，近复种为桑园。事隔五十年而元孚尚未葬，停枢园中，可叹也。"

太仓州城南亦有南园，"中有绣雪堂、潭影轩、香涛阁诸胜，皆种梅花，至今尚存老梅一株，曰瘦鹤"。至乾隆晚期，"已荒芜不堪矣"。绣雪堂壁间有"话雨"二字，为董其昌所书。因题二绝句："昔年踏雪过南园，古寺斜阳草木繁。惟有老梅名瘦鹤，一枝花影倚颓垣"；"相国门庭感旧知，满头冰雪最相思。偶然留得和羹种，曾听前朝话雨时"。

朴园在仪征东南三十里，"园甚宽广。梅萼千株，幽花满砌，其牡丹厅最轩敞"；"有黄石山一座，可以望远，隔江诸山，历历可数，掩映于松楸野戍之间。而湖石数峰，洞壑宛转，较吴阊之狮子林尤有过之，实淮南第一名园也"；有梅花岭、含晖洞、饮鹤涧、鱼乐溪、寻诗经、红药阑、菡萏轩、小渔梁诸景，"各系一诗，刻石园中"。

澹园在江苏清江浦河道总督节院西偏。"园甚轩敞，花竹翳如，中有方塘十余亩，皆植千叶莲华，四围环绕垂杨，间以桃李，春时烂漫可观，而尤宜于夏日"。

青藤书屋在绍兴府治东南一里许，明代画家徐渭故宅。青藤者，木连藤也，相传为徐渭手植，因以自号。藤旁有水一泓曰天池，池上有自在岩、孕山楼、浑如舟、酬字堂、樱桃馆、柿叶居诸景。清初画家陈老莲亦尝居此。后屡易主。嘉庆间，钱泳曾游此园，为作《青藤书屋歌》云："昔我来游书屋里，青藤蟠蟠老将死。满地落叶秋风喧，似叹所居托无主。今我来时花正芳，青藤生孙如许长。天池之水梳洗出，夭矫作势如云张。花开花落三百载，山人之名尚如在。发狂岂肯让祢衡，醉来直欲吞东海。颍川兄弟荀家龙，买得山人五亩宫。引泉叠石作诗料，三杨七薛将无同"。

寓园在山阴县西南二十里寓山之麓，明末御史祁彪佳所筑，有芙蓉渡、玉女台、回波屿、梅坡、试茑馆、即花舍、归云轩、远山堂八景。清初彪佳衣冠投池，殉节于此，其子理孙等遂葬公园旁，"今为祠，塑公像，子孙至今守之"。

第四节 《浮生六记》的赏园情趣

沈复(1763—1825年以后),字三白,清代元和(今苏州)人。游幕四方,足迹遍天下。其间曾因大家庭纠纷,其妻陈芸为翁姑所不容,两次被逐,终至贫病而逝。嘉庆十年(1805年),沈复为重庆知府石韫玉幕。嘉庆十三年(1808年)经石氏推荐,随翰林院编修齐鲲出使琉球国册封其王。在琉球四个半月,沈复在那霸之天使馆写了其回忆录《浮生六记》,记述夫妻家庭生活,简洁生动,真切感人。沈复善诗文、绘画、篆刻,但传世作品不多,唯所著《浮生六记》一书为世人所珍爱。《浮生六记》本为六篇记叙散文,道光中尚完整,但至同治年间,只存《闺房记乐》、《闲情记趣》、《坎坷记愁》、《浪游记快》,已缺《中山记历》和《养生记道》两记。印行时由王韬写了跋文。先在光绪三年(1877年)收入《申报馆丛书》,后又在光绪二十二年(1906年)收入《雁来红丛刊》。民国二十四年(1935年),上海世界书局出版时请人补作了遗失的后两记,这就是我们今天看到的《浮生六记》的足本。今人对沈复的了解多从此书中来,沈复的园林审美观和他在园艺方面的才能也主要反映在《浮生六记》之中。

沈复擅长盆栽插花。《浮生六记》描写了许多与园林有关的活动。"李渔通过《闲情偶寄》和其他著述所表现出来的他的生活方式、艺术趣味对清代人的影响,在《浮生六记》里面有明显的印迹";"《浮生六记》主人公沈复和陈芸对李渔的作品非常熟悉,书中言及声容、居室、器玩"等,"俨然包含了一个浓缩的《闲情偶寄》,且多有取资《闲情偶寄》之处";"例如他们都以文章的总体结构来比喻叠山垒石和园林设计";"沈复游天下名园","首先考虑其结构,并且主张盆玩器皿的等差高下、气势联络、疏密进出的准则几乎与李渔全同"。①

《浮生六记》写到园艺。

作者自谓"及长,爱花成癖,喜剪盆树。识张兰坡,始精剪枝养节之法,继悟接花叠石之法。花以兰为最,取其幽香韵致也,而瓣品之稍堪入谱者不可多得。兰坡临终时,赠余荷瓣素心春兰一盆,皆肩平心阔,茎细瓣净,可以入谱者,余珍如拱壁,值余幕游于外,芸能亲为灌溉,花叶颇茂";"次取杜鹃,虽无香而色可久玩,且易剪裁。以芸惜枝怜叶,不忍畅剪,故难成树。其他盆玩皆然"。

"惟每年篱东菊绽,积兴成癖。喜摘插瓶,不爱盆玩。非盆玩不足观,以家无园圃,不能自植,货于市者,俱丛杂无致,故不取耳。其插花朵,数宜单,不宜双,每瓶取一种不取二色,瓶口取阔大不取窄小,阔大者舒展不拘。自五、七花至三、四十花,必于瓶口中一丛怒起,以不散漫、不挤轧、不靠瓶口为妙,所谓'起把宜紧'也。

① 黄强:《李渔与浮生六记》,《明清小说研究》1994年第1期。

或亭亭玉立,或飞舞横斜。花取参差,间以花蕊,以免飞铍耍盘之病;叶取不乱;梗取不强;用针宜藏,针长宁断之,毋令针针露梗,所谓'瓶口宜清'也。"

作者指出,"点缀盆中花石,小景可以入画,大景可以入神。一瓯清茗,神能趋入其中,方可供幽斋之玩";"如石菖蒲结子,用冷米汤同嚼喷炭上,置阴湿地,能长细菖蒲,随意移养盆碗中,茸茸可爱。以老莲子磨薄两头,入蛋壳使鸡翼之,俟雏成取出,用久中燕巢泥加天门冬十分之二,搞烂拌匀,植于小器中,灌以河水,晒以朝阳,花发大如酒杯,叶缩如碗口,亭亭可爱"。

沈复有游园癖好,更有赏园的见识,形成了比较系统的园林理论。他提出建造园林,总的原则应该是"夫园亭楼阁,套室回廊,叠石成山,栽花取势,又在大中见小,小中见大,虚中有实,实中有虚,或藏或露,或浅或深",对于这种充满辩证法的观点,他给予了一一详细阐述。他的园林理论主要表现在以下几个方面。

第一,重园林的"幽"美。在《浮生六记》中,或赞赏,或批评,总共约二十多处提到"幽":沧浪亭"幽雅清旷"。"'仓米巷'屋虽宏畅,非复沧浪亭之幽雅矣"。赁居王府废基时,欣赏其"颇有幽趣"。论述花石盆景,亦追求"幽趣无穷",求其"可供幽斋之玩"。寄居萧爽楼爱其"幽雅",赏其"庭中木犀一株,清香撩人。有廊有厢,地极幽静"。游明末徐枋之"涧上草堂"时,"俯视园亭,既旷且幽,可以开樽矣"。游天平山高义园时,赞赏钵盂泉"竹炉茶灶,位置极幽"。游苏州西北华山时,欣赏"无隐庵,极幽僻",说"慕此幽静,特来瞻仰"。游常熟虞山时,谓虞山禅院"墙外仰瞩,见丛树交花,娇红稚绿,傍水依山,极饶幽趣,惜不得其门而入"。他批评灵岩山馆娃宫"上有西施洞、响屧廊、采香径诸胜,而其势散漫,旷无收束,不及天平支硎之别饶幽趣"。赞赏"山东济南府城内,西有大明湖,其中有历下亭、水香亭诸胜。夏月柳荫浓处,菡萏香来,载酒泛舟,极有幽趣。"游安徽绩溪时,赞赏离城十里"有一庵甚幽静"。出使琉球时,赞赏其东苑小村"筱屏修整,松盖阴翳,薄云补林,微风啸竹,园外已极幽趣"。

第二,重园林的"朴素"美。赞赏涧上草堂"依山而无石,老树多极纡回盘郁之势。亭榭窗栏尽从朴素,竹篱茅舍,不愧隐者之居。中有皂荚亭,树大可两抱,余所历园亭,此为第一"。对虎丘之胜,沈复说:"余取后山之千顷云一处,次则剑池而已。余皆半借人工,且为脂粉所污,已失山林本相。""为脂粉所污",则嫌其过于华丽,不够质朴。对扬州平山堂及城内外之园,褒贬不一,而总体论之曰:"大约宜以艳妆美人目之,不可作浣纱溪上观也。"这是站在他的立场上,批评扬州园林过于艳美。苏州文人造园,不尚华丽,而求山林野趣,清朝乾隆之前的园林尤其如此。沈复注重园林的"朴素"美,实则和历史文人的园林审美情趣一脉相承。

第三,重园林的"天然"美。童寯在《江南园林志》中说:"人之造园……妙在善用条件,模拟自然。""模拟自然"正是我国造园的理想和追求。历来人们就喜欢用园林自然化的真实与否和程度大小来衡量园林艺术水准的优劣。这里有两个例子可资说明。南朝时,苏州人为宋国高士戴颙所筑的宅园就是"聚石引水,植林开涧,少时繁密,有若自然"。^① "有若自然",也正是计成《园冶》所说的"虽由人作,宛自天开"。园林之所以美,也正是美在这里。

沈复的造园理论亦是如此。沈复认为"名胜所在贵乎心得,有名胜而不觉其佳者,有非名胜而自以为妙者"。对山水园林的品评,强调天然。扬州的园林,他推许南门幽静处的九峰园,别有天趣,以为诸园之冠。杭州西湖的湖心亭、六一泉诸景,他说都不脱脂粉气,"反不如小静室之幽僻,雅近天然"。对海宁"安澜园",他极力赞赏其"虽由人作,宛自天开",谓其"地占百亩,重楼复阁,夹道回廊。池甚广,桥作六曲形,石满藤萝,凿痕全掩,古木千章,皆有参天之势,鸟啼花落,如入深山。此人工而归于天然者,余所历平地之假石园亭,此为第一"。同样,赞赏扬州平山堂"虽全是人工,而奇思幻想,点缀天然;既阆苑瑶池,琼楼玉宇,谅不过此"。又赞赏"九峰园另在南门幽静处,别饶天趣"。他赞赏其至交石韫玉之"五柳园""颇具泉石之胜。城市之中而有郊野之观,诚养神之胜地也。有天然之声籁,柳杨顿挫,荡漾余之耳边。群鸟嘤鸣林间时,所发之断断续续声;微风振动树叶时,所发之沙沙簌簌声;和清溪细流流出时,所发之潺潺淙淙声。余泰然仰卧于青葱可爱之草地上,眼望蔚蓝澄澈之穹苍,真是一幅绝妙画图也。以视拙政园一喧一静,真远胜之"。沈复赞赏的是五柳园的自然天籁之美。

沈复论园林叠山,亦主张野趣,反对雕凿。其论沧浪亭假山云:"屋西数武,瓦砾堆成土山,登其巅可远眺,地旷人稀,颇饶野趣。"而对山阴赵明府园假山则批评道:"拳石乱叠,有横阔如掌者,有柱石平其顶而上加大石者,凿痕犹在,一无可取。"对上洋郡庙园亭写道:"园为洋商捐施而成,极为阔大,惜点缀各景,杂乱无章,后迭山石,亦无起伏照应。"这是批评此园景观和山石俱乏天然之理。沈复批评最重的是"狮子林"假山,写道:"城中最著名之狮子林,虽曰云林手笔,且石质玲珑,中多古木;然以大势观之,竟同乱堆煤渣,积以苔藓,穿以蚁穴,全无山林气势。以余管窥所及,不知其妙。"他对叠山的主张是:"或掘地堆土成山,间以块石,杂以花草,篱用梅编,墙以藤引,则无山而成山矣。"显然,他是主张叠堆山石,杂以花草树木,一切如真山一般。这种主张假山要有天然美的观点,十分可贵。

第四,重园林和景观的高旷美。唐代柳宗元《永州龙兴寺东丘记》有言:"游之适,大率有二:旷如也,奥如也,如斯而已。"清人沈宗骞在《芥舟学画编》中也说:"将欲幽邃,必先以之显爽。"可知奥美和旷美并不矛盾、而是相辅相成,相得益彰。苏州园林中就有许多奥旷兼具的例子。沧浪亭幽曲之美的特征十分突出,但和其他园林比较,它却"崇阜广水,不类乎城中。"^②有更多的山林野趣,显得较为开阔、疏朗。"网师园"也是"奥如旷如者殆兼得之"。^③ 沈复在欣赏园林"幽美"的同时,也欣

---

① 《宋书》卷九三《戴颙传》。
② 苏舜钦:《沧浪亭记》。
③ 钱大昕:《网师园记》。

赏园林的"旷美"。《浮生六记》记述"涧上草堂"有言："此处仰观峰岭，俯视园亭，既旷且幽，可以开樽矣。"游苏州西郊山中无隐禅院时，登上"飞云阁"，所见"四山抱列如城，缺西南一角，遥见一水浸天，风帆隐隐，即太湖也。倚窗俯视，风动竹梢，如翻麦浪"，沈复赞之曰："此妙境也。"游西湖崇文书院时，因"上有朝阳台，颇高旷"，于是"余亦兴发，奋勇登其巅，觉西湖如镜，杭城如丸，钱塘江如带，极目可数百里，此平生第一大观也"。记潼关道署园圃"正中筑三层楼一座，紧靠北城，高与城齐，俯视城外即黄河也。河之北，山如屏列，已属山西界，真洋洋大观也"。看来沈复的园林审美观和柳宗元旷如、奥如的园林审美观是一致的。

第五，关于园林空间设计的论述。德国近代哲学家黑格尔在其著作《美学》中，将建筑划分为艺术的一个门类，说建筑"无论在内容上还是在表现方式上都是地道的象征型艺术"；"它的形式是些外在自然的形体结构，有规律地和平衡对称地结合在一起，来形成精神的一种纯然外在的反映和一种艺术作品的整体"。[①] 沈复说："若夫园亭楼阁，套室回廊，迭石成山，栽花取势，又在大中见小，小中见大，虚中有实，实中有虚，或藏或露，或浅或深，不仅在周回曲折四字，又不在地广石多徒烦工费"；"大中见小者，散漫处植易长之竹，编易茂之梅以屏之。小中见大者：窄院之墙，宜凹凸其形，饰以绿色，引以藤蔓，嵌大石，凿字作碑记形。推窗如临石壁，便觉峻峭无穷。虚中有实者：或山穷水尽处，一折而豁然开朗；或轩阁设厨处，一开而可通别院。实中有虚者：开门于不通之院，映以竹石，如有实无也；设矮栏于墙头，如上有月台，而实虚也"。这段论述言简意赅，是我国园林理论中一段经典语言，是对园林空间设计所作的纲要性的总结。它其实讲的是诸如借景、对景、隔景、藏景等多种造园手法，通过这些手法使园景更加层深而丰富、含蓄而蕴藉。

计成《园冶》指出："相地合宜，构园得体"；"随基势之高下，体形之端正，碍木删桠，泉流石注，互相借资，宜亭斯亭，宜榭斯榭，不妨偏径，顿置婉转，斯谓？精而合宜？者也"。沈复亦有一段相类似而更为具体的论述，他在描述皖城王氏园时写道："其地长于东西，短于南北，盖北紧背城，南则临湖故也。既限于地，颇难位置，而观其结构作重台迭馆之法。重台者，屋上作月台为庭院，迭石栽花于上，使游人不知脚下有屋；盖上迭石者则下实，上庭院者则下虚，故花木仍得地气而生也。迭馆者，楼上作轩，轩上再作平台，上下盘折重迭四层，且有小池，水不漏泄，竟莫测其何虚何实。其立脚全用砖石为之，承重处仿照西洋立柱法。幸而面对南湖，目无所碍，骋怀游览，胜于平园，真人工之奇绝者也。"王氏园因其地小，必须因地制宜，充分利用空间，虚实处理得当，终使其"胜于平园"，成为人工奇绝之作。沈复此论，真行家之言。"

第六，典型的文人赏园情趣。沈复一生未入仕途，清贫无依，是纯粹的典型的文人，他的赏园情趣也是很典型的文人情趣。他说："余之所居，仅可容膝，寒则温

[①] 汝信主编：《简明西方美学史简编》，中国社会科学出版社，2014，第349页。

室拥杂花,暑则垂帘对高槐,所自适于天壤间者,止此耳。"再看他对自己生活向往的一段描述:"晨入园林,种植蔬果、芰草、灌花、莳药。归来入室,闭目定神。时读快书,怡悦神气;时吟好诗,畅发幽情。临古贴,抚古琴,倦即止。知己聚谈,勿及时事,勿及权势,勿臧否人物,勿争辩是非。或约闲行,不衫不履,勿以劳苦徇礼节。小饮勿醉,陶然而已。诚能如是,亦堪乐志。以视夫蹩足入绊,申胫就羁,游卿相之门,有簪佩之累,岂不霄壤之悬哉!"他住在萧爽楼时,有友人聚会也有四忌四取的约定:四忌是忌"谈官宦升迁,公廨时事,八股时文,看牌掷色;有犯必罚酒五斤"。四取是取"慷慨豪爽,风流蕴藉,落拓不羁,澄静缄默"。而每当长夏无事,他们便"考对为会",更是情趣盎然。其办法是:每次通过拈阄方法选出主考和誊录各一人。主考出五七各一句为上联,刻香为限,不准交头接耳,然后投入匣子,由誊录者誊为一册,转呈主考。由主考选出优胜之七言三联、五言三联,这六联中再选出第一名一人,第二名一人,第一者即为后任主考,第二者即为后任誊录。每人如有两联不取者,罚钱二十文,超过时间对不出者倍罚。一场,主考得香钱百文,一日可十场,积钱千文,然后充作酒资,集体痛饮一场。诗文游戏,借以畅饮,这只有沈复这般文人们才做得出。由上述内容可知,沈复所向往的是园不求华奢,朴素而已;而所追求的却是陶渊明式的田园生活,更不失文人的风雅,读书、吟诗、考对、临帖、抚琴、饮酒,尤其是始终保持文人的清高,不拘小节,不谈时事,不谈官宦,落拓不羁。在最后这一点上和那种做过官而又弃官归园的文人的思想境界和志趣是大相径庭的。再从园居的内部装饰看,沈复主张:"洁一室,开南牖,八窗通明。勿多陈列玩器,引乱心目。设广榻、长几各一,笔砚楚楚。旁设小几一,挂字画一幅,频换。几上置得意书一二部,古帖一本,古琴一张,心目间常要一尘不染。"这种对居室雅洁简素的安排,也完全是文人情趣的表现。

第七,"小中见大"的美学意境。"小中见大",即通过较小的有限的空间传达广大幽深的审美境界。沈复对"小中见大"的解释:"小中见大者,窄院之墙宜凹凸其形,饰以绿色,引以藤蔓。嵌大石,凿字作碑记形。推窗如临石壁。便觉峻峭无穷。"使小院的围墙形成生动的曲线美,并以藤蔓加以装饰,使小小的院落既有婉转之美,又不乏峻峭的意味,充分体现了江南园林委婉曲折、传神写意的特色。"虚中有实者,或山穷水尽处,一折而豁然开朗;或轩阁设橱处,一开而可通别院。实中有虚者,开门于不通之院,映以竹石。如有实无也;设矮栏于墙头,如上有月台,而实虚也。"似虚还有,如有实无,以一种曲尽变化的思维创造出人意料的空间艺术效果,私家园林常是住宅的延伸部分,基地范围较小,因而必须在有限空间内创造出较多的景色,"小中见大""虚实相生"等空间处理手法,在这有限的空间内得到了十分灵活的应用。

"因地制宜"的思想是我国数千年造园艺术实践所逐渐形成的一条美学原则,历代造园家都是按照这条原则进行园林艺术创造的。计成在《园冶》中对"因地制宜"的原则进行了精辟的理论阐述:"因者,随基势高下,体形之端正,碍木删桠,泉流石注,互相借资,宜亭斯亭,宜榭斯榭,不妨偏径,顿置婉转,斯谓精而合宜者也。"李渔的《闲情偶寄》中所有论述园林的部分,也都渗透着这一基本思想。沈复《浮生六记》,谈到"虚实相间"、"小中见大",要求"幽雅"。[1]

    中国古典园林内容极为丰富,集建筑、山石、水泉、林木花草、鸟兽虫鱼、室内外装修陈设等于一体,包括了环境艺术和文化传统的丰富内涵,可以说是人间最为优美的居住环境。在这些内容中,建筑首推第一,山石、水泉、林木花草、鸟兽虫鱼等都是供人欣赏、游憩的对象,都要以建筑为依托。[2]《随园记》等一批分量较重的作品,正是从不同角度、不同层面上反映了园林美学的内涵。

① 陈毓罴:《浮生六记研究》,社会科学文献出版社,2012,第88页。
② 罗哲文:《园林谈往——罗哲文古典园林文集》,中国建筑工业出版社,2014,第139页。

第九章　晚清园林美学思想的缤纷美

中国社会到清朝嘉庆、道光年间,朝政日趋腐败,社会上弥漫着因循保守、暮气沉沉的气氛,同样,在文化包括园林美学领域,也早已一蹶不振。道光二十年(1840年)第一次鸦片战争爆发,随着西方殖民主义者的入侵,中国被迫割地赔款,开埠通商。以后又发生了一系列的战争与重要事件。从此,西风东渐,主要在沿海地区与通商口岸,西方经济、文化与思想观念的影响日渐深入,资本主义因素迅速增长,中国社会性质发生了根本变化。在社会剧烈震荡时期,出现了龚自珍等鼓吹的"自我"口号。林则徐、魏源等有识之士睁眼看世界,开始向国内介绍西方文化。经过太平天国运动、第二次鸦片战争。到十九世纪六七十年代的洋务运动期间,一批改良主义思想家主张仿照西方坚船利炮,办理实业,并且提出一些改革措施。经过洋务运动至甲午战争、戊戌变法等一系列重要历史事件,近代资本主义经济得到迅速发展,变法和革命浪潮风起云涌,封建王朝风雨飘摇,日益没落。到1911年,由孙中山领导的民主革命势力通过辛亥革命推翻清朝,建立起民主共和国。

而传统园林美学思想则进入其最后发展阶段,奏出了其绝响。随着工商业的发达,岭南园林美学得到很大发展。值得指出的是,当时有成就、有影响的园林美学思想家,都是爱国者,其中多数又是胸怀拯救民族危亡的志向,倾向于开放、民主、进步的思想家或者革命家。而西方的园林观念的广泛传入赋予当时的园林美学以新的生机,带来了显著的变化,开辟了民国时期"公园"的阶段。"西方'奇技淫巧'涌入中国之时,不仅给人们带来生活方式的变化,而且对传统观念产生冲击";"在西学的强烈对照下,士大夫开始突破经学独尊、儒学万能的观念,不同程度地认同、容纳西学"。尤其是"在工商业日渐发达的通商口岸,城市设施及物质条件逐渐取法西方";"完全西来的跑马场、跳舞厅、西式戏院、健身房等逐渐由上海等地租界扩展到其他地区";"社会生活、风俗习惯等更是潜移默化地经受欧风美雨的浸染"。[①] 而西方公园理念及艺术传入中国,在通商口岸与一些大中城市出现了公园。尤其在上海,形成了海派园林风格。各种园林美学思想色彩缤纷,争奇斗艳,并开始了向民国时期园林美学思想的转变。

第一节　龚自珍、魏源园林美学思想

龚自珍(1792—1841年),字璱人,号定盦,浙江仁和(今杭州)人,思想家、文学家,幼年跟从外祖父段玉裁学习《说文解字》,通经学。屡试不中,三十八岁中进士,曾任宗人府主事、主客司主事等小官,遭受排挤,四十八岁辞官南归。他对晚清统治阶层内幕有深刻认识,批判社会现实,力持改革,在清代诗坛上异军突起,格调激昂,气势雄浑,影响很大,亦能散文与词。

---

① 罗检秋,等:《中国文化发展史(晚晴卷)》,山东教育出版社,2013,第7~11页。

龚自珍有些作品反映了其园林美学思想,这种思想与他的社会改革思想互相交融,散发着独特的魅力与顽强的生命。如作于道光七年(1827年)的《秋夜花游》载:"海棠与江蓠,同艳异今古。我折江蓠花,间以海棠妖。狂呼红烛来,照见花双开。恨不称花意,踟蹰清酒杯。酒杯清复深,秋士多春心。且遣秋花妒,毋令秋魄沉。云何学年少?四座花齐笑。踟蹰取鸣琴,弹琴置当抱。灵雨忽滂沱,仙真窗外过。云中君至否,不敢问星娥。"这是作者以花自况,自己已衰,不与得意之花相称,只能借酒浇愁。让秋花妒忌去吧,不能使自己沉沦,反映了自己励志与改革的决心。同年作《九月二十七夜梦中作》:"官梅只作野梅看,月地云阶一倍寒。翻是桃花心不死,春山佳处泪阑干。"写曾经隐居的春山,与眼前处境对比。比喻人才被扼杀,自己困居京师,处境险恶。

龚自珍《己亥六月重过扬州记》:明年,乞假南游。"其实独倚虹园圮无存,曩所信宿之西园,门在,题榜在,尚可识,其可登临者尚八九处,阜有桂,水有芙蕖菱芡,是居扬州城外西北隅,最高秀。南览江,北览淮,江淮数十周县治,无如此冶华也。"[1]作者在《己亥杂诗》中,盛情讴歌自己的家乡杭州山水:"浙东虽秀太清孱,北地雄奇或犷顽。踏遍中华窥两戒,无双毕竟是家山。"[2]《病梅馆记》载:"江宁之龙蟠,苏州之邓尉,杭州之西溪皆产梅。或曰:梅以曲为美,直则无姿;以欹为美,正则无景;梅以疏为美,密则无态。固也。此文人画士,心知其意,未可明诏大号,以绳天下之梅也;又不可以使天下之民,斫直、删密、锄正,以夭梅、病梅为业以求钱也。梅之欹、之疏、之曲,又非蠢蠢求钱之民,能以其智力为也。有以文人画士孤癖之隐,明告鬻梅者,斫其正,养其旁条,删其密,夭其稚枝,锄其直,遏其生气,以求重价,而江、浙之梅皆病。文人画士之祸之烈至此哉!"作者以此比喻人才遭遇,及其摆脱对个人人格束缚的向往与呼吁。

林则徐(1785—1850年),字符抚,又字少穆、石麟,福建侯官(今福州市)人,近代爱国政治家、思想家。出身贫寒,嘉庆进士,为官四十余年,从京官编修、御史到外官的督抚,关心民间疾苦,注意发展生产。他视野推向各国,道光十九年(1839年)以钦差大臣身份,在广州积极开展以缴烟和销烟为主要内容的禁烟运动,晚年遭清政府充军伊犁。其作品多与爱国抗英有关。在《六和塔》诗中也称赞杭州景色:"浮屠矗立俯江流,暮色苍茫四望收";"莫讶山僧苦留客,有情江水也回头。"

梁章钜(1775—1849年),字闳中,晚号退庵,福建长乐人。乾隆五十九年(1794年)举人。嘉庆七年(1802年)中进士,改庶吉士,授礼部主事,后主讲南浦书院,又任山东按察使、江苏巡抚,署两江总督,后辞官归,能文工诗,尤熟掌故。著有《藤花

---

①　孙钦善:《龚自珍诗文选》,人民文学出版社,1991年版,第373页。倚虹园,因靠近大虹桥而得称。大虹桥横跨瘦西湖之上,乾隆间改建。西园,原名芳圃,在瘦西湖平山堂之西,乾隆时筑,园内山石耸立,古木参天,轩亭台榭散布于池畔山冈。

②　两戒:两大系统,旧以长江、黄河南北为两戒。家山,指作者家乡杭州山水。

吟馆诗钞》、《退庵随笔》、《归田琐记》等。具有比较系统的园林美学思想。

梁章钜继承前代苏州派思想，对花石审美提出具体标准。关于花，要求繁花似锦。《重修沧浪亭记》"扬州黄右园比部芍药最盛"，余与右园"遍履花畦，真如入众香国矣"；"园丁导余观新绽之金带围，盖千万朵中一朵而已"。关于石，要求"不加追琢，备透、绉、瘦三字之奇"。其《小玲珑山馆》一文说："此园屡易其主，现为运司房科孙姓所有。至小玲珑山馆，固吴门先有玲珑馆，故此以小名。玲珑石即太湖石，不加追琢，备透、绉、瘦三字之奇。"

他宣传"好古自命、振厉风雅"。《重修沧浪亭记》载："士大夫只艳称商丘，意者，寻常兴艺亦有幸不幸之数存乎？抑吴人怀眷商丘(指宋荦)，非仅以亭乎？则一亭之修，而异日民情因之可见，其何敢不勖焉"；"窃谓守土吏，惟举坠补阙，切戒因循耳。前既葺可园，以恢讲舍；修名宦祠，以崇祀典；近复有疏浚吴松之役，而亭适落成，盖斯亭于乾隆中曾邀宸跸，天意颁宠，照耀川谷，倘失时不治，久益荒废，将何以宣上德？"

他认为人生适意在丘壑。其《浪迹丛谈》卷二《棣园》载："扬城中园林之美，甲于南中。近多荒废，唯南河下包氏棣园为最完好"；并载作者诗："人生适意在丘壑，底用豪名慕卫霍。有山可垒池可凿，闭户观书殊卓荦。何况耽耽盛楼阁，满眼金迷复彩错。二分明月此一角，南河名胜画舫拓。"

其所编桂屏、所筑水槛，尤具匠心。《浪迹续谈》卷五《张园楹联》载："温州城中有三园，皆足供士大夫游宴之所。在西为陈园，曲径通幽，台榭错出，聊堪小憩。陈园之南为曾园，则水木明瑟，亭馆鲜妍，远出陈园之右，其所编桂屏、所筑水槛，尤具匠心，为他园林所未见"；"在东为张园，紧贴积谷山下。"

魏源(1794—1857年)，字默深，湖南邵阳人，近代改良主义先驱。出生破产地主家庭，曾在乡设馆授徒，道光二年举人，屡次参加会试不中，先后入江苏巡抚贺长龄、两江总督陶澍幕，与龚自珍、林则徐等交往，参与改革漕运、盐政、水利，游历南北，鸦片战争中参加抗英斗争，提出"富国强兵"、"师夷长技以制夷"，道光二十五年(1845年)进士，曾任江苏东台、兴化知县，高邮知州，晚皈依佛门。著有《海国图志》、《圣武记》、《古微堂诗集》等。自称"十诗九山水"，大多以画入诗。

前述清代中期刘大櫆曾经揭露与批判官府"朘民膏以为范围"的贪婪。魏源直接承袭这种思想，其《花农独为田农泪》一诗，为《江南吟》组诗十章之一，作于十九世纪三十年代。通过当时苏州一带花农的悲惨命运，揭露了统治阶级的巧取豪夺，反映了鸦片战争前夕的社会现实："种花田！种花田！虎丘十里山塘沿，春风玫瑰夏杜鹃。午夏茉莉早秋莲，红雨一林香一川。朝摘夜开，夜摘朝开，采花人朝至，卖花船夜回。有田何不种稻稷？秋收不给两忙税，洋银价高漕斛大，纳过官粮余秸秸；稻田贱价无人买，改作花田利翻倍；下田卑湿不宜花，逋负空余菱芡蕾。呜呼！城中奢淫过郑卫，城外艰苦逾唐魏。游人但说吴民娇，花农独为田农泪。"

陆以湉(1801—1865年)《冷庐杂识》(约作于1856年前)卷三《寄园销夏图》,称颂幽静:道光十五年(1835年)春试后,留寓都门,偕同人避暑寄园。"园为休宁赵天羽给谏吉士故居,僻处城西,人迹罕到,古木参天,绿阴蓊翳。相与列坐清话,情志洒然。园之南,轩楹幽折,杂花满庭,昕夕徙倚其间,把酒论文,不知身之是客。"《冷庐杂识》卷六《刘园》载:"湖北武昌府城内刘园,乃明故藩遗址,在将台驿之东北,因山而构",建于乾隆间。"堂东有池,池东有树,树阴环绕,凉意袭人,于此避暑最佳。堂之北,即主人内室。园不宏敞,而幽邃静逸,翛然尘外,洵为鄂州胜地。"

第二节　汪承镛、郭嵩焘论园林

从十九世纪六十年代起,清朝在镇压太平天国运动期间,引进西方技术,兴办了一批最初的工业,主要在机器、造船与军工工业,由清朝政府官办,称为洋务运动。在此期间,出现了一批具有革新思想的人物,他们在园林游记等作品中,体现了改革精神。

汪承镛(1804—1878年),江苏如东人,字笙初,号晓堂,贡生。特授山东登莱青州兵备道,钦加盐运使衔,历官山东济南府知府、临清直隶州知州、济南、武定、东昌、曹州、青州、兖州同知、济南通判,道光甲午总办文闱,钦锡花翎,诰授中宪大夫,晋封光禄大夫。一生游宦山东,居宦廉明,勤政恤民。有《汪氏两园图咏合刻》四卷、《读史揭要》十二卷、《四书质疑》十二卷等。

文园(图9-1)与绿净园,是清代江苏如东地区的两座名园。

图9-1　文园

清初经过康雍乾三代盛世,经济得到迅猛发展,全国私家园林如雨后春笋纷纷涌现。特别是乾隆皇帝多次南巡,风气所及,地方绅商争相建园。黄海之滨的如东地区也概莫能外,私家园林兴建颇盛。如掘港之振藻园、岔河之日涉园、马塘之晚香园、潮桥之来雁馆、栟茶之一柱楼,而以丰利镇的文园与绿净园声名最著。文园初为康熙时进士张祚别业,后售于徽籍盐商汪氏。汪春田少孤,承母夫人之训,年十六以资为户部郎,随乾隆围猎,以较射得花翎,累官广西、山东观察使。告养在籍者二十余年,所居文园有溪南溪北两所,一桥可通。饮酒赋诗,殆无虚日,惟求子之心甚急,居常于邑不乐。道光二年(1822年),钱泳将至扬州,绕道访文园,其在《履园丛话》中说:"时观察年正六十,须发皓然矣。余有诗赠之云:'问讯如皋县,来游丰利场。两园分鹤径,一水跨虹梁。地僻楼台静,春深草木香。桃花潭上坐,留我醉壶觞。曲阁飞红雨,闲门漾碧流。'"

乾隆末年,汪氏孙汪为霖为了奉养母亲以及营造一觞咏之所,于文园之北兴建园林一座。该园与文园一溪之隔,南北相望,有一桥可通。虽说此园面积不大,但园内环境幽静宜人,布局曲折有致。嘉庆九年(1804年),洪亮吉应汪为霖之邀来游丰利,夜宿北园,见斯园春水四周,林阴一碧,殊有霞表之想,遂命名为"绿净园",并用铁线篆为之题额。园内遍植翠竹,嫩笋丛生,溪水相映,青翠碧绿。内设景观有四,即:竹香斋、古香书屋、药阑、一篑庭,加之郑板桥的隶书刻石点缀其中,使园林更添人文雅趣,分外旖旎。汪为霖殁后,其养子汪承镛尚能稍继风雅,他延请丹青名手于两园内盘恒逾载,绘成《文园十景图》、《绿净园四景图》。后因其长年在山东蓬莱任知府,两园鲜人管理,日渐衰落。到了同治、光绪年间,仅存断墙残壁。

汪承镛《文园绿净两园图记》描写山水园林景致。其中有水景。说浴月楼"下凿巨池,围以石阑,跨以虹梁,中植千叶芙蕖,旁莳蒲柳桃李之属。凫雁翔集,荡摩天光",尤其是在夜晚,"秋夏之交,素月当空,弄影波面,与客坐对其间,泠然善也,是为一园绝胜"。有竹景。"念竹廊,修篁夹道,蔽日引风,能移寒燠,永却炎焰";"自此而南、而西,高楼百尺、疏窗四启者,为浴月楼,阑楯壮丽,隔河诸山,远翠迎人,烟霞逞变,朝异夕殊,毕呈几席间"。

通过园林,雪泥鸿爪,感念前人。"当曾大夫创辟是园,其时家有余资,投辖留宾,豪而能给。且吾里当通海之冲,舟车之所萃集,四方士大夫过访者,文燕无虚日。所传《甲戌春吟文园六子唱和诗》至今犹称韵事";"先大夫弃养后,家难屡作,集竟散佚";"未几南迁,而平泉已为他人所有。况以余之不才,其能终有此园乎?"当追念先祖艰难,光大先祖业绩。同时感叹世事变迁,园林兴衰。"绿净既属之于外,文园又荒不可治,百余年来,一盛一衰,其可问耶?夫川岳流峙,不敝于穹壤,犹不免陵谷之变迁,区区之园,其不夷为邛陇、鞠为茂草者,几希。亦为文字丹青,以永其传可耳。予以薄宦,需次历下位寅公者十年余。退食之暇,时展此图,以纾羁旅之思。而又得当时贤士大夫名章俊句以歌咏之,所得岂不多哉?爰述而记之,并乞群贤题咏于右,一以志余不克负荷先业之惧,一以见诸君子惠我之雅焉。"

这一阶段园林思想的一个重要内容,是反映太平天国时期园林遭受的劫难,以及兵燹后园林的重建。

如陈其元(1811—1881 年),浙江海宁人,字子庄,晚号庸贤老人。出身望族,曾为金华训导、富阳教谕,入李鸿章幕,官至江苏道台,所至有声。博览多闻,讲求经世之学,有《庸闲斋笔记》。其记太平天国运动以后,江南园林的衰破,发出世事沧桑之叹。"苏州沧浪亭有水石之胜,前则苏子美以四万钱得之,后为韩蕲王别墅"。战乱中,亭亦被毁。同治间,有方氏、应氏等"复兴葺之","虽经沧桑,幸复旧观,然寿藤古树,均已无存,登临者能不感慨系之"。①

李宗羲(1818—1884 年),清四川开县人,字丹亭,道光进士。历任安徽黄山、婺源、太平知县。咸丰三年(1853 年)在曾国藩营中督运粮械,后任江西巡抚、两江总督。日本侵略台湾事件发生后,整军备战,督修沿江多处江防以固。曾奏请修圆明园,有政绩。其《江宁布政使署重建记》记该署在城南大功坊,为明初大将军徐达故邸,"堂宇阔深,园沼秀异,在省城推为甲第";太平天国以后,宗羲"实从兵火之余,瓦砾遍地,官斯土者,率寓民居,其时兵事尚棘,馈饟方殷,未遑言营缮也"。以后完成修缮,大致恢复旧观,"储峙有库,架阁有房,寮吏各守其职,府吏咸有所栖,井灶庖湢,凡百具备,外设华表,周以缭墙,表里完固,观瞻肃然。盖虽壮伟之规,游眺之乐,未能复于旧时;而以莅官出政,行省之体,庶其称矣。"属于衙署园林。作者又念时"四方底定,而流亡者无定居也,还归者或露处也",当以简朴为本,衙署亦不宜雕琢;"守官斯土,幸蒙国恩,顾得出据堂皇,入安深靓,夫岂无恧于心? 是以修葺之际,务求浑坚,禁绝雕饰。然而睹室居之潭广,则有念于风雨不庇之虞;计工用之浩繁,则有念于脂膏供乙之苦。至于登高明、远眺望,则尤悚然于民之情,或避远而无繇自达也。吏之治,或烦苛而不能尽平也。"

谈文灯,浙江海盐人,字梦石,善古文辞,授徒自给,著有《梦石未定稿》等。其《游张氏涉园废址记》载:康乾间,海宇承平,"士大夫席富厚,乐风雅,穷园林台沼之娱。而涉园为东南之胜,有花津、朴巢、濠濮、筱谷诸胜,擅秀挈奇,牢笼百态。于是名士大夫游于兹园者日踵而至",可谓极一时之盛。历年既久,渐就圮圯,复遭兵燹,"至乎园之址,平皋旷壤,恶木塞途,颓园败瓦,灌莽丛棘,碍衣有却步。有怪石十余伏荆茨中,奇姽可爱";"复数百武,有峰屹然立,旁有池甚修,半已湮塞,桥其上,通往来,已坏不可步。循池折而西,再折而北,径为蒿莱蓁莽所翳,不可辨。践草而入,行甚纬,约不百步,至乎峰之麓,拾级蹬以上,蹬已有圮者,行甚艰,凡三折而登其巅,拂石坐,有莺鸣树间,声清越可听。榆、桂、梧桐、枫、楠之属凡数十。西望郭外市廛及天宁寺塔,历历在肘腋间;东望大海,有舟三四张帆从东北来,若天际之飞鸟,顾而乐之"。

郭嵩焘(1818—1891 年),湖南湘潭人,字伯琛,号筠仙,道光进士。曾随曾国藩办团练。同治二年(1863 年),开署广东巡抚,旋被黜。光绪元年授福建按察使,又任总理衙门大臣,此年被派首任驻英公使。四年兼驻法公使,嗣以病辞归。主张学

①　陈其元:《庸闲斋笔记》卷五《沧浪亭》。

习西方科技,兴办路矿,整顿内务,遭保守派攻击。著有《使西纪程》《郭嵩焘日记》等,不少内容涉及园林,并以一个早期外交家的目光评价园林。

他欣赏牡丹。记杭州王庄看牡丹。中厅阶下种牡丹,竹篱环之。"祠后小园,牡丹尤盛。大抵牡丹三处皆小本,而培养颇丰,苏公祠花开尤巨。各处惟玉堂春、白色、紫色三种,苏公祠多绛色牡丹一种。园人云:谷雨日即剪取其花,以为瓶供。若听其自陨,则花力太泄,次年花朵必不能盛。以此见天地之气,必敛之固,乃能长也。"他描述长丰山馆:"再上曰卧澜楼,则取东坡语以名之。四面轩窗,皆可望远";"由卧澜楼下,皆石级,旁架一洞,曲折至园中,园角一亭,亦幽雅。园外一大池,池旁环种芍药,风景绝佳。西湖各庄,以此为最胜"。又至丁氏"近园":"丁诵生前辈别业也。园不甚大,而蓄水为池,又开渠以泄之。前度石桥,旁有土山,垒石为涧,甚幽曲。古松垂柳,左右相映";"又至城隍庙,亦极巨丽。庙后一园尤佳,有正厅颇精雅,前为出台。厅后回轩,榜曰'挹翠轩'。轩窗洞开,下有清池一方,石山环绕。"

他记述水中奇楼:"前有飞楼极小,而高楼旁石山,高处仿洋楼式为一小屋,而绘诸番骑驾驼象各诡状于壁。凡园中隙地,皆以石山环之,中多奇品。池右引为小溪,绕石洞曲折以达于洗心室之西。记述嘉兴陈园。""园中为亭,为楼,为堂,为轩,为船房,曲折隐蔽,多引水以环之,或面或背,其船房则多在水中央也";"其时犹属汪氏也。今归陈氏几数十年,闻其家亦渐落,丹青雕镂,剥落多矣"。又述嘉兴烟雨楼:"盖南湖中一洲,架楼五楹,四面皆窗,极轩敞。前为飞轩,轩外筑堤环水,通以小桥,种柳数百株。堤外湖面独阔,夏秋之间于此纳凉,始设茶肆,今则空无一物,惟高宗诗碑一座矗立外楹而已。"

郭嵩焘记沧浪亭:"石山层叠","再西有小门,石山环蔽之,一再折,乃见平高敞地,石山层叠,中高处构一亭,四旁飞楹,或为堂,为轩,为船房,为楼,环列亭基下。四围皆水环之,风景甚佳,而基宇荒废多矣。"记狮子林:"石林二座,一置平地,一置水中。丁末冬游此,两山皆完善,今水林倾塌过半矣,陆林犹如旧。叠石成围,中构一亭。石林中分上下两层,盘旋转折,忽深入洞底,忽高跻林杪,或开一门,或架一桥,无不入妙。每至隘处,常别通一径,以便行者之相避,四路出入,不相妨也。然每入一游,必曲折穷林之境而后出,不能中止。四隅高处,各置一亭,而恰不板滞。立石或尖或圆,或巨或细,皆布列有致。"

李慈铭(1830—1894 年),初名模,字式微,浙江会稽(今绍兴)人,光绪进士,累官至山西道监察御史。其诗主要模仿唐人,亦能词及骈文。著有《越缦堂日记》、《萝庵游赏小志》等。其中《游秋湖》、《游鉴湖》等,描写雨景:"是日小雨,软青沃翠,帘几皆鲜。山下临溪,列种水杨柳,岚气蒙合,栏阴转明。盖州山之得名者,以此地四山回合,如一小州,为吾越之最胜处,而吴氏宅又州山之最胜处也。"其中描写山村古寺景色,"逾时下山,望山下数家依一古寺。修竹屏翳,晚霭往来,鸡犬柴门,深隐萝薜,为之伫立叹羡。登舟不三里。至三家村王姓家,余近议赁庑地也。时月出林际,枳篱蛎墙,映带场圃,竹阴霜果,微明积畦,入室清华,水石参差,广延十里,盘

中国园林美学思想史——清代卷

盎皆新稻香。主人款宾,鸡黍芬靡。食毕,烹茶剥枣,纵谈田事。"

刘熙载(1813—1881年),字伯简,江苏兴化人,道光二十四年(1844年)进士,任广东学政,晚年主持上海龙门书院。其美学思想集中体现在《艺概》等。他以儒家的政治、教化需要和道德、伦理观念来规范艺术家和艺术作品。他用"无所不包"和"无所不扫"来说明艺术的继承与创新关系,主张在"无所不包"的基础上扫尽一切窠臼;只有"无所不扫",才能剔除糟粕,创造出崭新的艺术作品,主张一多、有无、虚实的现对关系,提出"人饰不如天饰"、"以丑为美",认识到险怪雄奇的作品能体现"崇高"的美学特征。他的美学思想,总结了古代艺术理论的重要成果,并有创造性的发挥。

袁祖志(1827—1898),袁枚孙,字翔甫,号仓山旧主。官江苏知县,后寓沪,晚年结诗社,名杨柳楼台。有《随园琐记》《谈瀛录》等。

袁祖志的园林思想与前人叶燮、赵昱、李果等人关于树荫、泉溪等的论述比较接近。他向往自然,追求写意,所赞颂的园林景色包括:

浓荫蔽日的桐柏。"由东厢屈曲绕行至山房之后,三楹面北,曰盘之中,取盘谷序中句意也。窗外古桐垂阴几满,境极幽静,人迹罕至";"古柏奇峰。庭前矗立,旁树怪石,俨若峰峦。室中题'古柏奇峰'四字为额";"山房之前,回廊曲折,有藤一株,根出于屋,盘旋天矫如虬如龙,支木架棚,垂荫几满。花时粉蝶成群,游蜂作队,春光逗满,何止十分"。

芬芳馥郁的花香。"小眠斋。面东南楹,屈曲而幽远,阶前叠石为芍药台,香气袭人,花光醉客,为廿三间屋最僻之所,静中佳境也,故堪小眠";"山上遍种牡丹,花时如一座锦绣屏风天然照耀,夜则插烛千百枝以供赏玩花下,排日延宾,通宵宴客,殆无虚晷焉";"泉上有堂,周以回廊,压屋老桂数十株,香气触鼻"。

青翠挺拔的竹林。"绿晓阁。东南两面皆窗,开窗则一园绿树,万顷琅玕,森然在目。宜于朝墩初上,众绿齐晓,觉青翠之气扑人眉宇间也。"柳谷。垂柳之中有轩三楹,背山临流,极称轩爽。"水西亭。亦名垂虹亭,在湖之西,形如巨艇,周以红栏,听莺观鱼,别有幽趣,万竿修竹,两岸芙蓉,游人至此必须小憩";"南山种竹万竿。东可以瞻孝陵钟山,北可以眺长江天堑,西可以挹清凉诸山之爽,南可以瞩谢墩治山之奇,洵为登高之极致也";"山上草堂。草堂居北之巅,为万竹所绕,上即'天风阁'也。境最幽静,夏日为宜,盖风传天籁。露滴清响,竹间之趣可以时时领取焉";"东岸琅玕一片,青翠宜人"。

清风徐来的湖面与溪水。"双湖亭。湖上有桥,桥上有亭,颜双湖为杨思立所书。桥之西为里湖,种红芙蕖,东为外湖,植白菡萏。水面风来,天心月到,可以放艇,可以垂纶,夏日最宜,热客到此,胜引一服清凉散也。鹤渡桥。长堤横亘于湖中,两旁间以桃柳,迤逦不断,游人履此,宛如西湖苏白两堤光景。小栖霞。天风阁。半山亭。藤花廊。溪水。仓山之西有径一条,直登巅顶,"其中两岸夹溪,溪水盈盈,澄清可掬"。

袁祖志与前人的不同之处,在于推崇镶嵌有玻璃窗的风格独特的建筑,显示了其时代特征。"琉璃世界。为室二重,窗嵌西洋五色玻璃,光怪陆离,目迷心醉。"嶙山红雪:"屋如舟式,窗嵌全红色玻璃,南檐外垂丝海棠二株,当春著花,灿若云锦"。绿静轩:"窗嵌全绿色玻璃,有榻,有几,有厨,有架,架上尽列印章图书,四座生凉,一尘不染,因绿而净,因净愈绿焉。"捧月楼:"楼在'蔚蓝天'上,捧天上之蟾辉,挹西山之爽气,清凉山、翠微亭远眺在目。"

第三节　岭南园林美学情感

岭南园林是中国园林的一种特殊类型。岭南园林始见于南越国,早期当推五代南汉王朝的御花园药洲仙湖最有特色,其以水体为主的造园手法突破了秦汉以前重台高阁、宫馆复道的格局。这种不受拘束、强调自然的风格特色,奠定了岭南造园既异于北方又别于江南的素质。特别是明清以后,岭南造园兴盛,并且更多受西洋文化影响。不但在造园理念,甚至在园林规划布局上也有模仿欧洲规整式园林的做法。岭南造园以珠江三角洲为中心,影响范围波及两广、福建乃至台湾等地,其以清新旷达、素朴生动取胜,造园构意新颖,布局平易开朗,较少江南园林那种深庭曲院的空间构造,成为与江南、北方鼎峙的三大地方风格。

历史上岭南园林有以下四种模式:第一,皇家园林,指南越国王的苑囿;第二,州府园林(傍州府之地,依凭岭南瑰丽山水,经历代修凿并题咏,同时为民众提供便利,略带公园性质,如惠州西湖、肇庆七星岩等;第三,寺庙园林;第四,私家园林(岭南庭院)。[①] 清初有屈大均(1630—1696 年),初名绍隆,字翁山,广东番禺人,明诸生。清军破广州,遁入空门,行游南北,交结遗民,谋划反清。三藩既平,隐居著述。《广东新语》卷十七《名园》载:广州旧多名园。其东皋别业,"初从山口关之东而入,有一湖曰蔬叶。尝有蔬叶自罗浮流至。湖中有楼,环以芙蓉、杨柳。三白石峰矗其前。高可数丈。湖上榕堤竹坞,步步萦回";"自抱清堂以往,一路皆奇石起伏、羊眠陂陀岩洞之类,与花林相错。其花不杂植,各为曹族,以五色区分"。

广州明清时的名园有五六十处,多集中在越秀山东南一带。其中包括晚景园、海上仙馆、小画舫斋等。不同于文人园林"怡情写意,隐逸超脱"的意匠指归,岭南园林追求自然和生活意义的真实,并博采众长,创造发展。特别是岭南接受西方影响,"得风气之先",博采众长,为我所用,结合许多西方园林的思想和手法,如广东开平立园、广州陈廉仲公馆庭院、广州东山梅花村陈济棠公馆等都在继承传统基础上兼具西方建筑风格。梅州黄遵宪人境庐,采用几何图形,体现岭南园林布局手法特征。潮阳西园是中西合璧的典型代表。此外还体现了谪贬文化和务实文化。岭

---

① 刘管平:《岭南园林》,华南理工大学出版社,2013,第 10 页。

南近代文化所具有的经世致用、开拓创新的价值取向和开放融通、择善而从的社会心理在审美艺术领域表现为追求新异的审美实践和崇尚自然、清新活泼、素雅秀美的审美理想。广东近代四大名园:可园、余荫山房、梁园、清晖园。此外粤东也有一些宅园。近代岭南园林还有光化寺、海南五公祠、琼园等。无论布局形式、装饰装修,还是山石造景、水泉形制,亦或是花草配置,都充分体现出"求真而传神,求实而写意"的审美风格和艺术精神,形成了"满院绿荫人迹少,半窗红日鸟声多"的独特造园风格。①

可园,位于广东东莞,占地三亩三分,始建于清道光三十年(1850年),由曾任知县的张敬修建造,名可园表示受人认可、合人心意,亦示无可无不可。其后朝廷起用他去广西与太平军作战,以后官至江西按察使,因伤病劳疾,回乡养病,扩建可园,四十岁即去世。可园建筑以精巧见长,将住宅、客厅、别墅、庭院、花圃、书斋等融为一体,占水栽花,疏密得体。民国时可园衰败不堪,十九世纪六十年代以来得以重修。

余荫山房(图9-2),又名余荫园,位于番禺南村,始建于清咸丰五年(1855年),为举人邬彬获祖赏三亩地兴建的私家庭园,故名余荫。面积仅两千平方米,在四园中最小。其建筑精巧,景色别致,浓荫遮蔽,小中见大,以水居中,环水建园,清幽宜人,将京、苏园林风格和岭南情调相融,迄今建筑基本保存下来。

清晖园(图9-3),位于广东顺德大良镇,占地五亩多。明代天启间,官至礼部尚书的黄士俊修建黄家祠堂和花园。至清乾隆间,黄家衰落,其建筑被进士龙应时购得,其子龙廷槐请书法家李兆洛书写清晖园三字塑于门上。经龙氏五代经营,清晖园成为颇具规模与特色的岭南园林。二十世纪五十年代,当地政府修复清晖园,将其各部分归为一园,总名清晖园。该园景色丰富,建筑造型轻巧灵活,开畅通透,花木种类近百,四时换景,全年飘香。

图9-2 余荫山房虹桥

梁园是佛山梁氏宅园的总称,由当地诗书名家梁蔼如、梁九章及梁九图叔侄四人,于清嘉庆、道光年间陆续建成,主要由十二石斋、群星草堂、汾江草芦、寒香馆等多个群体组成,规模宏大。其中主体位于松风路先锋古道,其他则位于松风路西贤里及升平路松桂里。梁园素以湖水萦回、奇石巧布着称岭南;园内建筑玲珑典雅,

① 唐孝祥:《岭南近代建筑文化与美学》,中国建筑工业出版社,2010,第25～26页。

图 9-3　清晖园水厅

绿树成荫,点缀有形态各异的石质装饰;梁园还珍藏着历代书家法贴。秀水、奇石、名贴堪称梁园"三宝"。

进入民国,广州出现了一批欧美别墅风格的花园小洋楼。

此外,福建园林始于西汉。明清后私家园林达到鼎盛期,多达近五十处。春园,位于泉州,又名芳草园,为清康熙间施琅(1621—1696年)所建。施琅曾为明末郑芝龙部将,降清后率军攻灭台湾郑氏政权。曾在泉州依"春游芳草地、夏赏绿荷池,秋饮黄花酒,冬吟白雪诗"而建春、夏、秋、冬四园。园门和书院是表现突出的地方。园门用三门门楼,当心间开敞厅门。园墙用伏龙墙形式,在龙墙上用扇形漏窗。书院名崇文书院,用红色陶砖拼花形式。园中并有薆亭、"三洲芳草"石坊等。

台湾园林始于明末,在清代达到鼎盛,尤以私家园林为着,亦达二十多处。[1] 林本源园林,又称林家园林、板桥别墅,位于台北板桥镇。林家为清代台湾望族,先祖林平侯是福建漳州人,乾隆年间移居台湾后因经商而富甲一方。嘉庆间,林国华捐得布政使经历职衔。光绪间,林维源辅佐台湾巡抚刘铭传,位列缙绅,建板桥宅园。其弟林本源于1888年改筑增建宅园。日占台湾后渐衰。林本源园林是在一个不规则的三角地上建造的园林。园林没有明显的轴线,而是以院落进行空间组合。全园分成书斋区、待客区、观花区、宴会区、山池区等五个区域。游廊贯穿所有院落,每院有一主体建筑和独立的山水及功能,与江南园林的晚清风格一致。莱园,位于台中雾峰乡,为晚清举人林文钦在光绪十九年(1893年)所造,标题取自老莱子彩衣娱亲之意。草创时有五桂楼、小习池、荔枝岛、歌台灯。晚清以后有扩建。其建于住宅后面的山水之中,与自然山水结合。园林之水引自山中泉源,顺地势流淌。通

---

[1] 刘庭风:《闽台园林》,《园林》2003年第12期。

过园门槛五桂楼一角,亭联有云:"春风丹荔风三面,绿醮清池水一夌。"潜园,位于新竹,为建于清道光年间的私家园林,园主为当地富绅林占梅,因园在城市西门内,又称为内公馆。园主曾以"自笑身如蠖,潜居称此园"来点明园林的出处,自比昆虫,贱称潜园。园林以水池为中心,水池命名"浣霞池",环池有爽吟阁、掬月弄香之榭、兰汀桥、渐入佳境、碧栖堂、游廊等。园林特色在于池景建筑与水面的空间结合。

岭南园林造园具有多元兼容性,不拘于某种形式,只要"万物皆备于我",便可接纳融合,为我所用,博采各家之长其主要有以下特点。

(一)园林的地域性。所谓岭南,指五岭(大庾岭、骑田岭、越城岭、萌渚岭、都庞岭)以南,大体分布在广西东部至广东东部与湖南、江西交界的地方。五岭山脉高耸,连绵起伏,形成一道天然屏障。岭南境内地形复杂,其地理环境和热带、亚热带自然生态环境,使岭南人形成了有异于中原地区风俗习惯的生活方式、行为方式和审美观念等。岭南人喜欢户外生活,居住场所常选择既生活方便而又景色优美的地方,所以山水环境的格局成为生活空间的首选。从桂林山水到肇庆七星岩,广州园林布局是"青山半入城,六脉皆通海"。潮州西湖和惠州西湖同样体现了山水环境的格局。岭南地处除丘陵地区,农耕地少,园林用地狭小之外,还气候炎热多雨,湿度很大,夏秋季常有台风暴雨,造园注意朝向、通风、防晒和降温。岭南园林的庭院布局特别是粤中庭院常用前疏后密式或者连房广厦式。其共同特点是前低后高。此外,园林建筑常与水面结合,建筑紧依水面。

(二)人文自然交融性。岭南风景秀丽,造园常将园林人文环境融入到自然景观环境中。选址借助自然景观环境,尽可能离开闹市,把园林宅第建在真山真水的大自然环境中。如城北诸园背枕越秀山,城南诸园选在珠江沿岸。当地自然风光为造园提供了条件:一是素材和蓝本,特别是叠石造山,多参照岭南真山真水;另一是在自然风光处修筑园林如寺庙道观等,如桂林象鼻山西南麓的云峰寺,广东清远的飞来寺,广西武鸣明秀园等。在景观组织上,常将园内外空间有机结合,利用环境景观最好的面向采取开敞式方式进行布局。其手法包括临界界面交融法,如借用水面;景观视点抬高法。

(三)造园注重务实性。岭南是商贸经济,园林注重实用性、交际性,淡化其怡情养性的休闲环境,不拘于传统的形制和模式,重在适用,强调生活的跟进性,造园与日常生活密切联系,不刻意追求与陶醉于山水。反映在布局上,园林与住宅融为一体,并以居住建筑作为园林主体,并且结合物质生产。[①]

近代岭南园林美学思想,与近代发源于广东一带的民主思想、革命思想之间存在千丝万缕的关系,有的园林美学思想家本身就是社会进步的实践者。

钱仪吉(1783—1850年),字蔼人,号衎石,浙江嘉兴人。嘉庆十三年(1808年)进士,选庶吉士,累迁至工科给事中,罢官后主讲大梁书院。治经史,工诗文,诗为

① 陆琦:《岭南园林艺术》,中国建筑工业出版社,2004。

秀水诗派代表作家,开晚清宋诗派先声。其作闽游诗刻画山水,别具匠心,晚游岭表,写景之篇,多而且工,著有《衔石斋纪事稿》、《闽游集》等。其《新修环碧园记》记述修园经过:"自余来东粤,一再过访,惟见林木湮湿,浑泥汩流,居舍庳坏,黝然不知惠风丽日之及,为之怅然者久之。今阁学晓林王先生之至也,始重葺焉。攘其荒秽,导其湮郁,彻墙之中蔽者,通三院为一";建有屋、亭:"筑屋若干间。因积土为小山,建亭其上"。植以花木:"环以修篁数千挺,梅、桂、杂花百余株"。并且立峰凿池:"又增立一峰,秀特殊状,于是清池翠碧,栏楯辨华,空明澄鲜,上下交映,晦明风雨之际,丹碧芬裔,披云而扬风。而前人题铭之字,亦皆濯苔藓而乘时俱出,先生其移我情哉! 是役也,恶木尽去,美荫舒布,无蔽材焉。楗岸孔固,澄波如鉴,无挠清焉。地通径辟,居高以临之,盖吾目无不见,而物无不容,则仁智之道焉。"

曾钊(1790—1854年),字敏修,号冕士(一作勉士),南海人,道光拔贡生,官合浦教谕,调钦州学正。阮元在广东开办学海堂,任命曾钊为学长,其博通群籍,而专治汉学,注重诸经训诂,能交互引证,而自出新猷,关注国计民生。著有《读书杂志》、《面城楼文存》等。其鉴赏园林首先注重泉石。《思源桥记》说:"自安期岩右出数百武,闻潺湲声,为滴水岩";"桥横乱石间,广六七尺,怪石出其底","层叠而下,如刀斧劈状。泉流其上,薄如纸垂。最洼者潴为湖,深尺,广三之,清可见底。新泉注之,点点成珠琲。有小鱼数尾,逐流游泳,如悬明鉴中";"得桥下憩焉。水气逼人,瑟瑟砭肌骨,移时欢然自得。而后知是桥为白云最幽"。其次是赞扬树荫。这在气候炎热的岭南尤其重要。《榕阴习静图序》载:广州海幢寺在珠江南岸,"周数十亩,廊径迂曲,斋舍百数,独惜阴轩为最幽。地僻而幽,又荫古榕";"百尺郁芊,昼而阴、夏而凉、风而愈寂。轩之右为镜空堂,堂右为楼,望远数十里,树烟山岚,皆在衽席下";"然余尝游白云山,宿飞霞观,心境浩然,自谓有得"。"故木养其根,人养其知。养根以土,养知以学"。

张维屏(1778—1859年),字子树,号南山,别号松心子,晚号珠海老渔,番禺人,嘉庆举人,与人在白云山筑"云泉山馆",据蒲涧廉泉之胜,为日夕诗酒唱酬之地。道光进士,曾为知县、知府,因不满官场腐败,告老还乡。张维屏为嘉庆至咸丰广东诗坛领袖,"粤东三子"之一,其作多揭露社会黑暗。鸦片战争期间,曾用《三元里》诗鼓舞人民抗击侵略。散文亦有成就。著有《听松庐诗钞》、《松心文集》等。听松园建于道光二十七年(1847年)。张维屏《听松园诗序》曰:园在珠江之南,花地之东,地十余亩,中有二池,乔木林立,盖百年物也。"园以水木胜,木以松胜。余性爱松,昔既以听松名庐,今复以听松名园。园常有,松不常有;松常有,园内外有松且百岁之松不常有。园常有,水不常有;水常有,园内外有水且四面皆水不常有。至若楼高见山,池活通海,帆移树杪,天在镜中,江村烟屋,稻畦菜畦,绮交绣错,四望莫能穷其际焉";"敢希昔贤? 聊涉新趣。春秋佳日,朋旧盍簪。以遨以游,斯陶斯泳。花竹禽鱼,溪山风月,造物所赠,吾何私焉。"

王韬(1828—1897年),江南长洲人,字紫诠,号仲弢。道光二十九年(1849年)

在上海墨海书局任职。咸丰十一年(1861年)化名上书太平军,受清廷通缉,在英驻沪领事保护下,出逃香港,曾赴英国译书,并历游法、俄等国,并在香港办报,宣传变法。光绪十年(1884年)回上海主持格致书院。他和郭嵩焘等一样,都是晚清曾经游历欧洲、见识广博并且大力宣传维新变法的人物,著有《弢园文录外编》等。广州恩宁西街,有麦氏花园,即潜芳园。其园未建时,前后左右均系小屋,邻人比栉而居,甚适也。麦悉欲售之,持其中有愿有不愿者。麦氏恃其势力,巧取豪夺,尽为所有。有不肯出屋者,投其器物于街衢,贫穷者至于靡所栖依,无立锥之地,麦氏略不顾恤,竟以薄价取其地,鸠工庀材,大兴土木,于是潜芳园遂以构成。王韬《潜芳园》写其特色:"园之内,名花遍植,嘉树纷披。园内外近泮塘,引水为池,叠石为沼,挹入座之荷香,缅迎眸之荔色,殊有佳趣。前通小桥,绿水回环,往来者时以扁舟为迎送,粉白黛绿,竞来游玩,罗扇轻衫,迎凉斗茗。"后麦氏因病而亡,其园典质别姓。

梁鼎芬(1859—1920年),字星海,号节庵,番禺人。光绪进士,授编修。中法战争时上疏弹劾北洋大臣李鸿章,降五级调用,由是名声大振。后入张之洞幕,主讲书院。又曾任知府、按察使等。因弹劾庆亲王奕劻与直隶总督袁世凯被撤职。入民国,以遗老自居。其诗负盛名,著有《节庵先生遗诗》。感叹国步艰难。其《春日园林》曰:"芳菲时节竟谁知?燕燕莺莺各护持。一水饮人分冷暖,众花经雨在安危。冒寒翠袖凭栏暂,向晚疏钟出树迟。倘是无端感春序,樊川未老鬓如丝。"诗句抒发关心朝事、忠心为国的情愫。"一水"二句,上句活用《景德传灯录》卷四"如人饮水,冷暖自知"句表示人们对国家大事态度不同,政治斗争后人们命运不同。"冒寒",用杜甫《佳人》诗"天寒翠袖薄,日暮倚修竹"典,比喻坚贞与痛苦。末两句,用杜牧《题禅院》"今日鬓丝禅榻畔,茶烟轻飏落花风"典,比喻投闲置散的诗人眼见国步艰难、忧国忧民的感慨。

黄节(1873—1935年),字晦闻,广东顺德人,早年在广州读书,后多次远游并东渡日本。1905年在上海参与组织"国学保存会",编《国粹学报》,搜集明清禁书,宣传反清,提倡国粹。1909年加入同盟会,次年参加南社。辛亥革命后任广东高等学堂监督。1913年赴北京,入铁路局供职,反对袁世凯称帝。1917年任北京大学教授。1923年在广州任孙中山大元帅府秘书长。后仍回北大任教。岭南爱国诗人,著有《蒹葭楼诗》等。《宴集桃李花下,兴言边患,夜分不寐》(写于1895年):"春色满中原,东风忽吹至。紧彼桃李花,笑知酒阑意。古人秉烛游,吾今独何志?草堂故人来,为我道时事。坐花且开筵,芳菲拂剑鼻。草木春犹荣,世运何大异!东望春可怜,千里碧血渍。山高风鹤哀,将军死无地。泱泱东海雄,一旦委地利";"边风吹虫沙,霾雾走魑魅。壮士怀关东,举酒问天醉。花落竟何言,奈何夜不寐!"全诗借园林写甲午战争,把园林之美与作者的爱国情感密切结合了起来。

第四节　海派园林新思潮

上海位于长江口三角洲冲积平原。远古的上海地区经历了马家浜文化、崧泽文化、良渚文化的文明。唐宋之际，上海以襟江带海、腹地广阔之利，经济发展逐步加快，宋代建镇、元代建县。随着农业、渔业、商贸与运输的繁荣，以及随着植棉的传入和棉纺织业的发展，明清之际上海已经成为东南名邑，黄浦江上"舳舻相接，帆樯比栉"。十九世纪中叶，上海成为对外开放的商埠。列强在上海开辟租界，实行殖民统治，西学东渐，西方传教士在上海建立教堂，开办学校；各地人口迅速涌向上海，出现一批近代企业，促进了航运、金融、建筑、工商的繁荣，使上海成为首屈一指的工商城市以及文化中心，同时也是西方殖民者的乐园，并且出现了一批上海早期的中西合璧的园林，以及最早的公园。

一、传统园林

上海的园林，首先是传统园林，其大多集中在老城厢一带，典型的有豫园等。当时诗文多写民俗，其中反映了豫园等园林景致。

豫园，位于今上海市区东南隅旧城，是上海市区内唯一一座保留完好的明代园林。明嘉靖三十八年(1559年)，当时刑部尚书潘恩之子潘允端为娱亲而建，故名。万历间，园林扩大至七十余亩，园中到处亭台楼阁、曲径游廊、奇峰异石、花卉古木，成为江南名园。明末清初，豫园渐衰，乾隆间乡绅集资修复。鸦片战争后，豫园历经兵灾战乱。十九世纪四十年代以后多次修复。现存豫园占地三十余亩，除荷花池、湖心亭及九曲桥已划为园外景点外，全园分为仰山堂及大假山、万花楼、点春堂、玉玲珑等景区。

吴友如(？—1893年)，名嘉猷，字友如，吴县人，清末画家，曾应征为宫廷作画。其《申江胜景图》有题诗。《豫园》载："海滨本无山，山以人力成；城中本无湖，有湖似天生。湖心有亭，翼然峙。登高四望，怡吾情。曲栏低亚，结构精。台榭东西相望，衡往来游客送复迎，百货罗列百技呈，泰西人亦慕其名。每逢星期时，一行如入方丈，登蓬瀛。俗尘万斛一廓清，一时啧啧心为倾。吁嗟乎，一时啧啧心为倾，前人百计费经营。"《邑庙内园》载："欲问前朝事，残碑不可寻。沧桑历今古，城市有山林。小阁春多雨，飞廊昼亦阴。笑他车马客，未解涤尘襟。"《翠秀堂大假山》载："天地特钟灵，湖山亦兮秀。亭台七八座，斯堂拔其翠。"

颐安主人《沪江商业市景词》，共四卷，八百六十六首，以豫园作为场景，反映上海市民游览休闲的兴致。有光绪三十二年(1906年)石印本，作者真实姓名待考。其中，《豫园》载："豫园热闹在春秋，士女纷纷结伴游。随意品茶看戏法，湖亭行过又登楼。"《点春园》载："假山矗立点春园，每届花辰始启门。裙屐翩翩来此地，登高风月细评论。"《湖心亭》载:"湖心亭上品茶多,九曲桥低映绿波。士女凭栏争眺望,此中风景胜仙窝。"《内园》载:"内园幽曲小房廊,借作钱庄会议场。逢节凭人游览入,平时关锁莫寻芳。"

余槐青,阳羡人,早年旅居沪上,民国初年入华童公学教授文史,前后凡二十五年,1935 年病殁,著有《上海竹枝辞》,1936 年上海汉文正楷印书局铅印本。其中《豫园》载:"香烟缭绕俗尘浮,九曲桥边得意楼。独有内园常闭户,个中花木自清幽。"注谓"邑庙豫园久成闹市,春风得意楼茗客常满。内园一角,地颇清净,独不开放";"上海城中邑庙有东西二园,东园即内园,以假山名,有老栝一株,为明时物,俗称白皮松;西园为明潘允庵豫园旧址,有香雪堂、三穗堂、萃秀堂、点春堂诸胜。三穗堂后有假山,香雪堂毁于粤寇,堂前玉华石犹存,此即宋宣和漏网之玉玲珑也。园中商店林立,多江湖卖技者,午后游人如织,已成一大市矣。"①

也是园,原名渡鹤楼、南园,位于今黄浦区凝和路、乔家路口一带。明天启间礼部郎中乔炜所居。清初归曹垂灿,后归李心怡,改是名。李氏叠石凿池,多方修葺。后为道观,名蕊珠宫。道光间建蕊珠书院。同光间,上海道台于园内设修志局。每至夏日,曲槛雕栏,花木繁盛,红荷满池,为豫园之外海上第一名胜。太平军之役,建筑花木毁损大半,1937 年"八一三"战役中毁于日军炮火。时有竹枝词《也是园》载:"第一荒凉也是园,人来如入武陵源。满堤芳草无尘迹,只见杨花压短垣。"其注曰:"也是园滨后一带,小街幽巷,矮屋荒畦,颇有城市乡村之致。每值春风吹暖,平堤绣陌,芳草如茵。而绿柳几株,点缀成趣,故幽人逸士不喜北境繁华者,恒来涉足焉。"②颐安主人《沪江商业市景词》的《也是园》则说:"沪城胜景谁推尊,风雅宜人也是园。中有荷池宽数亩,亭台竹木鸟声繁。"吴友如《申江胜景图》的《也是园》说:"是园不独胜仙乡,地偏心远堪徜徉。自从浩劫历沧桑,三径草木未全荒。梵言钟磬隔上方,叠石玲珑透夕阳。六月七月荷花香,风送花香绕然廊。冰簟无崖镜槛凉,轻飔暗袭罗衣裳。请君回首时一望,蓬莱近在水中央。"

露香园原址在今黄浦区大境路、露香园路一带。明嘉靖三十八年(1559 年)时任湖南道州守的顾名儒于此处辟万竹山居,其弟顾名世晚年又筑园,意外挖到赵孟頫书"露香池"碑石,遂名之。占地四十亩,有碧漪堂、露香阁等,与明代豫园、日涉园并称,园中广植桃林,所产水蜜桃声名远播,并有刺绣、顾振海墨和银丝芥,并称四大特产。鸦片战争时当局在园内设火药局,道光二十二年(1842 年)失火爆炸,遂成平地,后成演武厅校场,俗名九亩半,民初建万竹小学。清代贡生秦荣光《露香园竹枝词》载:"露香池石子昂书,万竹山居东凿池。名士风流多巧技,绣精墨雅芥成蔬。"

① 徐珂:《清稗类钞》,第一册《园林类·东园西园》,中华书局,1984,第 206 页。
② 顾炳权编:《上海洋场竹枝词》,上海书店出版社,1996,第 86 页。

二、中西合璧的园林

第二类是受到西方风格影响、中西合璧的园林,常在中式园中建有西式建筑。这是近代上海园林的重要特色。

徐园,原名双清别墅,浙江人徐鸿逵建于1883年,在上海公共租界老闸桥北唐家衖,后移康脑脱路五号,位于闸北今天潼路,人称徐园或徐家花园,占地三亩余,纯取传统造园手法。园中主要有十二景。入门有广庭,种竹数百竿,左有屋三楹,曰东墅,为赌棋处,右为兰言室。穿竹径,出山洞,有广厦曰鸿印轩,再北为楼,轩之西有池,过小桥,有屋临水,状如舟,曰烟波画船。其邻有亭曰鉴亭。亭之西北隅,累石为假山,山上张风车,风来车动,吸水机则吸水上升,复注入池中之喷水机,由此机喷出,高可丈许。游人多为文化人,并在1896年在上海最早放映电影。徐故后,其子徐凌云等于1906年将园迁往康定路,常有昆曲演出。抗战爆发,徐园颓废。颐安主人《沪江商业市景词》之《徐园》载:"闸桥西北有徐园,花木亭台别一村。每宴嘉宾联雅会,髦儿戏谑最消魂。"

申园,在静安寺西侧,1882年,公一马房业主发起集资兴建,当年竣工开放,为上海首家营业性私家园林,中西合璧,主建筑有西式二层楼和仿古建筑,设有餐饮茶点、烟酒及时尚游戏弹子等。至1893年停业,民国时再当地兴建新式里弄住宅。黄协埙(1853—1924年)《申园》载:"画栋珠帘,朝飞暮卷,其楼阁之宏敞,陈设之精良,莫有过于此者。冶游既倦,躐云而登,倚雕栏,啜苦茗,清风飒至,俗虑俱消;时或隔座花枝,向人招展,钗声钿影,仿佛帘中,每位诵元相'醉为花气睡为莺'之句,低徊不能去云。"《上海洋场竹枝词》载:"数遍群花数万千,停车正在晚凉天。一壶花罢将归去,指点前村看活泉。"其注:静安寺西侧,辛巳秋创建洋房一所,以作茶室,名曰申园。房屋轩敞,花木极盛,其茶皆用细瓷壶。园每逢春夏,西人有赛花会,或在虹口圃滩外国花园,或在各洋行,西乐悠扬,楚楚可听,数日后方告毕。"

味莼园,俗呼张园(图9-4),晚清为上海最大公共活动场所,地处静安寺路(南京西路)南、同孚路(石门一路)西、泰兴路南,原为英商格农花园住宅。1882年为无锡张鸿禄(叔和)购入扩建,以晋张翰"秋风起,见莼鲈"典故得名,数年内营建中西建筑,中心为西洋式建筑安垲第,占地扩大至七十余亩,1885年对外开放。以中西合璧风格而闻名。后屡易其主。开沪上食宿娱乐、休闲为一体的近代娱乐场先河。园内草坪宽敞、曲池垂柳,并由奇木茅舍,以及网球、溜冰、桌球、跳舞、摄影、电影等娱乐。清末民初曾在此举行拒俄大会、拒法大会及反对"二十一条"国民大会等,以后逐渐荒芜。1919年由王克敏购入翻建里弄住宅。其"屋不多,惟擅林木之胜。中有广厦,曰安恺地,屋角有楼高出林杪,可望黄浦,又以西望可见龙华塔,故亦名眺华阁。西南有楼,曰海天胜处。中央有池,池有岛,杂莳松竹,苍翠可人,相近有大草地可击球。"①《上海洋场竹枝词》载:"味莼园内好徘徊,高筑洋楼映绿台。行过小桥转深曲,一池春涨酒船来。未到申园,转右曰味莼园,张姓别墅也。地极宽大,洋楼数层,高接霄汉。复行数十步,有小桥亭榭,曲折别有一天。下通池水,小舟荡漾,令人乐而忘返,如欲借地设席,效谢太傅携妓东山,亦从客便。"颐安主人在《沪江商业市景词》的《张园》中曰:"海天胜景让张园,宝马香车日集门。客到品花还斗酒,戏楼箫鼓又声喧。"颐安主人在《沪江商业市景词》的《哗张园宴会徐园戏》中曰:"高大洋房美丽夸,时装姬妾笑谈哗。张园宴会徐园戏,忙煞从人驾马车。"

图 9-4　张园(清末上海年画)

愚园,1890 年建于静安寺路(今南京西路)赫德路(今常德路)西北,1888 年由宁波富商掌氏建园,西园、申园先后并入,占地两亩多,同年对外开放。风格中西合璧,主建筑有敦雅堂、二层西楼等,堂后为假山,石笋颇多,山上为花神阁,有闽人辜鸿铭英文诗、德文诗石刻在焉。池之东西南,富有亭榭。楼之西北隅复有小楼,曰飞云,楼西为球场,场之东北隅为弹子房,弹子房东为鹿柴虎栅,西魏唐花室。多亭台楼榭、奇峰异石,有餐饮、戏曲、电影等,时有"张园空旷愚园雅"之称,清末成为反清志士及南社聚会之地。1911 年筑愚园路。1916 年废毁,其址今上造民居,包括常德公寓。在《沪江商业市景词》的《愚园》中曰:"张园西去到愚园,游客曾经载酒樽。楼阁参差犹昔日,如何裙屐少临门。"

半淞园。位于南市临黄浦江,原为吴家桃园。天主教徒沈志贤与其毗邻,构筑部分土地后建园。辛亥革命后姚伯鸿购下并扩充,面积达六十余亩,取杜甫诗句"剪取吴淞半江水"命名。1918 年开放,园景设计古画兼洋画。1920 年新民学

① 　徐珂:《清稗类钞》第一册《园林类·味莼园》,中华书局,1984,第 204 页。

会在此聚会。八一三中被炸成废墟。余槐青《上海竹枝辞》,《半淞园》:"山成培娄水无源,小筑亭台绕短垣。沪上难寻山水胜,清幽且入半淞园。"

三、西式公园

鸦片战争以后,在上海建立了租界,西式生活方式传来。从1868年最早的公共花园(今黄浦公园)到1927年上海建市,租界内先后建造侨民公园十四座,其禁止中国人入内,同时西方公共园林的概念及其做法的引入,促使上海园林进入了一个新的阶段。从此,上海的私家园林陆续向公众开放,新建的兼有中西风格的私有园林也以营利为目的,成了公众休闲娱乐场所。

黄浦公园,始称公共花园,又称公家花园、外滩公园,位于苏州河与黄浦江汇合处。1868年建成开放。以观赏黄浦江景色为主。租界当局曾在公园门口挂"华人与狗不准入内"木牌,引起中国人民长期的抗争。复兴公园,原称顾家宅公园,又称法国公园,建于1909年,是我国唯一保存完好的法式园林。中山公园,1860年前后购地造兆丰别墅,1914年公园开放,原名极司非尔公园、梵王渡公园,1944年改名中山公园。此外还有哈同花园,又名爱俪园,1909年建成,为中西结合新式园林。

颐安主人《沪江商业市景词》的《西人公家花园》中曰:"英商游憩有家园,不许华人闯入关。绿树阴中工设座,洋婆闲跳挈儿孙。《华人公园》:华人游息辟公园,铁作围栏与栅门。三五茅亭聊备作,碧梧蔽日任风翻。《申江胜景图》之《公家花园》:"卜筑园林二十年,落花如雨草如烟。寰中亦有蛟人宅,海外曾游兜率天。纤腰束素面笼纱,二八佳人艳似花。携手与郎同去去,虹桥南畔是儿家。几曲栏杆绕野塘,澹烟寒月似潇湘。花间雨过香尘湿,水面风来石磴凉。空亭独坐海云秋,灯竿参差出树头。借问欧洲诸士女,风光还似故乡否。"

余槐青《上海竹枝辞》中的《公园》:"狗与华人禁令苛,公园感想旧山河。而今各处都开放,又见倭兵列队过。"注:公园口外有外人牌示,华人与狗不得擅入。今各公园已开放,虹口公园日兵不时操演。云间逸士《洋场竹枝词》,刊载于1874年4月27日《申报》,有民国抄本,作者真实姓名、生平待考:《外国花园》:"行来将到大桥西,回首窥园碧草齐。树矮叶繁花异色,雨余石上锦鸡啼。"颐安主人《沪江商业市景词》《徐家汇花园》:"徐家汇处有名园,姹紫嫣红百卉繁。日暖风和西乐奏,游人归去鸟声喧。"

近代上海等地出现的西式公园,是西方列强在上海开辟租界、西风东渐的结果。公园门口所挂"华人与狗不得入内"的牌示,充分显示了殖民主义者对中国人民的欺凌和压迫。在客观上,西式公园与租界内外观念、形式完全不同的传统园林并存,对中国园林美学思想的变革及中国社会的近代化具有一定的作用。

第五节　俞樾与苏州园林美学的绝响

　　苏州派园林美学思想,经过清代前期与中期的发展演变后,由于太平天国时期的战火,苏州经济文化遭受重创,苏州派后学继承清代前中期的余绪,但已经无力挽回传统园林逐步衰落的态势,苏州派园林已经进入了尾声阶段。

　　晚清的园林思想家有的写苏州园林。

　　王凯泰(1823—1875年),江苏宝应人,原名敦敏,字幼徇、幼轩,号补帆,道光进士。咸丰十年在籍襄办江北团练,后入李鸿章幕。历任浙江督粮道、浙江按察使、福建巡抚,请停捐例,汰冗员,编练军。日本侵台事件发生后,销假回任。光绪元年移任于台湾,不久病逝。《惠荫园八景序》写苏州惠荫园:"水碧染衣,天远接黛,气疏以旷";"凡某丘某壑,触境情关;一石一花,问名心晓。熟人鸥鹭,争迎不系之舟;识面林泉,为赓招隐之赋。热境生凉,顿息尘鞅,即小观大,如亲湖山。"

　　蒋垓(太平天国期间)的《绣谷记》曰:"古今来物之隐见有数,非幸遇其人与其时,不出也。在阊门"。"长廊回环,绕以短墙,松石之间,杂花夹莳,每至春阴始开,日气艳射,朱朱白白,上下映发,若绣错然";"因叹古今来物之隐见有数,虽历数百年,若隐有鬼物守护之,非幸遇其人与其时,不出也。苟斯石而处湫隘阛阓间,则终埋没不出;幸而出矣,适当田间或道左,则又与石马龟趺,同蚀烟雨耳。今何幸遇于余?且会余诔茅筑室时,更与园之景状相合,仍副余欲命名而不得之意,是固斯石之幸,亦即余之幸也夫"。

　　张树声(1824—1884年),字振轩,安徽合肥人。同治间领淮军从李鸿章,历任两江总督、直隶总督、两广总督等。中法战争初,以广西边防备战不力,被革军职留任,仍在广东治军防海,卒于军。群有奋乎百世之心,治道懋而风化行。同治癸亥,树声治军来吴,维时公私百物,一切荡尽,求所谓亭者,已不可复指识。其《重建沧浪亭记》记述道:"越岁重来,工作告竣,将举祀事于名贤祠,先期往观,近水远山,光景会合,益叹昔人之善于名状。叠石之上,有亭翼然,可以登眺者,即沧浪亭也。亭之后,南向三楹,地最爽垲";"其他轩馆庭榭,或仍旧题,或随今宜。而面桥临流,闳闶北向"。"呜呼!吴中于东南都会,最号繁盛,名园古墅,梵宇琳宫,往往前代之遗,阅世而不废"。"沧浪亭垂今千载,灵秀所钟,宸翰天章,重光累曜。"落成之日,城乡来观,咸乐还承平之旧,亦遂忘劳费之多,盖诸君之用心,惟兢兢焉以作无益害有益是惧,故考成而劝勤,用啬而度丰,其慊于人心也如此。树声窃愿览斯亭也,因重建之匪易,益思名德之必不终湮,勉实循名,钦承列圣彝训,都人士景行先哲,群有奋乎百世之心,治道懋而风化行。"

　　吴嘉洤(1790—1865年),字清如,号澄之,江苏吴县人。道光十八年(1838年)进士,授内阁中书,入直军机处,迁户部员外郎,晚年掌教平江书院。以诗文知名,亦工词,著有《仪宋堂集》《秋绿词》等。居官十年致仕。有两园。在苏州城东井仪坊巷有退园,地不过数弓;有池,方广百步,有微波榭、秋绿轩,仪宋堂等。又有秋绿园,建于唐诗人皮日休故居原址,有亭沼之胜。吴嘉洤有诗:"烂熳绯桃映碧水,参差高下欺层岚。"

其《退园续记》载:第一,"览林泉之殊状,挹主人之风裁";"然自避难以来,乡人来者,皆言园为所毁,门户一切,不可复辨。审是,则园虽广,转不如项脊轩(归有光所居)之完好,岂天以予文,远不逮先生,而所居过于先生,故使之遭斯厄欤";"试与披其卷轴,览林泉之殊状,挹主人之风裁,即不必登高临深,而欣感于中,有慨焉而赋者矣"。第二,"园中花木,四时备具。每至春日,则繁英璨然,如入桃源,鼠姑数丛,天香馥郁,若游《穆天子传》所谓群玉之山,不知为尘世矣。入夏,则方池荷花,荡漾绿波翠盖间,红日朝霞";"若招我于罗浮山顶也。佳客不来,时率小儿女,衣青红衣,穿径循桥,绿树折花,笑语彻于户外;间命庖人治酒肴,相与团坐泥饮,其乐殆非世所恒有"。第三,"人之所居,多或数十年,少或一二十年,尤逆旅中之逆旅也。况遭难以来,迁徙无定,则退园之不必有记也,亦固其所。然人情于服御饮食,有不能适然忘者,况于栖息之所欤? 盖予之欲得园也久矣,尝谓人之一生,于天之风月,地之花木,无日而不在吾心也,而有时不能寓诸目者,境拘之也。今虽无园,而即向之娱吾目者,一举念而如在焉,盖能夺之于目,而不能夺之于心也"。

袁学澜(1804—1879 年),原名景澜,字文绮,号巢春,元和(今苏州)人。县诸生,二十三岁时倡议组织了尹山吟社,有诗声。因仕途不得意,于是转而留意风俗民情的调查搜集,其诗词多吟咏吴地风俗民情、节令时序,名胜掌故之作,故被人们誉为"风俗诗人"。《吴县志》云其作品"《南宋宫词百首》《姑苏竹枝辞百首》《苏台揽胜百咏》尤为时传诵"。

其《双塔影园记》第一写建筑,"壬子岁秋,余营别宅于吴门太尉桥冷香溪。其宅本卢氏旧居,堂构宏深,屋比百椽。其东北隅,有厅事三楹,颜其楣曰郑草江花室,为罗列文史、会聚朋友谈艺之所。旁有隙地盈亩,旧废为菜畦,瓦砾榛莽,不堪游憩。乃鸠工庀材,草创数楹,辟旧垣,广其庭"。第二写花卉,"庭有花木玉兰、山茶、海棠、金雀之属,丛出于假山磊石间,具有生意。井冽寒泉,可供灌漱。绕迴廊以蔽风雨,构高楼以迎朝旭。芟削芜秽,清景呈露。邻寺双塔,影浮南荣丁位。据形家言,谓主居者多寿,娴于文艺,以塔之秀气所聚也"。第三,推崇朴素,"昔文基圣于虎丘筑塔影园,三桥题诗,有篱豆花香,塔影悬桥之语。后顾云美居之,自为记云,诗文多于水树,水树多于斋馆。今余所辟之园,亦袭塔影之名,特别以双数,聊记其实。其园萧条疏旷,无亭观台榭之崇丽,绿墀青琐之繁华,大抵与云美之园等耳。其蹊径爽垲,屋宇璞素,师俭足以自守,不为豪贵攘夺。入城寓居,往来多素心淡水之交,披文析义,瀹茗清谈,欣然忘倦,如康节行窝之设,渊明、易安之居,地偏心远,其在斯乎。考郡志,范石湖旧居,柯九思宅,惠周惕红豆书庄,皆与余园相近,则此地固昔贤卜宅之所。余得居之,有深幸焉。吴中固多园圃,恒为有力者所据。

高台深池,雕窗碧槛,费赀巨万,经营累年,妙妓充前,狎客次坐,歌舞乍阕,荆棘旋生。子孙弃掷,芜没无限,殆奢丽固不足恃欤? 今余之园,无雕镂之饰,质朴而已。鲜轮奂之美,清寂而已。杜陵诗云:'避人成小筑,乘兴即为家。'雪泥鸿爪,偶然留迹,正如鹪巢萍寄,托兴焉耳。因为记,以序其始末如此"。

清末苏州园林派的最后一个大家是俞樾。

俞樾(1821—1906年),浙江德清人,字荫甫,号曲园。道光三十年中进士,曾任翰林院编修、河南学正。罢官归,侨居苏州,筑曲园。主讲苏州紫阳书院、杭州诂经精舍等垂三十一年,力倡通经致用,为一时朴学之宗。时有"门秀三千士,名高四百州"之誉。章太炎、吴昌硕等皆出其门下。善诗文、隶书,著有《春在堂全集》等。

同治、光绪间,苏州观前街西南侧先后建起曲园、鹤园、听枫园。曲园在马医科西头,俞樾寓居苏州十六年后购地建于光绪元年(1875年),门厅悬李鸿章题"德清俞太史着书之庐"额。园中因地制宜,利用宅地西北两侧隙地布置庭院,有乐知堂、春在堂等,并开曲水池、筑曲水亭。园名出自《老子》"曲则全"句意。俞樾身后,曲园渐倾圮。1954年其曾孙、红学家俞平伯将其捐献国家,1957年后屡次修复,并按原貌恢复陈列布置。全园朴素大方、简洁清净。俞樾著有《曲园记》、《半园记》、《怡园记》、《留园记》、《香雪草堂记》。

俞樾的园林有山石。《曲园记》:春在堂(图9-5)后尚有隙地,乃与其妻偕往相度而成斯园。即于春在堂后连属为一小轩,北向,颜曰"认春"。白香山诗云:"认得春风先到处,西园南面水东头。"吾园在西,而兹轩适居南面,认春所以名也。认春轩之北,杂莳花木,屏以小山。山不甚高,且乏透、瘦、漏之妙,然山径亦小有曲折。自其东南入山,由山洞西行,小折而南,即有梯级可登。登其巅,广一筵,支砖作几,置石其旁,可以小坐。有竹篱曲水。自东北下山,遵山径北行,"度阁而下,复遵山径北行,又得山洞。出洞而东,花木翳然,竹篱间之。篱之内有小屋二,颜曰'艮宧'。艮宧之西,修廊属焉。循之行,曲折而西,有屋南向,窗牖丽楼,是曰'达斋'。曲园而有达斋,其诸曲而达者欤? 由达斋循廊西行,折而南,得一亭,小池环之,周十有一丈,名其池曰'曲池',名其亭曰'曲水亭'。由曲水亭循廊而南,至廊尽处,即春在堂之西偏矣。大都自南至北修十三丈,而广止三丈,又自西至东广六丈有奇,而修亦止三丈。其形曲,故名曲园。所谓达斋者,与认春轩南北相值。所谓曲水亭者,与回峰阁东西相值。艮宧则最居东北隅,故以艮名。艮,止也,园止此也。然艮宧南有小门,自吾内室往,可从此入,则又首艮宧。艮固成终成始也"。作者筑园自娱:园虽小,"嗟乎! 世之所谓园者,高高下下,广袤数十亩。以吾园方之,勺水耳,卷石耳。惟余本寋人,半生赁庑。兹园虽小,成之维艰。《传》曰:'小人务其小者。'取足自娱,大小固弗论也。其助我草堂之资者,李筱荃督部、恩竹樵方伯、英茂文、顾子山、陆存斋三观察、蒯子范太守、孙欢伯、吴焕卿两大令;其买石助成小山者,万小庭、吴又乐、潘芝岑三大令;赠花木者,冯竹儒观察。备书之,矢勿谖也"。

图 9-5　曲院春在堂

半园，分为南北。南半园在苏州人民路，俞樾曾欲购此地建宅未果，清同治十二年（1873年）布政使溧阳人史杰建，咸丰、同治时出现于苏州城。其处在仓米巷，园中有山石、水池、长廊、亭轩，宅园面积六千两百平方米，1984年起逐步修复，人称南半园。北半园在今白塔东路，清乾隆间为沈其奕所筑，清末为道台、安徽人陆解眉所有，人称北半园，意为知足而不求全。园中以曲廊断续相连，形成建筑围绕水池的小园布置格局。园中景物多以"半"立意，如有五边形半亭、二层半藏书楼等，十九世纪八十年代起逐步修复，现存宅园面积两千平方米。《半园记》载："越日报谒，登其堂，藻室华橡，绮疏青琐，赫然改观"；"东南隅，有室正方，前临荷池，后栽修竹，以竹与荷花，皆有君子之称，因名之曰君子居"；"凭栏而望，则阖庐城中万家烟火，了然在目矣。斯园也，高高下下，备登临之胜，风亭月榭，极柽柏之华，视吴下诸名园，无多让焉"；"吾园固止一隅耳，其邻尚有隙地，或劝吾笼而有之。吾谓事必求全，无适而非苦境，吾不为也。故以'半'名吾园也"。

怡园，位于今苏州市人民路，现有园林面积六千平方米，前身为明成化年间尚书吴宽宅园"复园"，清同治十一年（1872年），浙江宁绍台道顾文彬在其遗址上大兴土木，先后建义庄、祠堂和园林，历七年而成。面积虽小，而罗致景物甚多，叠石池水，疏朗有致，为与住宅、义庄、祠堂相结合的江南私家园林，曾因"湖石多、联额多、白皮松多、动物多"而有"四多"美誉。《怡园记》载："探幽搜峭，是在游者：其上有阁曰松籁，凭栏而望，郭外西山，隐隐见眉妩矣"；"又南行，则桐荫翳然"；"又东行，得屋三楹，前则石栏环绕，梅树数百，素艳成林。后临荷花池，石桥三曲，红栏与翠盖相映"；"又东为岁寒草庐，有石笋数十株，苍突可爱。其北为拜石轩，庭有奇石，佐以古松"；"亭中有芍药台，墙外有竹径。遵径而南，修竹尽而丛桂见"；"慈云洞中石卓石橙咸具，石乳下注磊磊然。洞外多桃花，是曰绛云洞"；"兹园东南多水，西北多山,为池者四,曲折可通。山多奇峰,丑凹深凸,极湖岳之胜。方伯手治此园,园成,遂甲吴下,精思伟略,即此征之。攀玩终日,粗述大概,探幽搜峭,是在游者"。

留园(图9-6),苏州名园,始建于明万历二十一年(1593年),为太仆寺少卿徐泰时罢职返乡后营建的私家园林,时称东园。清乾隆间,园归吴县东山人刘恕,刘恕对园进行了修葺和扩建,更名为寒碧山庄,俗称刘园。同治十二年(1873年),布政使康盛购得此园,重新整修,改名留园。园中综合江南造园艺术,杂莳花竹,前楼后厅,有涵碧山房、闻木樨香轩、心旷神怡楼、片云峰等。其嘉树佳卉、泉石清流、风亭月馆,瑰丽曾为吴中之冠。1929年后向公众开放,后遭日军蹂躏,满目疮痍。1953年后经精心修复。《留园记》载:

图9-6 留园鸳鸯厅"林泉耆硕之馆"之北厅

出阊门三里而近,有刘氏之寒碧庄焉。而问寒碧庄无知者,问有刘园乎,则皆曰有。盖是园也,在嘉庆初为刘君蓉峰所有,故即以其姓姓其园,而曰刘园也。咸丰中,余往游焉。见其泉石之胜,花木之美,亭榭之幽深,诚足为吴下名园之冠,及庚申、辛酉间,大乱荐至,吴下名园半为墟莽,而阊门之外尤甚。曩之阗城溢郭尘合而云连者,今则崩榛塞路,荒葛罥涂。每一过之,故蹊新术辄不可辨,而所谓刘园者,则岿然独存。同治中,余又往游焉。其泉石之胜,花木之美,亭榭之幽深,盖犹未异于昔,而芜秽不治,无修葺之者,免葵、燕麦摇荡于春风中,殊令人有今昔之感。至光绪二年,为昆陵盛旭人观察所得,乃始修之平之,攘之别之,嘉树荣而佳卉苗,奇石显而清流通。凉台燠馆,风亭月榭,高高下下,迤逦相属。春秋佳日,观察与宾客觞咏其中,而都人士女亦或掎裳连袂而往游焉,于是出阊门者,又无不曰刘园刘园云。观察求余文为之记,余曰:"仍其旧名乎?抑肇锡以嘉名乎?"观察曰:"否,否,寒碧之名至今未熟于人口,然则名之易而称之难也。吾不如从其所称而称之,人曰刘园,吾则曰留园,不易其音而易其字,即以其故名而为吾之新名。昔袁子才得隋氏之园,而名之曰随园,今吾得刘氏之园而名之曰留园。斯二者将无同?"余叹曰:

"美矣哉斯名乎！称其实矣。夫大乱之后，兵燹之余，高台倾而曲池平，不知凡几，而此园乃幸而无恙，岂非造物者留此名园以待贤主乎？是故泉石之胜，留以待君之登临也；花木之美，留以待君之攀玩也；亭榭之幽深，留以待君之游息也。其所留多矣。岂止如唐人诗所云'但留风月伴烟萝'者乎？自此以往，穷胜事而乐清时，吾知留园之名常留于天地间矣。"因为之记，俾后之志吴下名园者，有可考焉。

第六节　林纾、邓嘉缉与清末园林

　　进入二十世纪，清朝已经摇摇欲坠，清代园林进入了它的最后时刻。

　　林纾(1852—1924年)，字琴南，号畏庐、冷红生，福建闽县(今福州)人，光绪举人，任教京师大学堂，早年参加改良。能画工诗，山水小品文笔明快清新。著有《畏庐文集》等。其《陈挺生、朱萼芳招饮半淞园》载："园林续处惜花残，春后依然作浅寒。四合绿阴过小榭，一湾流水抱朱阑。却生侍客无穷思，难得吴娘尽日闲。笑过芦漪调二子，如何充却调鱼竿。"又有《西溪记》载：西溪在杭州西湖北。西溪之胜，水行沿秦亭山十余里，至留下(镇名)，光景始异。溪上之山多幽蒨，而秦亭特高峙。其中"溪水潀然而清深，窄者不能容舟。野柳无次，被丽水上，或突起溪心。停篙攀条，船侧转乃过。石桥十数，柿叶蓊蓁，秋气洒然。桥门印水，幻圆影如月，舟行入月中矣"。茭庐庵绝胜。近庵里许，回望溪路，为野竹所合，截然如断，隐隐见水阁飞檐，斜出默林之表。其下砌石可八九级，老柳垂条，拂扫水石，如缚帚焉。大石桥北趋八乌柏中，渐见红叶"。秋色。易小艓绕出庵后。一色秋林，水净如拭。西风排竹，人家隐约可辨。溪身渐广，弥望一白，近涡水矣。

　　邓嘉缉(1845—1909年)，字熙之，江宁人，同治贡生，候选训导。文宗桐城派，诗境寒瘦。著有《扁善斋集》。

　　南京愚园，亦称胡家花园，位于南京城西南隅，占地面积约2.09万平方米。愚园其历史最早可追溯至明中山王徐达后裔徐傅的别业，后几经转手，同治十二年(1873年)，清代名人胡恩燮辞官归里，光绪初年构筑愚园，建有清远堂、春晖堂、水石居、依琴拜石之斋、镜里芙蓉、在水一方等三十六景，是为该园的鼎盛时期，号称"南京狮子林"。后毁于战火，仅剩遗址。光绪四年(1878年)作《愚园记》。

　　《愚园记》继承了清代中期苏州派园林美学思想。

　　作品写道："庭中植桂四、五株，杂艺鸡冠、老少年之属，馥烈以风，陆离染雨，深秋送凉，香色四溢。庭左数步，为春晖堂"；"沿塘筑长堤，夹树桃、柳、芙蓉、杂花异卉，春秋佳日，灿若云锦。循堤而南不百步，有高阁窿然踞冈阜之上，梅花几三百本，枝干虬曲如铁，时有清鹤数声，起于梅嶂之下。登阁而眺，东北诸山，烟云出没，如接几席，因名阁曰'延青'"；"拾级百步许，有面东之屋数楹，编竹为藩篱，海棠八、

中国园林美学思想史——清代卷

九株,花时嫣红欲滴,为'春睡轩'"。

其后莳鼠姑花数种,其前梵石为池,荇草漾碧,水清见底。池侧有小阁,洼然居累石中。"以机引曲池水为瀑布,返泻于池,铮铮声若琴筑";"入其右,为水石居,前临清塘,大可数亩,芙蕖作花,疏密间杂,红房坠粉,掩映翠盖,长夏南窗毕启,薰风徐来,荷香暗袭,时有潜鱼跃波,翠禽翔集,倚栏披襟,溽暑荡涤。塘泛瓜皮小艇,可容两三人弄棹于藕花深处,新月在天,水光上浮,丝管竞作,激越音流,栖禽惊飞"。

"两旁皆假山,岭岈嶔崎,历落万状。阁左出,乃达于堂。循假山而西,蹬道盘折,而跻于颠,孤亭耸峙,若飞鸟之将翔";"其东仿倪高士狮子林,叠石空洞,曲道宛转,勿升以高,勿降以下,径若咫尺,而不可以跨越,游者眙眩,几迷出路,与西山相对峙,皆可以来会于堂下"。

园中又有堂阁。"斯堂轩豁洞敞,列屋延褒,为一园之胜,署曰'清远堂'";"堂之左,连囹洞房,为主人操之所,素心人来,作一弄。其上有阁,可以望假山,启后户,曲径如羊肠,缭以疏篱,竹树蒙密,中为竹坞,轩窗四辟,罥以碧纱,绿阴昼静,当暑萧爽"。

《愚园记》的一个显著特色是继承李渔、钱大昕等人之说,十分看重园林的"经营布置"。"凡斯园之中,各据胜概,而隐有内外之概限。游兹园者,自回廊以西,至藏书楼为内园;自藏书楼以西,循长堤、东至竹坞为外园,必穷目登览始遍。竹坞东出,别有门可通往来,与主人相识者来游,或不见主人,纵观周历而去。主人奉板舆之暇,乐与宾客觞咏,以娱其天,煦煦焉不知老之将至也。主人负不羁才,慷爽多奇气,粤寇之乱,冒白刃出入城中,谋恢复,事泄不果,跳身而免,虽穷厄困极,赖以振拔者甚众","然其经营布置,又岂寻常所可及哉"!

《愚园记》的另一个特色是将农圃列入园林欣赏的范围。其中包括农舍:"循篱南行,至深耕草堂,不剪茨,不丹漆,规制俭朴,略如农家。旁列茅亭,引水蓄鹅鹜,正西面塘,溉水田亩许,种黑秬,主人或亲挽桔槔学灌园,秋获足以供祭。就水南为榭,居草堂之北阴,是为秋水蒹葭之馆,水木明瑟,湛然清华";"隔岸望'课耕草堂',风景如在村落间"。同时写到瓜果:"后瞰果圃,多桃、李、梅、杏、枇杷,青黄累累,鲜美可摘";"度桥,弯环曲径,葡萄连架,覆蔓垂藤,绿荫蔽日"。

《愚园记》还仿效高凤翰、沈德潜等人注重人与园林之间的关系,强调"园必待主人而存",称"吾观天下兴废之事相寻无穷,而名之传,要必以人为重;斯园于明为元勋别墅",味斋、海石园等,"当其盛时,林亭甲第蔚然相望,今皆消沈划灭,而其名尚存,则斯园之必赖主人以传,又何疑焉"。

十笏园(图9-7),位于山东潍坊胡家牌坊街。原为明嘉靖间刑部侍郎胡邦佐的故宅,清顺治时陈兆鸾、道光时郭熊飞等曾先后在这里居住。清光绪十一年(1885年),当地首富丁善宝购下并拆除重建。十笏,是以十块笏形容庭园之小。该园面积仅二千余平方米,以"门藏苏绣"小巧玲珑著称,有十笏草堂、蔚秀亭、砚香楼、碧云斋等,是一座假山、荷池、曲桥、回廊、亭榭等二十余处建筑布局紧凑、融合南北、巧夺天工的私家花园。

丁善宝(光绪间)《十笏园记》载:光绪间,作者购买废宅于舍西,爰葺而新之。"于池之东,叠而为山,立'蔚秀亭'于最高处,西望程符、孤山之秀,扑人眉宇。山迤南为十笏草堂,前有隙地,杂莳花竹";"园之东,高梧百尺,绿荫满庭,即余家居坐卧之碧云斋也。八阅月而规模具焉,以其小而易就也;署其名曰十笏园,亦以其小而名之也"。

文中说:"尝慨乎世之治田园者,每为其子孙计,而子若孙或转以逸乐,失其先人之志";"余之构斯园也,以中病多病,治此为养静之区,非侈逞台榭之观美,以贻后人之逸乐者。今与后人约:毋得藉此会匪类,毋得藉此演杂剧,更毋得

图 9-7　潍坊十笏园

藉此招纳倡优赌博,滋生弊端,使泉石笑人之数事者,皆余生平所不能为,而尤不愿后之人之为之也。子侄辈倘能以余之心为心,好余之所好,幸而上达不家食吉(指做官,见《易·达畜》),则故乡有此瓜牛庐,不难急流勇退,即爻占蹇遁(隐居),老守田园,耕读之余,日与益者三友,或篇什流连,或杯酒斟酌,艮其趾不出户庭,亦吾家之佳子弟也。况柳州有云,观游者亦为政者之具欤?工甫竣,记此数语俾后之人知吾所以构斯园之意,庶几能长有此园也夫"。

易顺鼎(1858—1920年),湖南龙阳(今汉寿)人,字实甫,又字中实,晚号哭庵。清光绪举人。官至广东钦广道,1913年任印铸局参事,曾属印铸局长,能诗词与骈文。著有《丁戊之间行卷》、《四魂集》等。其《匡山草堂记》谓:"易子隐匡山,筑草室,临三峡涧,西为室,仅数楹,而燕处游观之胜,有名号可图咏者得十有八。"

文中写瀑布声:"堂之前为轩,筑短垣,辟疏牖焉。终日闻龙雷声,与涧声相乱;徐辨之,龙雷如坠雨,涧如怒雷。"写山峦景色:"北行十步,又东南下涧,至云锦亭,从轩望五老,见其四而止;至亭则皆见矣。置镜于亭之南,摄五老入镜中,峰顶云、瀑、松、石、僧、樵,一一可数。亭在涧西盘石上,石再叠,方广方半亩。由缒仙梯以达于鳌矶,前对龙雷,下瞰小绿水洋,月中敷坐,怡然悄然,有黄帝脱屣之思。矶南窈曲,如港如坞,老树断岸,天然泊舟处也。"又谓园景"兼二奇而有之":"西石接东石,隔涧相距,又四丈,则取道于三峡船,桥架水上,人行空中,奇险之观,天下无有也。庐山泉石虽胜,罕兼二奇;兼二奇而有之,盖以此为最云。轩之右门外,曲廊相接,植杂花蕉竹为十有二栏,栏以内,有室三间,为松社,设宾榻以待足音跫然者";"栏以外,为玉井,上有石桥,自岩后引水注焉,熏风南来,菡萏怒发,其花十丈,其藕如

船,庶几见之";"易子曰:余行天下山川多矣,而留连于兹山之一壑一邱,有是哉,有是哉! 爰张之以贻好事者"。

晚清园林思想,是传统园林美学思想向民国园林美学思想的过渡,其色彩缤纷,气韵生动,主线是传统园林美学和受西方影响的近代园林美学之间的共存与矛盾。与此相关,近代园林美学主要出现在岭南、上海等东南沿海区域,并且与当时的维新变法、民主革命思潮有某种内在的联系;有的思想家本身就是维新或者革命阵营的中坚。到清末,苏州派为代表的传统园林美学思想已经接近落下帷幕。晚清各类园林美学思想及其相互关系的演变,开始过渡到民国时期具有现代色彩的园林美学。

参 考 文 献

［1］陈从周.说园[M].上海:同济大学出版社,2002.

［2］罗哲文.园林谈往——罗哲文古典园林文集[M].北京:中国建筑工业出版社,2014.

［3］张淑娴.明清文人园林艺术[M].北京:紫禁城出版社,2011.

［4］舒牧,等.圆明园资料集[M].北京:书目文献出版社,1984.

［5］陈植,等.中国历代名园记选注[M].合肥:安徽科技出版社,1983.

［6］李渔.闲情偶寄[M].北京:人民文学出版社,2013.

［7］于敏中,等.日下旧闻考[M].北京:北京古籍出版社,1981.

［8］吴长元.宸垣识略[M].北京:北京古籍出版社,1983.

［9］沈复.浮生六记[M].北京:中国青年出版社,2006.

［10］李斗.扬州画舫录[M].北京:中华书局,2001.

［11］袁枚.小仓山房诗文集[M].上海:上海古籍出版社,1988.

［12］钱泳.履园丛话[M].北京:中华书局,1979.

［13］徐珂.清朝野史大观:园林类[M].中华书局,1936.

［14］曹林娣.中国园林文化[M].北京:中国建筑工业出版社,2005.

［15］郭俊纶.清代园林图录[M].上海:上海人民美术出版社,1993.

［16］衣学领.苏州园林历代文钞[M].上海:上海三联书店,2008.

［17］鲁晨海.中国历代园林图文精选[M].上海:同济大学出版社,2006.

［18］华人德.中国历代人物画像集[M].上海:上海古籍出版社,2004.

［19］汪菊渊.中国古代园林史[M].北京:中国建筑工业出版社,2006.

［20］陈从周.中国园林鉴赏辞典[M].上海:华东师范大学出版社,2001.

［21］陈从周,等.园综[M].上海:同济大学出版社,2004.

中国园林美学思想史——清代卷

后　记

　　这册《中国园林美学思想史——清代卷》，力图尽可能全面地反映清代园林美学思想的梗概与发展脉络。

　　本来，我对这个课题并没有很多钻研，之所以承担了研究与写作工作，首先是由于夏咸淳老师的信任。在写作过程中，我深深感觉中国传统美学与清代园林文化的博大精深，及其研究工作的难点所在。每当遇到困难的时候，夏老师和曹林娣老师，作为两位声名卓著的前辈专家，分别给了我不少鼓励与点拨。

　　与此同时，同济大学出版社的领导与各位编辑，特别是季慧与陆克丽霞等老师做了很多工作，包括一再组织我们去苏州实地考察，并且专门召开专家研讨会。

　　正是由于以上各位的支持和帮助，使本书的写作得以比较顺利地进行。因此，我在这里要对他们致以真诚的感谢。当然，限于资料特别是我的学识等条件，本书肯定存在各种问题，期待读者的批评指正，并期望今后有机会时予以更正。

程维荣

2015 年 9 月